MLP 機械学習プロフェッショナルシリーズ

最適輸送の理論とアルゴリズム

Theory and Algorithms for Optimal Transport

佐藤竜馬

講談社

■ 編者
杉山　将　博士（工学）
理化学研究所 革新知能統合研究センター センター長
東京大学大学院新領域創成科学研究科 教授

シリーズの刊行にあたって

インターネットや多種多様なセンサーから，大量のデータを容易に入手できる「ビッグデータ」の時代がやって来ました．現在，ビッグデータから新たな価値を創造するための取り組みが世界的に行われており，日本でも産学官が連携した研究開発体制が構築されつつあります．

ビッグデータの解析には，データの背後に潜む規則や知識を見つけ出す「機械学習」とよばれる知的データ処理技術が重要な働きをします．機械学習の技術は，近年のコンピュータの飛躍的な性能向上と相まって，目覚ましい速さで発展しています．そして，最先端の機械学習技術は，音声，画像，自然言語，ロボットなどの工学分野で大きな成功を収めるとともに，生物学，脳科学，医学，天文学などの基礎科学分野でも不可欠になりつつあります．

しかし，機械学習の最先端のアルゴリズムは，統計学，確率論，最適化理論，アルゴリズム論などの高度な数学を駆使して設計されているため，初学者が習得するのは極めて困難です．また，機械学習技術の応用分野は非常に多様なため，これらを俯瞰的な視点から学ぶことも難しいのが現状です．

本シリーズでは，これからデータサイエンス分野で研究を行おうとしている大学生・大学院生，および，機械学習技術を基礎科学や産業に応用しようとしている大学院生・研究者・技術者を主な対象として，ビッグデータ時代を牽引している若手・中堅の現役研究者が，発展著しい機械学習技術の数学的な基礎理論，実用的なアルゴリズム，さらには，それらの活用法を，入門的な内容から最先端の研究成果までわかりやすく解説します．

本シリーズが，読者の皆さんのデータサイエンスに対するより一層の興味を掻き立てるとともに，ビッグデータ時代を渡り歩いていくための技術獲得の一助となることを願います．

2014 年 11 月

「機械学習プロフェッショナルシリーズ」編者
杉山 将

まえがき

最適輸送と聞くと，交通スケジュールの最適化でもするのか，と思うかもしれませんが，本書で扱う最適輸送はそうではありません．本書で扱うのは確率分布と確率分布を比較するためのツールです．あるいは，点の集合と点の集合を比較するためのツールでもあります．一方の点集合をもう一方の点集合に移動させる労力を考えて点集合の距離を定義することから，最適輸送という名前がついています．

最適輸送の研究は 18 世紀にまでさかのぼるといわれています．その発端は，さまざまな地点にある資源をいかに効率よく需要点に割り当てるかという，まさしく物資の輸送問題です．その後，このアイデアが抽象化されていき，20 世紀には経済資源割り当ての理論や流体力学の理論に応用されていきました．

コンピュータ科学においても 20 世紀から盛んに最適輸送の研究がなされています．機械学習においては確率分布の比較を行う場面が頻繁に登場します．機械学習モデルの出力する予測分布と，真の分布を比較して損失関数を計算することがその一例であり，最適輸送を利用することで性質のよい損失関数を設計できます．最適輸送が機械学習の分野で広く用いられるきっかけとなったのは，2012 年頃からはじまる深層学習の勃興と，GPU (graphics processing unit) を用いた計算の普及です．本書の第 3 章で紹介するシンクホーンアルゴリズムと第 4 章で紹介する敵対的ネットワークは，ニューラルネットワークおよび GPU 計算との相性が非常によく，さまざまな組合せが提案され，活用されてきています．中でも有名なのは第 4 章で紹介する敵対的生成ネットワーク (generative adversarial networks; GAN) です．GAN そのものについては最適輸送の知識がなくても理解できますが，最適輸送とその双対問題のレンズを通して理解すると，より原理が明瞭になります．

最適化問題としてのシンプルさと奥深さが最適輸送の大きな魅力の一つです．最適輸送は最適化問題としては非常に単純な線形計画問題として定式化できます．問題の記述自体はたった 1 ページで完結してしまいますが，その解き方となると，300 ページ以上もある本書でもすべてを扱いきれないほどさまざまなアプローチがあり，それぞれ特有の面白さがあります．また，その過程において，最適化の授業や教科書に出てくるさまざまな概念を総動員して，この問題に取り組むことになります．

本書では，最適化の初歩を学んだばかりの読者を想定し，最適化の諸概念を最適輸送に実際に適用することで理解を深められるよう工夫を凝らしました．本書を読み終えた読者は，線形計画や双対などの抽象的な概念および座標降下法や近接勾配法などのアルゴリズムが具体的な最適化問題の中でどのように利用されるかを理解できるようになるでしょう．このため，最適化の諸概念についてもできる限り初歩から説明しました．

本書の主な対象は大学生・大学院生・研究者・エンジニアです．線形代数・確率・最適化についての初歩的な知識は前提としています．定理についてはできる限り詳細な証明をつけました．証明のほとんどは本書の内容の理解にとっては必須ではなく，理解の深化および学習用のものです．一度は証明に目を通すことをおすすめしますが，難しければ飛ばしても差し支えはありません．

本書で紹介したアルゴリズムの実装や正誤表はサポートページ
`https://github.com/joisino/otbook` にて公開しています．

謝辞　本書の執筆にあたり，多くの人にお世話になりました．横井祥先生，包含先生，高津飛鳥先生には原稿全体を通して詳細に読んでいただき，貴重なコメントをいただきました．竹澤祐貴さん，大田尾匠さん，谷本啓さん，林勝悟さん，土佐祐介さん，末原剛志さん，丹治信さん，縣直道さん，川瀬貫互さんには有益なフィードバックをいただき，原稿に磨きをかけることができました．シリーズ編者の杉山将先生と編集担当の横山真吾さんには企画段階から多くのアドバイスとサポートをいただきました．お礼申し上げます．

2022 年 9 月

佐藤竜馬

目 次

Chapter 1

確率分布を比較するツールとしての最適輸送

最適輸送は二つの確率分布を比較するためのツールです．本章では，確率分布に関する基本的な用語を整理したうえで，最適輸送の直観的な導入を行い，確率分布を比較するための代表的なツールである KL ダイバージェンスと比べたときの最適輸送の利点を述べます．

1.1 確率分布の比較

確率分布の比較を行う場面は機械学習で多く登場します．たとえば，機械学習モデルが出力したクラス確率分布と教師データから構築したクラス確率分布の距離がモデルの評価尺度や損失関数としてしばしば利用されます（図 1.1）．画像やテキストなど，より複雑なデータを生成するモデルを訓練する際も，モデルが生成したデータの分布と訓練データの分布の距離が，モデルの評価尺度や損失関数として用いられます（図 1.2）．また，統計の分野に視野を広げると，二つのサンプル集合が同じ母分布からサンプリングされたものであるかどうかを検定する問題は，経験分布どうしの距離を求める問題に帰着されます．

確率分布の比較方法はさまざまあり，絶対に正しい一つの比較方法があるわけではありません．目的に応じて適切な比較方法を選ぶことで効果的な評価や訓練，検定を行うことができます．古くから広く用いられている確率分

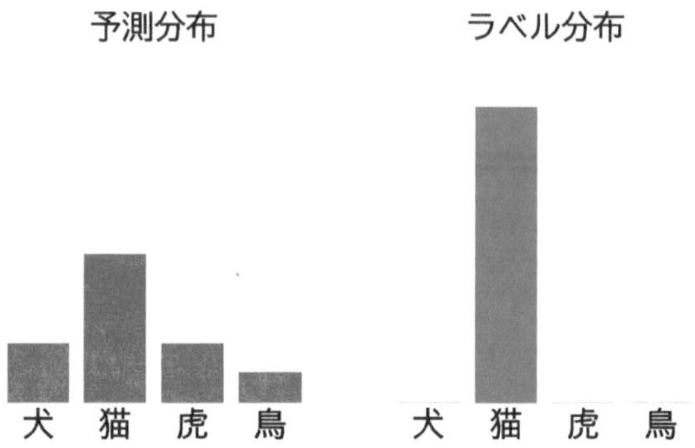

図 1.1 クラス確率分布の比較．ヒストグラム比較の例の一つ．

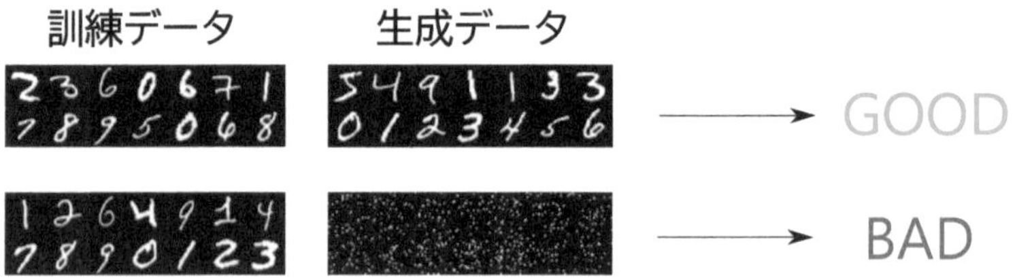

図 1.2 データ分布の比較．点群比較の例の一つ．

布どうしの比較方法が**カルバック・ライブラーダイバージェンス**（Kullback-Leibler divergence, 以下 KL ダイバージェンス）です．しかし，後で見るように KL ダイバージェンスは不適切な振る舞いをすることがしばしばあります．最適輸送は KL ダイバージェンスの欠点を克服して確率分布の比較を行う方法を提供します．

この後の 1.2 節で確率分布の比較の問題設定の変種を確認した後，1.3 節で最適輸送の直観的な説明を行います．その後，1.4 節で KL ダイバージェンスとの比較を通して最適輸送の利点を明らかにします．

1.2 三種類の問題設定

「確率分布の比較」とひとことで述べてきましたが，機械学習で扱う確率分布はさまざまな形態をとります．本節では本書で扱う三種類の問題設定を紹介します．

1.2.1 ヒストグラムの比較

有限離散カテゴリ上の確率分布を，本書では**ヒストグラム** (histogram) と呼びます．たとえば，{ 犬: 0.2, 猫: 0.5, 虎: 0.2, 鳥: 0.1} という確率分布はヒストグラムです．図 1.1 に示される多クラス分類におけるクラス確率分布どうしを比較する場合がヒストグラムの比較の例です．ヒストグラムは，カテゴリの数を n とすると，カテゴリ $1, 2, \ldots, n$ のとる確率 $a_1, a_2, \ldots, a_n$ を並べた n 次元ベクトル $\boldsymbol{a} = [a_1, a_2, \ldots, a_n]^\top \in \mathbb{R}^n$ を用いて表現できます．$\boldsymbol{a}$ は各成分が非負かつ総和が 1 であるベクトルであり，このようなベクトルを**確率ベクトル**といいます．ヒストグラムの比較は二つの n 次元の確率ベクトル $\boldsymbol{a}, \boldsymbol{b}$ の違いを計算する問題となります．ヒストグラムの比較は確率分布の比較の中で最も基本的な問題設定であり，本書を通して繰り返し登場します．

1.2.2 点群の比較

ユークリッド空間に埋め込まれた有限サイズの離散分布を，本書では**点群** (point cloud) と呼びます（図 1.3）．一般に点群の各点は異なる重み（確率値）を持つことができますが，多くの場合，すべての点の確率が同じ一様分布を考えます．このとき，点の集合と，各点を一様確率でとる確率分布を同

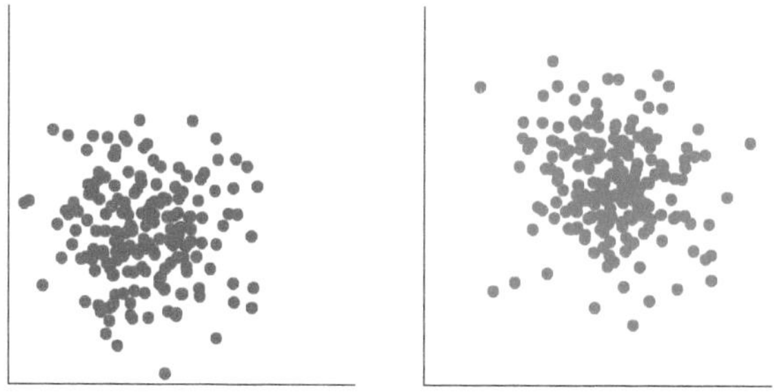

図 1.3 点群の比較．

一視して扱います．一様分布である場合を強調する場合には重みなし点群と表現することもあります．

同じ分布から独立に繰り返しサンプリングを行うことを i.i.d サンプリングといいます．確率分布から n 個のデータ点 $\alpha = \{x_1, x_2, \ldots, x_n\}$ を i.i.d. サンプリングしてきたとき，これらの n 個のデータ点を等確率でとる分布 α を**経験分布** (empirical distribution) といいます．たとえば，一次元正規分布から $\tilde{\alpha} = \{0.34, -0.32, -0.85, 0.78, -0.36\}$ というサンプルが得られたとすると，確率 1/5 で 0.34 を，確率 1/5 で -0.32 を，...，確率 1/5 で -0.36 をとる分布がこの場合の経験分布 α です．サンプル集合 $\tilde{\alpha}$ と経験分布 α は混乱のない場合には同一視して扱います．連続分布の経験分布は点群の代表例であり，本書でも繰り返し登場します．生成モデルの学習の例（図 1.2）でも，一つの画像を高次元空間内の「点」とみなすと，訓練画像集合と生成画像集合を比較する問題は点群比較の一例とみなすことができます．この場合も，訓練画像集合は真の画像分布の経験分布，生成データ集合は生成モデルが定義する確率分布の経験分布とみなすことができ，やはり経験分布の比較ということになります．

1.2.3 連続分布の比較

1.2.1 節と 1.2.2 節では離散分布どうしの比較を考えました．最後の問題設定は連続分布どうしの比較です．正規分布 $\mathcal{N}(\boldsymbol{\mu}_1, \boldsymbol{\Sigma}_1)$ と $\mathcal{N}(\boldsymbol{\mu}_2, \boldsymbol{\Sigma}_2)$ の比較がその一例です．正規分布のように単純な分布どうしであれば分布どうしの距離が閉じた式で得られることもありますが，一般の連続分布の距離は厳密に求めることは困難です．そのような場合には，分布からのサンプルを用いて点群を構築し，点群の比較に帰着させることができます（図 1.4）．このように，計算機上で最適輸送を計算する際には連続分布を直接扱わない場合も多いですが，理論上は連続分布どうしの最適輸送を考えることが重要です．どれほどの数のデータ点を用いれば経験分布どうしの距離で連続分布どうしの距離を近似できるかという問題はサンプル複雑性という概念を用いて議論されます．この問題は第 6 章で扱います．

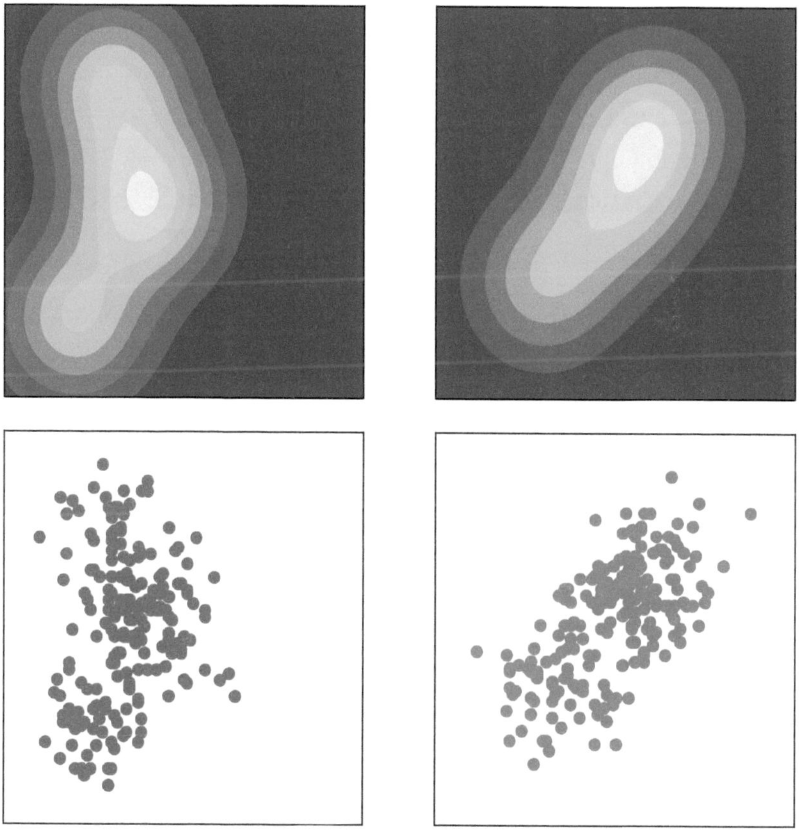

図 1.4　連続分布の比較．上：連続分布の例．下：連続分布を点群比較に帰着．連続分布からサンプリングを行い，経験分布を比較することで，連続分布の比較を点群の比較に帰着できる．

1.3　最適輸送の直観的な理解

本節では，最適輸送の直観的なイメージをつかむことを試みます．数学的な定式化は第 2 章で行います．

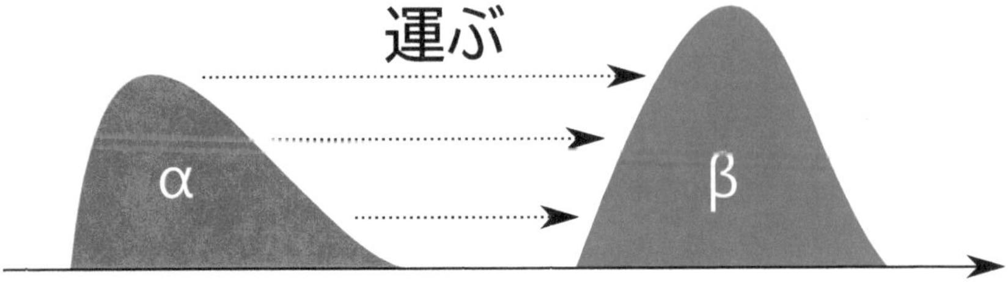

図 1.5 最適輸送の直観的な意味の図示．最適輸送は一方の分布の質量をもう一方の分布に合わせるのに必要な輸送コストで定義される．

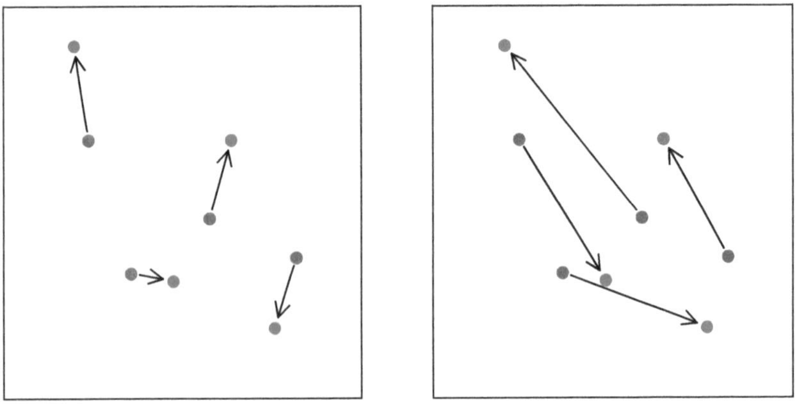

図 1.6 同じ点群対に対する，左：最適な輸送，右：最適ではない輸送．最適輸送コストは，左の輸送方法を採用したときにかかる総コストを表す．

直観的には，最適輸送コストは二つの確率分布の「山」を移動させて一致させるために必要なコストのことです（図 1.5）．輸送という単語はこの山の移動に由来します．扱う確率分布が連続分布であれば，この山は確率密度関数に対応し，離散分布であれば，各点 x にピンポイントに質量 $\boldsymbol{a}_x$ の山があると考えます．山を移動させる方法は無数にありますが，最適輸送では最も無駄の少ない移動方法を採用します（図 1.6）．最適という単語はここに由来します．以上のように，**最適**に山の土を**輸送**したときにかかるコストの総和を確率分布の「距離」とみなすのが最適輸送の考え方です．分布どうしに

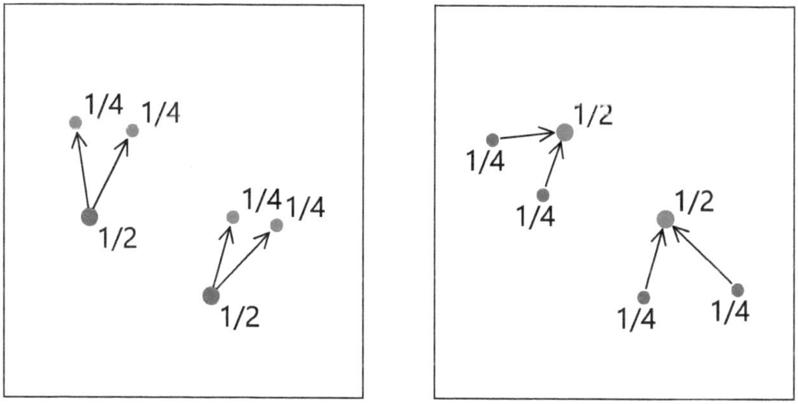

図 1.7　点群の数が同じでない場合．点の横に示してある数と点の大きさはその点の質量の大きさを示している．左：同一地点の質量が分かれて輸送される場合．右：異なる地点の質量が同一地点に輸送される場合．

多くの重なりがある分布ほど最適輸送コストが小さくなることが想像できるかと思います．土の山を動かす考え方から，最適輸送コストは**土砂運搬距離** (earth mover's distance) と呼ばれることもあります[*1]．

異なる点数からなる点群どうしを比較する場合は，輸送元と輸送先の対応関係を構築できないと思われるかもしれません．最適輸送では，一つの点を分けて複数の点に輸送したり，複数の異なる点から同じ点に輸送したりすることを許すことで，点群のサイズが異なる場合にも対処します（図 1.7）．非常に細かい砂の山を運搬すると考えると分かりやすいでしょう．

ヒストグラムの場合は，図 1.8 のように，一方のヒストグラムの山を分割して再分配（輸送）し，もう一方のヒストグラムの山に合わせます．各クラスから他のクラスへ山を輸送するコストは人手で定めます．たとえば，猫から虎へ輸送するコストは猫から鳥へ輸送するコストより小さいという知識を込めることができます．

---

*1　文献によっては，コスト関数が距離関数である場合にのみ土砂運搬距離という名称が用いられます．

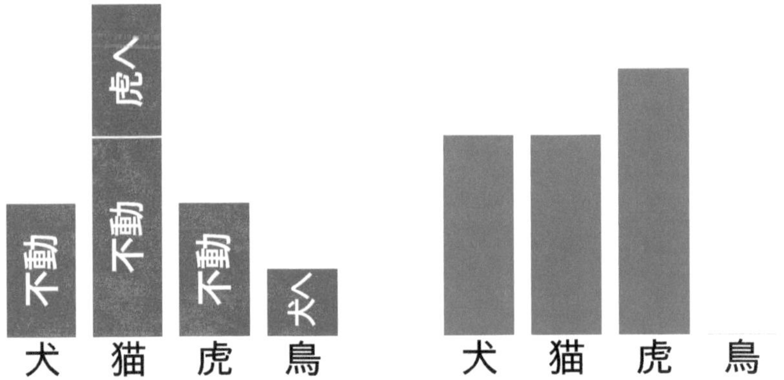

図 1.8 ヒストグラムの場合の最適輸送．最適輸送は一方のヒストグラムの質量を分割して再分配（輸送）し，もう一方のヒストグラムの分布に合わせるのに必要な輸送コストで定義される．

1.4 KL ダイバージェンスとの比較を通した最適輸送の利点

確率分布に最適輸送を用いる利点は何でしょうか．本節では，機械学習で確率分布を比較する際に最も頻繁に用いられる KL ダイバージェンスとの比較を通して最適輸送の利点を明らかにします．

1.4.1 KL ダイバージェンスの定義

確率ベクトル $\boldsymbol{a}, \boldsymbol{b}$ に対して，KL ダイバージェンスは以下のように定義されます．

定義 1.1（離散分布に対する KL ダイバージェンス）

$$\mathrm{KL}(\boldsymbol{a} \parallel \boldsymbol{b}) \stackrel{\mathrm{def}}{=} \sum_{i=1}^{n} \boldsymbol{a}_i \log \frac{\boldsymbol{a}_i}{\boldsymbol{b}_i} - \boldsymbol{a}_i + \boldsymbol{b}_i \tag{1.1}$$

ただし，$0 \log 0 = 0$ とする．ある $i \in \{1, \ldots, n\}$ において $\boldsymbol{a}_i > 0$ かつ $\boldsymbol{b}_i = 0$ である場合には $\mathrm{KL}(\boldsymbol{a} \parallel \boldsymbol{b}) = \infty$ と定義する．

各点 i における $\boldsymbol{a}_i \log \frac{\boldsymbol{a}_i}{\boldsymbol{b}_i} - \boldsymbol{a}_i + \boldsymbol{b}_i$ という値が独立に足し合わされていることが注目すべき特徴です．$-\boldsymbol{a}_i + \boldsymbol{b}_i$ という項については，$\boldsymbol{a}, \boldsymbol{b}$ が確率ベクトルである限り和をとると相殺されるため取り除いても計算結果は変わりませんが，技術的な都合上この項を含める形で定義します．さしあたりこの項の存在は無視しても構いません．連続分布を含めた一般の確率分布 α, β に対しては，KL ダイバージェンスは以下のように定義されます．

定義 1.2（一般の確率分布に対する KL ダイバージェンス）

$$\begin{aligned}\mathrm{KL}(\alpha \parallel \beta) &\stackrel{\mathrm{def}}{=} \int_{\mathcal{X}} \left(\frac{d\alpha}{d\beta} \log \left(\frac{d\alpha}{d\beta} \right) - 1 + \frac{d\alpha}{d\beta} \right) d\beta \\ &= \mathbb{E}_{x \sim \alpha} \left[\log \frac{d\alpha}{d\beta}(x) \right] \end{aligned} \tag{1.2}$$

ただし，$0 \log 0 = 0$ とし，α と β が絶対連続でない場合には $\mathrm{KL}(\alpha \parallel \beta) = \infty$ とする．

特に，確率分布 α, β が密度関数 p, q を持つ場合には，

$$\begin{aligned}\mathrm{KL}(\alpha \parallel \beta) &= \int_{\mathcal{X}} \left(p(x) \log \left(\frac{p(x)}{q(x)} \right) - p(x) + q(x) \right) dx \\ &= \mathbb{E}_{x \sim p(x)} \left[\log \frac{p(x)}{q(x)} \right] \end{aligned} \tag{1.3}$$

となります．ただし，$p(x) > 0$ かつ $q(x) = 0$ となる x が存在する場合には $\mathrm{KL}(\alpha \parallel \beta) = \infty$ です．重要なのは，ここでもやはり，点ごとに

$$p(x)\log\left(\frac{p(x)}{q(x)}\right) - p(x) + q(x) \tag{1.4}$$

という値が積分される，つまり足し合わされています．

KL ダイバージェンスは機械学習のさまざまな場面で登場します．最も典型的な例は，以下に示す最尤推定です．

例 1.1 （**最尤推定** (maximum likelihood estimation) ）

最尤推定とは，パラメータ θ で定まる分布 p_θ のパラメータ θ の推定方法の一つで，データ点 $x_1, x_2, \ldots, x_n$ についての対数尤度（データの生成分布が p_θ だったときに手元のデータが観測される尤もらしさ）

$$\sum_{i=1}^{n} \log p_\theta(x_i) \tag{1.5}$$

を最大化する $\theta = \hat{\theta}$ を θ の推定値とする方法です．データ点 $x_1, x_2, \ldots, x_n$ による経験分布を $\tilde{p}$ と表記すると，

$$\begin{aligned}
&\operatorname*{argmax}_\theta \sum_{i=1}^{n} \log p_\theta(x_i) \\
&\overset{\text{(a)}}{=} \operatorname*{argmax}_\theta \sum_{i=1}^{n} \frac{1}{n} \log p_\theta(x_i) \\
&\overset{\text{(b)}}{=} \operatorname*{argmax}_\theta \mathbb{E}_{x\sim\tilde{p}}[\log p_\theta(x)] \\
&= \operatorname*{argmin}_\theta \mathbb{E}_{x\sim\tilde{p}}[\log \tilde{p}(x)] - \mathbb{E}_{x\sim\tilde{p}}[\log p_\theta(x)] \\
&= \operatorname*{argmin}_\theta \mathbb{E}_{x\sim\tilde{p}}\left[\log \frac{\tilde{p}(x)}{p_\theta(x)}\right] \\
&= \operatorname*{argmin}_\theta \mathrm{KL}(\tilde{p} \parallel p_\theta)
\end{aligned} \tag{1.6}$$

であるので，最尤推定は経験分布 $\tilde{p}$ と分布 p_θ の KL ダイバージェンスが最小となるパラメータを θ の推定値とすることにほかなりません．ここで，(a) は定数 $\frac{1}{n}$ をかけても最適解は変化しないことから，(b) は各点 x_i をとる確率が $\frac{1}{n}$ であるという経験分布の定義と期待値の定義から従い

ます．

最尤推定を筆頭に，KL ダイバージェンスは機械学習や統計のさまざまな場面で分布どうしの違いを測るために用いられています．以下では，KL ダイバージェンスと比べた最適輸送の利点を四つ紹介します．以下の利点を見ると，KL ダイバージェンスを最適輸送コストで置き換えることで機械学習モデルの性能が向上する場合があることが想像できるかと思います．

1.4.2 距離構造を捉えられる

最適輸送の第一の利点はデータが持つ距離構造を捉えられることです．翌日の気温をクラス分類により予測する問題を例に考えます．気温の値を実数値として予測する回帰問題として定式化するのが自然かもしれませんが，ここでは説明のためクラス分類問題として扱います．$\mathcal{X} = \{21, 22, 23, \ldots, 29\}$ の 9 カテゴリを考え，気温 i の「確率の山」を気温 j に運ぶコストは温度の差の絶対値 $|i-j|$ であるとします．図 1.9 の赤色で示される分布 A を教

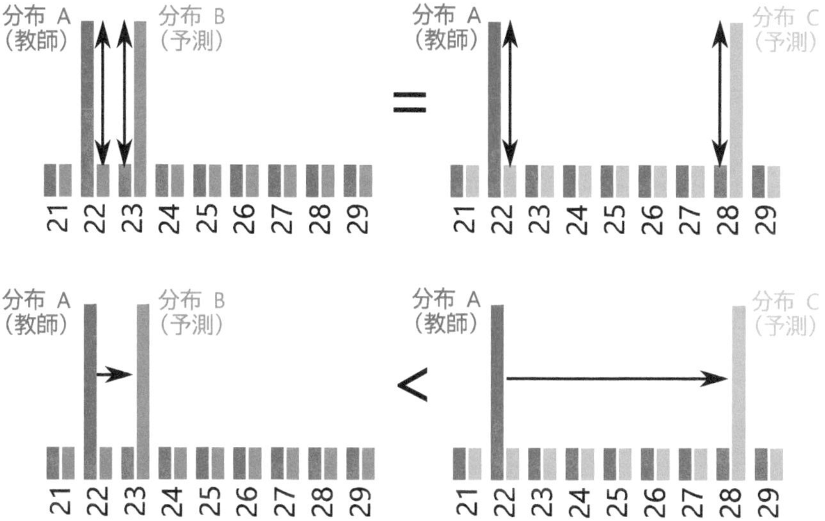

図 1.9 上：KL ダイバージェンスによる温度分布の比較．このとき二つの対は同じ距離だと判定される．下：最適輸送による温度分布の比較．このとき左の対の方が近いと判定される．

師分布とし，青色と緑色で示される分布 B, C を予測分布とします．KL ダイバージェンスは各点 $i \in \mathcal{X}$ における質量から計算される量を独立に足し合わせて得られるので，分布 A, B 間の距離は分布 A, C 間の距離と同じと評価されます（図 1.9 上）．しかし，分布 B は気温 22 度であるところを 23 度と間違えているだけなので，28 度に高い山がある分布 C よりも分布 A に近いと考えるのが自然です．KL ダイバージェンスでは，このようなラベル間の距離を考慮した分布の差異を捉えることができません．一方，山を動かすコストとして定義される最適輸送はラベル間の距離を自然に考慮できます．分布 A の山はピークを少し右にずらすだけで分布 B と一致し，分布 A と分布 C は大きなコストをかけないと一致しません．ゆえに，最適輸送の観点からは分布 A と B は似ている，分布 A と C は似ていないとなります．KL ダイバージェンスと比べて，最適輸送はより自然な分布どうしの距離となることが分かるでしょう（図 1.9 下）．

また，以上の例のようにクラスが順序尺度である場合以外でも，同様の議論が適用できます．たとえば，「ペルシャ猫」「三毛猫」「象」を分類する問題の損失関数に最適輸送コストを用いることを考えます．「ペルシャ猫」のクラスから「三毛猫」のクラスへ輸送するコストは「ペルシャ猫」から「象」に輸送するコストよりも小さいとユーザーが定義すれば，ペルシャ猫を三毛猫と間違えた場合の損失はペルシャ猫を象と間違えた場合よりも小さくなります．ゆえに，最適輸送コストを用いて訓練・評価すれば，クラスを間違えたとしても大きくは間違えないような分類器が得られると期待できます．このように，タスクに応じて適切に対象間の距離を定めることで分布どうしの違いを柔軟に測ることができることが最適輸送の強みです．

1.4.3 距離の公理を満たす

KL ダイバージェンスは対称ではなく，三角不等式も満たさないため，距離の公理は成立しません．一方，最適輸送コストは適切な仮定のもと，距離の公理を満たすことが保証されます．この距離の公理を満たす最適輸送コストの特殊ケースのことをワッサースタイン距離といい，2.1.4 節で論じます．

特に三角不等式の成立は重要です．分布どうしを比較する尺度として直観的な振る舞いをすることを保証するほか，定理 6.23 の収束の証明や誤差の上界の導出などに用いられるため理論上も重要な役割を果たします．

1.4.4 サポートが一致していなくても定義できる

確率分布のサポートとは，直観的には正の確率をとる点の集合のことです．ヒストグラムの場合であれば，$\{i \mid \boldsymbol{a}_i > 0\}$ という添字集合が，点群であれば点集合そのものが，確率密度関数を持つ分布であれば確率密度関数が正となる点集合がサポートとなります．

定義より，サポートが重ならない確率分布どうしの KL ダイバージェンスは無限大です．式 (1.1) や (1.2) を無理やり評価しようとすると $-\boldsymbol{a}_i \log \boldsymbol{b}_i = -\boldsymbol{a}_i \log 0$ の項が現れ，距離は無限大と評価されてしまいます．たとえば，n 点からなる点群は図 1.10 のように n カテゴリ上の一様なヒストグラムとみなせますが，これらの確率分布のサポートは重ならないため，KL ダイバージェンスは無限大となります．これでは，訓練や評価で活用するための距離の情報が KL ダイバージェンスからは明らかになりません．一般に，点群どうしが完全に一致しない限りは点群どうしの KL ダイバージェンスは無限大です．しかし，図 1.11 に示すように，厳密に一致していない点であっても近くにある点は似ていると考えるのが自然です．最も単純な解決策は，空間

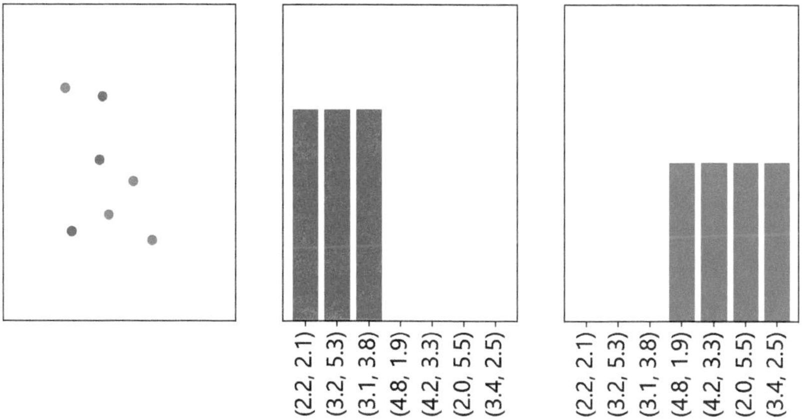

図 1.10 点群からヒストグラムへの変換．左：二つの点群．真ん中：赤の点群をヒストグラム化したもの．座標 $(2.2, 2.1)$ に質量 $\frac{1}{3}$，座標 $(3.2, 5.3)$ に質量 $\frac{1}{3}$，座標 $(3.1, 3.8)$ に質量 $\frac{1}{3}$ が存在することを表す．右：青の点群のヒストグラム化したもの．これらのヒストグラム $(\frac{1}{3}, \frac{1}{3}, \frac{1}{3}, 0, 0, 0, 0)$ と $(0, 0, 0, \frac{1}{4}, \frac{1}{4}, \frac{1}{4}, \frac{1}{4})$ の KL ダイバージェンスは無限大である．

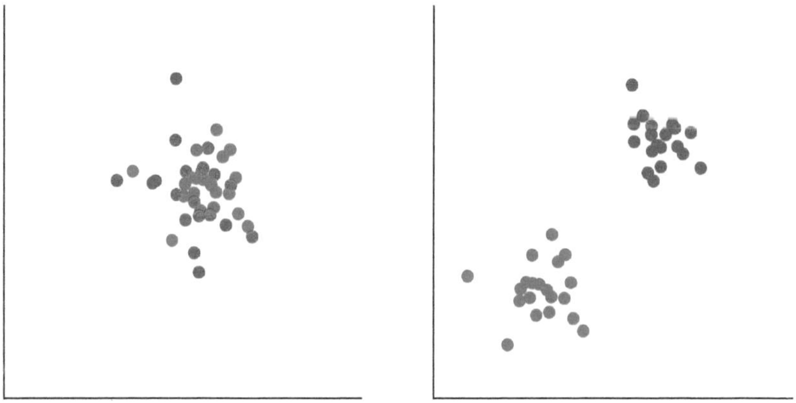

図 1.11　点群比較の例．同じパネル内の赤の点群と青の点群を比較すると，左のパネルの点群対の方が，右のパネルの点群対よりも似ていると考えられる．これらの点はすべて厳密に一致していないので，図 1.10 のようにヒストグラム化して KL ダイバージェンスを測ると無限大となる．これらの例を区別して距離を定義するためには，点の遠近の情報を活用する必要がある．

を粗いグリッドに区切り，各グリッドに含まれる点の質量をもとにヒストグラム化する方法ですが，このような離散化により元のデータの情報が失われるほか，適切なグリッドの粒度の設定が煩雑となる場合があります．最適輸送は離散化などの回り道をせずとも，点どうしの近さを考慮して距離を定義することができる強力なツールとなります．

1.4.5　分布の対応関係を得ることができる

最適輸送を用いると分布どうしの距離が求まるだけでなく，分布に含まれるどの点がどの点に輸送されるかが分かります．この点どうしの対応関係は，分布どうしの距離がなぜ大きいか・小さいかに関する視覚的な説明を与えてくれるのみならず，それ自体にさまざまな用途があります．たとえば，二つの画像のピクセルの対応関係を介した色相変換（図 1.12，2.2.3 節）や，二つの言語の単語の対応関係を介した単語翻訳 [4,37]，図形の連続的な変形（図 1.13，8.6 節）といった魅力的な応用が提案されています．

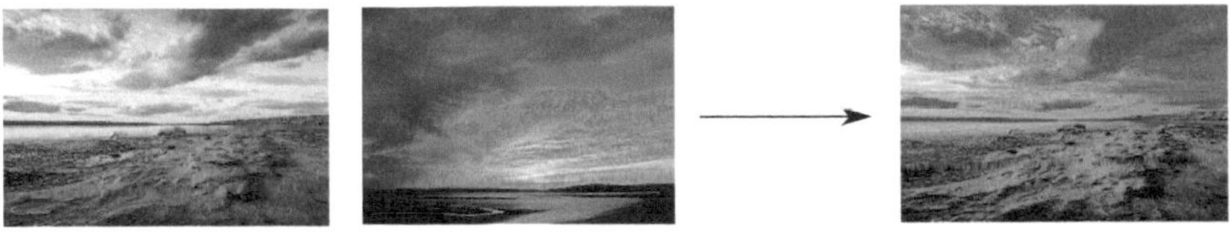

図 1.12　最適輸送により得られるピクセルの対応関係を用いて色相変換を行った例（2.2.3 節）.

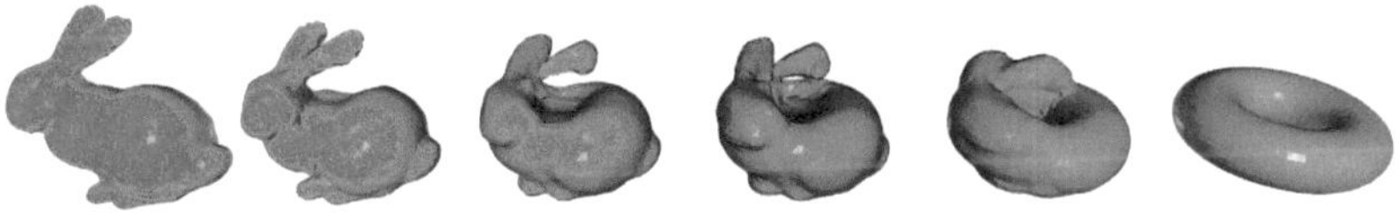

図 1.13　最適輸送により得られる点群の対応関係を用いた 3D シェイプ変形のアニメーションの例（8.6 節）.

1.5　記法・数学的な準備

確率分布についての基本的な用語と記号を整理します．この段階では意味をつかみづらい用語や記法もあるかと思いますが，読み進めていくうちに明瞭になるので，ここですべてを覚える必要はありません．また本書では，測度論や位相論の詳細な条件には立ち入らず，素朴な議論に留めます．各議論が成り立つための厳密な条件や数学的な詳細については Villani[71] を参照してください．

- 集合 $\{1, 2, \ldots, n\}$ を $[n]$ と表記します．
- 成分がすべて 0 である n 次元ベクトルを $\mathbf{0}_n \in \mathbb{R}^n$ と表記します．
- 成分がすべて 1 である n 次元ベクトルを $\mathbb{1}_n \in \mathbb{R}^n$ と表記します．
- スカラーを小文字の a, b, c, ベクトルを太小文字の $\boldsymbol{a}, \boldsymbol{b}, \boldsymbol{c}$, 行列を太大文字の $\boldsymbol{A}, \boldsymbol{B}, \boldsymbol{C}$ と表記します．ベクトルや行列に下付き添字を書いたときにはその成分を表します．たとえば，ベクトル $\boldsymbol{a} \in \mathbb{R}^d$ の第三成分は $\boldsymbol{a}_3 \in \mathbb{R}$ と表記します．

- 正数全体の集合を $\mathbb{R}_+$，非負数全体の集合 $\mathbb{R}_{\geq 0}$ と表記します．たとえば，$\mathbb{R}^d_+$ はすべての成分が正である d 次元ベクトル全体の集合です．$\mathbb{Z}_+, \mathbb{Z}_{\geq 0}$ も同様に正整数，非負整数全体の集合を表します．
- データ点がとりうる集合を $\mathcal{X}$ という記号で表します．たとえば図 1.1 の確率分布では $\mathcal{X} = \{\text{犬}, \text{猫}, \text{虎}, \text{鳥}\}$，$d$ 次元正規分布では $\mathcal{X} = \mathbb{R}^d$ を考えていることになります．最適輸送の数学的な理論は適当な仮定のもと一般の空間上でも成り立ちますが，本書においては，$\mathcal{X}$ として有限集合，ユークリッド空間 $\mathbb{R}^d$ 全体，あるいは単位球面などのユークリッド空間の部分集合を考えます．
- 集合 $\mathcal{X}$ 上の確率分布全体の集合を $\mathcal{P}(\mathcal{X})$ と表記します．最適輸送の数学的な理論は適当な仮定のもと一般の確率測度について成り立ちますが，本書においては，確率分布といったときには有限集合上の離散分布，ユークリッド空間に埋め込まれた離散分布（点群），あるいはユークリッド空間上の確率密度関数を持つ分布を考えます．
- 集合 $\mathcal{X}$ から $\mathbb{R}$ への写像全体の集合を $\mathbb{R}^{\mathcal{X}}$ と表記します．たとえば，関数 $f(x) = x^2$ は $\mathbb{R}^{\mathbb{R}}$ の元です．$\mathcal{X}$ が離散集合のときには写像 $\boldsymbol{a}\colon \mathcal{X} \to \mathbb{R}$ をベクトルとみなし，$\boldsymbol{a}(x)$ を $\boldsymbol{a}_x$ と表記します．たとえば，$\mathcal{X} = \{\text{犬}, \text{猫}, \text{虎}, \text{鳥}\}$ とすると，$\boldsymbol{a} \in \mathbb{R}^{\mathcal{X}}$ は犬，猫，虎，鳥のいずれかを受け取り，実数を返す写像であり，犬に対応する値を $\boldsymbol{a}_{\text{犬}}$ と表記します．
- **凸関数**：関数 $f\colon \mathbb{R}^d \to \mathbb{R}$ が任意の $\boldsymbol{x}, \boldsymbol{y} \in \mathbb{R}^d$ と $t \in [0, 1]$ について

$$f(t\boldsymbol{x} + (1-t)\boldsymbol{y}) \leq tf(\boldsymbol{x}) + (1-t)f(\boldsymbol{y}) \tag{1.7}$$

  を満たすとき，関数 f は**凸関数**であるといいます．本書において凸関数はこの定義のように下に凸に限ることに注意してください．$\boldsymbol{x} \neq \boldsymbol{y}$ かつ $t \in (0, 1)$ のとき，式 (1.7) の不等式が真に成り立つ関数を**狭義凸関数**といいます．また，ある $\mu > 0$ について $f(\boldsymbol{x}) - \frac{\mu}{2}\|\boldsymbol{x}\|_2^2$ が凸であるような関数 f を**強凸関数**といいます．凸関数や強凸関数の最小化には効率のよい計算方法が存在することが知られています [15, 76]．
- **凹関数**：関数 $-f$ が凸関数であるとき関数 f を**凹関数**といいます．関数 $-f$ が狭義凸関数であるときと強凸関数であるとき，f をそれぞれ**狭義凹関数**，**強凹関数**といいます．

- **凸集合**：集合 $\mathcal{X} \subset \mathbb{R}^d$ が任意の $x, y \in \mathcal{X}$ と $t \in [0, 1]$ について

$$tx + (1 - t)y \in \mathcal{X} \tag{1.8}$$

を満たすとき，集合 $\mathcal{X}$ は**凸集合**であるといいます．

- **サポート** (support)：確率分布が定義されている全体空間 $\mathcal{X}$ の点のうち，近傍の確率が正となる点からなる集合を**サポート**といいます．有限離散分布の場合，そのサポートは確率が正をとる点全体の集合であり，確率密度関数を持つ連続分布の場合，そのサポートは確率密度関数の値が正となる点全体の集合です．たとえば，図 1.1 右の確率分布のサポートは { 猫 }，d 次元正規分布のサポートは $\mathbb{R}^d$ 全体となります．

- **確率シンプレックス**：成分の総和が 1 である非負ベクトルの集合を**確率シンプレックス**と呼び，

$$\Sigma_d \stackrel{\text{def}}{=} \left\{ \boldsymbol{a} \in \mathbb{R}^d \;\middle|\; \boldsymbol{a}_i \geq 0 \ (\forall i \in [d]), \sum_{i=1}^{d} \boldsymbol{a}_i = 1 \right\} \tag{1.9}$$

と表します．要するに，確率シンプレックス Σ_d とは d 次元の確率ベクトル全体の集合です．たとえばベクトル $(0.3, 0.2, 0.5)^\top$ は Σ_3 の要素です．一般の有限集合 $\mathcal{X}$ 上のヒストグラム全体の集合は，

$$\Sigma_{\mathcal{X}} \stackrel{\text{def}}{=} \left\{ \boldsymbol{a} \in \mathbb{R}^{\mathcal{X}} \;\middle|\; \boldsymbol{a}_x \geq 0 \ (\forall x \in \mathcal{X}), \sum_{x \in \mathcal{X}} \boldsymbol{a}_x = 1 \right\} \tag{1.10}$$

と表します．集合 $\mathcal{X}$ とベクトル $\boldsymbol{a} \in \Sigma_{\mathcal{X}}$ を一つとると，値 $x \in \mathcal{X}$ をとる確率が確率 $\boldsymbol{a}_x$ である分布を自然に考えることができます．すなわち，離散分布は確率ベクトルと同一視できます．また，離散分布においては確率が 0 である点の存在は多くの場合無視できるため，以下では確率が 0 である点は存在しないことを暗黙的に仮定する場合があります．つまり，確率シンプレックスの要素，といったときには全成分が正である確率ベクトルを暗黙的に仮定する場合があります．この仮定により，ゼロ除算による場合分けなどの煩雑な議論を避けることができます．一方で，図 1.1 右の教師ラベル分布のように確率値が 0 である点を含む重要な分布が存在することも確かです．こうした分布を考慮する場合も，確率値が 0 の点を場合分けすることで本書の議論の多くは自然に拡張できます．また，実装上は，0

を非常に小さい値 $\varepsilon > 0$ で置き換えることで場合分けを避けて扱うことが可能です．

- **ディラック測度** (Dirac measure)：確率 1 である一点をとる確率分布のことを**ディラック測度**といいます．確率 1 で点 x をとる確率分布を δ_x と表します*2．たとえば，図 1.1 右の確率分布は $\delta_{猫}$ と表せます．ディラック測度は**ディラック質量** (Dirac mass) と呼ばれることもあります．
- 確率分布のスカラー倍や足し算は各確率値をスカラー倍や足し算したものと定義します*3．分布が確率密度を持つときは，密度関数をスカラー倍・足し算していることに相当し，分布が離散分布であるときには，確率質量関数をスカラー倍・足し算していることに相当します．たとえば，$0.2\delta_{犬} + 0.8\delta_{猫}$ は確率 0.2 で犬をとり，確率 0.8 で猫をとる確率分布となります．この表記を用いると，空間 $\mathcal{X}$ において確率値 $\boldsymbol{a} \in \Sigma_{\mathcal{X}}$ を持つ離散分布は

$$\sum_{x \in \mathcal{X}} \boldsymbol{a}_x \delta_x \tag{1.12}$$

と表すことができます．

- **質量**：確率値のことを**質量**と呼ぶことがあります．たとえば，確率分布 $0.2\delta_{犬} + 0.8\delta_{猫}$ は犬に 0.2 の質量と猫に 0.8 の質量があるといいます．
- ある確率分布からの i.i.d. サンプルを $x_1, x_2, \ldots, x_n$ とすると，経験分布は

$$\alpha = \sum_{i=1}^{n} \frac{1}{n} \delta_{x_i} \tag{1.13}$$

と表すことができます．一般に，サンプルの重み $\boldsymbol{a} \in \Sigma_n$ を考えると，経験分布は

$$\alpha = \sum_{i=1}^{n} \boldsymbol{a}_i \delta_{x_i} \tag{1.14}$$

*2 厳密にいうと，背後に確率変数を考える必要はなく，ディラック測度 δ_x の定義は，可測集合 $\mathcal{A}$ について

$$\delta_x(\mathcal{A}) = \begin{cases} 1 & (x \in \mathcal{A}) \\ 0 & (x \notin \mathcal{A}) \end{cases} \tag{1.11}$$

です．

*3 厳密にいうと，測度としてスカラー倍や足し算を行うということです．

と表すことができます.

- 確率ベクトル $\boldsymbol{a} \in \Sigma_n$ と $\boldsymbol{b} \in \Sigma_m$ について輸送多面体を

$$\mathcal{U}(\boldsymbol{a}, \boldsymbol{b}) \overset{\text{def}}{=} \{\boldsymbol{P} \in \mathbb{R}^{n \times m} \mid \boldsymbol{P}_{ij} \geq 0, \boldsymbol{P}\mathbb{1}_m = \boldsymbol{a}, \boldsymbol{P}^\top \mathbb{1}_n = \boldsymbol{b}\} \tag{1.15}$$

と定義します (2.1.1 節参照).

- 確率分布 α, β とコスト関数 C について最適輸送コストを $\mathrm{OT}(\alpha, \beta, C)$ と表記します (2.1.1 節参照).
- 確率分布 α, β とコスト関数 C についてエントロピー正則化つき最適輸送コストを $\mathrm{OT}_\varepsilon(\alpha, \beta, C)$ と表記します (3.1 節参照).
- ノード集合が V, エッジ集合が E であるグラフを $G = (V, E)$ と表記します.
- **ビッグ・オー記法**：$\limsup_{x \to \infty} \frac{f(x)}{g(x)} < \infty$ や $\limsup_{x \to 0} \frac{f(x)}{g(x)} < \infty$ であるとき, 大文字の O を用いて $f(x) = O(g(x))$ と表記します. たとえば $f(x) = O(x^2)$ $(x \to \infty)$ は f が高々 x^2 の速度で成長する関数であることを表します. $(x \to \infty)$ や $(x \to 0)$ は文脈から明らかなときには省略されます.
- **スモール・オー記法**：$\lim_{x \to \infty} \frac{f(x)}{g(x)} = 0$ や $\lim_{x \to 0} \frac{f(x)}{g(x)} = 0$ であるとき, 小文字の o を用いて $f(x) = o(g(x))$ と表記します. たとえば $f(x) = o(x^2)$ $(x \to \infty)$ は f が x^2 よりも遅く成長する関数であることを表します.
- **ビッグ・オメガ記法**：$\liminf_{x \to \infty} \frac{f(x)}{g(x)} > 0$ や $\liminf_{x \to 0} \frac{f(x)}{g(x)} > 0$ であるとき $f(x) = \Omega(g(x))$ と表記します. たとえば $f(x) = \Omega(x^2)$ $(x \to \infty)$ は f が x^2 以上の速さで成長する関数であることを表します.

1.6 本書の構成

本章では, 確率分布を比較する意義と確率分布を比較するツールとしての最適輸送の利点について直観的な導入を行いました.

第 2 章：線形計画による定式化では, 最適輸送を最適化問題として定義し, 最適輸送の性質について議論します. 2.2 節では, 機械学習やその周辺分野における最適輸送の応用例を紹介します．第 2 章での議論がその後の基礎となります．第 2 章で紹介する，線形計画のソルバーを利用するという解法は第一に考慮すべき基礎的なものですが，対象のタスクによっては効率が悪く使えない場合や，この方法では求まらない特殊な解が必要な場合があります．

第 3, 4, 5 章ではそれぞれ異なるアプローチによって最適輸送問題を解く方法を紹介します．それぞれの解法には利点と欠点があり，対象のタスクに応じて適切な手法を選ぶ必要があります．これらの章の内容は独立しているので，好きな章から読んでも差し支えありません．難易度と有用性のバランスを考えてこの順番に配置しているので，特にこだわりがない場合はこの順に読むことをおすすめします．

第 3 章：エントロピー正則化とシンクホーンアルゴリズムでは，エントロピー正則化つき最適輸送問題の性質とシンクホーンアルゴリズムと呼ばれる解法について議論します．第 3 章で紹介する手法は高速・微分可能・GPU 並列可能という望ましい性質があり，機械学習分野でヒストグラム比較を行う際によく用いられます．

第 4 章：敵対的ネットワークでは，敵対的ネットワークについて議論します．第 4 章で紹介する解法は連続分布を含む一般の分布に適用ができ，ニューラルネットワークとも相性がよいため，深層学習の分野でよく用いられています．具体的な応用として，敵対的生成ネットワーク (GAN) をはじめ，敵対的オートエンコーダや敵対的ドメイン適応を紹介します．

第 5 章：スライス法では，スライス法と呼ばれる効率的な解法を紹介します．この解法は本書で紹介する手法の中で最も高速に計算ができるため，大規模データを処理する場合や，計算資源が乏しい場合，時間制約が厳しい場合によく用いられます．

第 6 章：他のダイバージェンスとの比較では，第 1 章で述べた KL ダイバージェンスと最適輸送の比較を一般化して，確率分布どうしのさまざまな距離尺度についての比較をより形式的に行います．第 6 章は理論よりの話題であり，内容も他の章と独立しているので，第 7 章以降を先に読んでも差し支えありません．

第 7 章以降では最適輸送の変種について議論します．

第 7 章：不均衡最適輸送で議論する不均衡最適輸送は，比較する二つの山に含まれる土砂の総量が異なっている場合に用いられる最適輸送の一般化です．不均衡最適輸送は外れ値についてロバストであるので，土砂の総量が同じ場合においても，確率分布どうしのロバストな比較を行うために用いられる場合があります．

第 8 章：ワッサースタイン重心で議論するワッサースタイン重心は，複数の確率分布が与えられたとき，最適輸送コストの観点で「中心」となる確率分布を求める問題となります．第 7 章までは最適輸送コストを求める最適化問題を考えていたのに対し，第 8 章の内容は，最適輸送コスト自体を目的関数とする一段高いレベルの最適化を考えることになります．

第 9 章：グロモフ・ワッサースタイン距離で議論するグロモフ・ワッサースタイン距離は，比較する二つの確率分布が異なる空間に埋め込まれている場合に用いることができる最適輸送コストの変種です．グロモフ・ワッサースタイン距離は最適輸送コストよりも計算困難ですが，近似により最適輸送と同様の手法で解くことができます．

最後に，**第 10 章**では最適輸送を解くためのソフトウェアと，読者がさらに学習を進めるための推薦図書を紹介します．

一部の章と節には，タイトルにアスタリスク（*）を付記することで内容が発展的であることを示しました．これらの章や節の内容が分からなくても，それ以降の内容を理解する妨げになることはないので，難しいと感じた場合は無理せず次の章や節に進んでください．

Chapter 2

最適化問題としての定式化

本章では，最適輸送問題を線形計画問題として定式化し，ここから導かれる各種性質について議論します．とりわけ本書内でこの先もたびたび登場する双対問題について丁寧に議論します．本章の最後には，最適輸送問題と等価な組合せ最適化問題である最小費用流問題を紹介します．

2.1 線形計画による定式化

本章では，最適輸送問題を線形計画問題として定式化します．具体的には，決定変数として輸送方法を，目的関数として輸送コストをとる最適化問題を考えます．この最適解が最適輸送であり，そのときの目的関数の値が最適輸送コストとなります．

2.1.1 点群の比較

問題 2.1（点群の場合の最適輸送問題）

$$
\begin{aligned}
\underset{\boldsymbol{P}\in\mathbb{R}^{n\times m}}{\text{minimize}} \quad & \sum_{i=1}^{n}\sum_{j=1}^{m} C(x_i, y_j)\boldsymbol{P}_{ij} & \\
\text{subject to} \quad & \boldsymbol{P}_{ij} \geq 0 & (\forall i \in [n], \forall j \in [m]) \\
& \sum_{j=1}^{m} \boldsymbol{P}_{ij} = \boldsymbol{a}_i & (\forall i \in [n]) \\
& \sum_{i=1}^{n} \boldsymbol{P}_{ij} = \boldsymbol{b}_j & (\forall j \in [m])
\end{aligned}
\tag{2.1}
$$

まずは最もイメージしやすいであろう点群の比較を考えます．空間 $\mathcal{X}$ 上で定義された点群を考えます．たとえば $\mathcal{X} = \mathbb{R}^2$ ととるのがイメージしやすいでしょう．空間 $\mathcal{X}$ 上の各対 $x, y \in \mathcal{X}$ には，点 x から点 y に一単位の質量を輸送するのにかかるコスト $C(x, y) \in \mathbb{R}$ が定義されているとします．関数 $C\colon \mathcal{X} \times \mathcal{X} \to \mathbb{R}$ を**コスト関数**といいます．$C(x, y)$ は負であっても構いませんが，多くの応用では非負コストを考えます．たとえば $\mathcal{X} = \mathbb{R}^2$ では $C(\boldsymbol{x}, \boldsymbol{y}) = \|\boldsymbol{x} - \boldsymbol{y}\|_2$ などが考えられます．

最適輸送問題の入力は，2 つの重みつき点群

$$\alpha = \sum_{i=1}^{n} \boldsymbol{a}_i \delta_{x_i} \tag{2.2}$$

$$\beta = \sum_{j=1}^{m} \boldsymbol{b}_j \delta_{y_j} \tag{2.3}$$

です．1.5 節で定義したように，α は点 x_i を確率 $\boldsymbol{a}_i$ でとる確率分布を表します．コンピュータ上では，これらは点のリスト $[x_1, \ldots, x_n], [y_1, \ldots, y_m]$ と対応する重みベクトル $\boldsymbol{a} \in \Sigma_n, \boldsymbol{b} \in \Sigma_m$ で表現されます．

点 x_i から点 y_j への輸送される質量 $\boldsymbol{P}_{ij}$ を各対 (i, j) について定めることで α から β への輸送が定まります．この行列 $\boldsymbol{P} \in \mathbb{R}^{n\times m}$ を**輸送行列**と

いいます．輸送行列 $\boldsymbol{P}$ が満たすべき性質として，輸送量が非負であること

$$\boldsymbol{P}_{ij} \geq 0 \quad \forall i \in [n], j \in [m], \tag{2.4}$$

点 x_i から輸送される総量が $\boldsymbol{a}_i$ に一致すること

$$\sum_{j=1}^{m} \boldsymbol{P}_{ij} = \boldsymbol{a}_i \quad \forall i \in [n], \tag{2.5}$$

点 y_j に輸送される総量が $\boldsymbol{b}_j$ に一致すること

$$\sum_{i=1}^{n} \boldsymbol{P}_{ij} = \boldsymbol{b}_j \quad \forall j \in [m], \tag{2.6}$$

があります．また，輸送行列 $\boldsymbol{P}$ の総輸送コストは

$$\sum_{i=1}^{n} \sum_{j=1}^{m} C(x_i, y_j) \boldsymbol{P}_{ij} \tag{2.7}$$

で表されます．よって，以上の条件のもと総輸送コストを最小化する問題は問題 2.1 のように定式化されます．この定式化を**カントロヴィチの定式化** (Kantorovich's formulation) と呼びます．この最適化問題の最適解における目的関数の値（最適値）を**最適輸送コスト**といい，$\mathrm{OT}(\alpha, \beta, C)$ と表します．この最適化問題の最適解のことを**最適輸送行列**あるいは単に**最適輸送**といいます．本書の目的はこの最適化問題の性質・解き方・応用をさまざまな角度から検討することです．

条件 (2.1) の 3〜4 行目は，質量が消滅したり生成されたりしないことを表しており，**質量保存制約** (mass conservation constraint) と呼ばれます．成分がすべて 1 のベクトル $\mathbb{1}_n \in \mathbb{R}^n, \mathbb{1}_m \in \mathbb{R}^m$ を用いると，質量保存制約は

$$\boldsymbol{P}\mathbb{1}_m = \boldsymbol{a} \tag{2.8}$$

$$\boldsymbol{P}^\top \mathbb{1}_n = \boldsymbol{b} \tag{2.9}$$

と書き表すこともできます．

制約条件を満たす行列全体の集合を

$$\mathcal{U}(\boldsymbol{a}, \boldsymbol{b}) \stackrel{\mathrm{def}}{=} \{\boldsymbol{P} \in \mathbb{R}^{n \times m} \mid \boldsymbol{P}_{ij} \geq 0, \boldsymbol{P}\mathbb{1}_m = \boldsymbol{a}, \boldsymbol{P}^\top \mathbb{1}_n = \boldsymbol{b}\} \tag{2.10}$$

と表し，$\mathcal{U}(\boldsymbol{a}, \boldsymbol{b})$ を**輸送多面体** (transportation polytope) といいます．ここ

で，$\tilde{\boldsymbol{P}} \stackrel{\text{def}}{=} \boldsymbol{a}\boldsymbol{b}^\top \in \mathbb{R}^{n\times m}$ とおくと，$\tilde{\boldsymbol{P}}_{ij} = \boldsymbol{a}_i\boldsymbol{b}_j \geq 0$ であり，

$$\tilde{\boldsymbol{P}}\mathbb{1}_m \stackrel{\text{(a)}}{=} \boldsymbol{a}\boldsymbol{b}^\top\mathbb{1}_m \stackrel{\text{(b)}}{=} \boldsymbol{a} \tag{2.11}$$

$$\tilde{\boldsymbol{P}}^\top\mathbb{1}_n = \boldsymbol{b}\boldsymbol{a}^\top\mathbb{1}_n = \boldsymbol{b} \tag{2.12}$$

であるので，$\tilde{\boldsymbol{P}} \in \mathcal{U}(\boldsymbol{a}, \boldsymbol{b})$ となります．ここで，(a) は $\tilde{\boldsymbol{P}}$ の定義より，(b) は $\boldsymbol{b} \in \Sigma_m$ より各成分の総和が 1 であることから従います．$\tilde{\boldsymbol{P}}$ を要素として含むので，輸送多面体 $\mathcal{U}(\boldsymbol{a}, \boldsymbol{b})$ は常に非空です．冒頭では，輸送方法を表す行列を輸送行列と呼ぶと述べましたが，正確にいえば輸送多面体に含まれる行列 $\boldsymbol{P} \in \mathcal{U}(\boldsymbol{a}, \boldsymbol{b})$ のことを輸送行列と呼びます．一般に，最適化問題の制約条件をすべて満たす決定変数の値を**実行可能** (feasible) といいます．この用語を用いると，輸送多面体とは最適輸送問題の実行可能解の集合であるといえます．

コスト関数の点群上の値を $\boldsymbol{C}_{ij} = C(x_i, y_j)$ というように行列 $\boldsymbol{C} \in \mathbb{R}^{n\times m}$ の形式で表し，$\boldsymbol{C}$ を**コスト行列**と呼びます．同じサイズの二つの行列の内積 $\langle\cdot,\cdot\rangle\colon \mathbb{R}^{n\times m} \times \mathbb{R}^{n\times m} \to \mathbb{R}$ を，以下のように，行列をベクトルとみなしたときの内積と定めます．

$$\langle \boldsymbol{A}, \boldsymbol{B}\rangle \stackrel{\text{def}}{=} \sum_{i=1}^{n}\sum_{j=1}^{m} \boldsymbol{A}_{ij}\boldsymbol{B}_{ij} \tag{2.13}$$

これらの記法を用いると，最適輸送問題は

$$\mathrm{OT}(\alpha, \beta, C) = \min_{\boldsymbol{P}\in\mathcal{U}(\boldsymbol{a},\boldsymbol{b})} \langle \boldsymbol{C}, \boldsymbol{P}\rangle \tag{2.14}$$

と簡単に表すことができます．この目的関数を $L_P(\boldsymbol{P}) \stackrel{\text{def}}{=} \langle \boldsymbol{C}, \boldsymbol{P}\rangle$ と表します．$L_P(\boldsymbol{P})$ が小さい $\boldsymbol{P}$ ほどよい解であるといえます．

輸送行列 $\boldsymbol{P}$ を同時分布の確率を書き並べた表とみなす，つまり，確率 $\boldsymbol{P}_{ij}$ で (i, j) をとる分布を考えると，制約条件より，第一成分が i である確率が $\boldsymbol{a}_i$，第二成分が j である確率が $\boldsymbol{b}_j$ となり，$\boldsymbol{a}, \boldsymbol{b}$ は $\boldsymbol{P}$ の周辺分布となります．また，$\boldsymbol{C}_{ij}$ の期待値は $\langle \boldsymbol{C}, \boldsymbol{P}\rangle$ となります．つまり，最適輸送は二つの周辺分布を入力として受け取り，期待コストの最も低い同時分布を求める問題と見ることもできます．

目的関数と制約関数が線形なので，この最適輸送問題は線形計画問題です．

よって，線形計画ソルバーを用いることで効率的に解くことができます．また，最適化領域 $\mathcal{U}(\boldsymbol{a}, \boldsymbol{b})$ が非空かつ有界であるので，常に最適解が存在することが分かります．

例 2.1　（点群比較の数値例）

簡単な例として，

$$\boldsymbol{x}^{(1)} = \begin{pmatrix} 2.2 \\ 2.1 \end{pmatrix},\ \boldsymbol{x}^{(2)} = \begin{pmatrix} 3.2 \\ 5.3 \end{pmatrix},\ \boldsymbol{x}^{(3)} = \begin{pmatrix} 4.5 \\ 4.4 \end{pmatrix},\ \boldsymbol{x}^{(4)} = \begin{pmatrix} 3.1 \\ 3.8 \end{pmatrix} \tag{2.15}$$

$$\boldsymbol{y}^{(1)} = \begin{pmatrix} 4.8 \\ 1.9 \end{pmatrix},\ \boldsymbol{y}^{(2)} = \begin{pmatrix} 4.1 \\ 3.3 \end{pmatrix},\ \boldsymbol{y}^{(3)} = \begin{pmatrix} 2.0 \\ 5.5 \end{pmatrix},\ \boldsymbol{y}^{(4)} = \begin{pmatrix} 3.4 \\ 2.5 \end{pmatrix} \tag{2.16}$$

$$\alpha = \frac{1}{4} \sum_{i=1}^{4} \delta_{\boldsymbol{x}^{(i)}} \tag{2.17}$$

$$\beta = \frac{1}{4} \sum_{j=1}^{4} \delta_{\boldsymbol{y}^{(j)}} \tag{2.18}$$

という点群を考えます．コスト関数は $C(\boldsymbol{x}, \boldsymbol{y}) = \|\boldsymbol{x} - \boldsymbol{y}\|_2^2$ とします．このとき，コスト行列は

$$\boldsymbol{C} = \begin{pmatrix} 6.80 & 5.05 & 11.60 & 1.60 \\ 14.12 & 4.81 & 1.48 & 7.88 \\ 6.34 & 1.37 & 7.46 & 4.82 \\ 6.50 & 1.25 & 4.10 & 1.78 \end{pmatrix} \tag{2.19}$$

となります．線形計画ソルバーを利用して線形計画問題を解くと，最適解は

$$\boldsymbol{P}^* = \begin{pmatrix} 0.00 & 0.00 & 0.00 & 0.25 \\ 0.00 & 0.00 & 0.25 & 0.00 \\ 0.25 & 0.00 & 0.00 & 0.00 \\ 0.00 & 0.25 & 0.00 & 0.00 \end{pmatrix} \tag{2.20}$$

となり，最適輸送コストは $\mathrm{OT}(\alpha, \beta, C) = 2.6675$ となります．この最適

解 $\boldsymbol{P}^*$ を図 2.1 に示します.

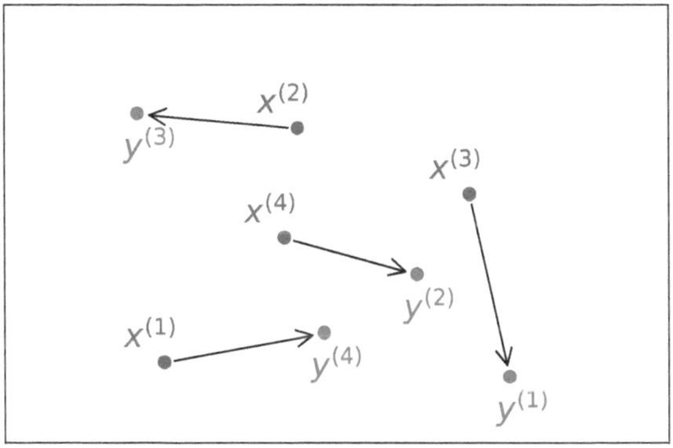

図 2.1　点群比較の数値例. たとえば $\boldsymbol{P}^*_{14} > 0$ であるので, $\boldsymbol{x}^{(1)}$ から $\boldsymbol{y}^{(4)}$ に輸送を表す矢印が描画されている.

2.1.2 ヒストグラムの比較

問題 2.2（点群の場合の最適輸送問題）

$$
\begin{aligned}
\underset{\boldsymbol{P}\in\mathbb{R}^{n\times n}}{\text{minimize}} \quad & \sum_{i=1}^{n}\sum_{j=1}^{n} \boldsymbol{C}_{ij}\boldsymbol{P}_{ij} \\
\text{subject to} \quad & \boldsymbol{P}_{ij} \geq 0 \qquad (\forall i \in [n], \forall j \in [n]) \\
& \sum_{j=1}^{n} \boldsymbol{P}_{ij} = \boldsymbol{a}_i \qquad (\forall i \in [n]) \\
& \sum_{i=1}^{n} \boldsymbol{P}_{ij} = \boldsymbol{b}_j \qquad (\forall j \in [n])
\end{aligned}
\tag{2.21}
$$

n カテゴリからなるヒストグラムを考えます. 最適輸送問題の入力は, ヒ

ストグラム $\boldsymbol{a}, \boldsymbol{b} \in \Sigma_n$ と，カテゴリ i からカテゴリ j へのコスト $\boldsymbol{C}_{ij}$ を表すコスト行列 $\boldsymbol{C} \in \mathbb{R}^{n \times n}$ です．このとき，最適輸送問題は問題 2.2 のように定義されます．この最適化問題の最適値を最適輸送コストといい，$\mathrm{OT}(\boldsymbol{a}, \boldsymbol{b}, \boldsymbol{C})$ と表します．決定変数 $\boldsymbol{P}$ を輸送行列，条件 (2.21) の 3〜4 行目を合わせて質量保存制約と呼ぶのも点群の場合と同様です．目的関数も同様に $L_P(\boldsymbol{P}) \stackrel{\mathrm{def}}{=} \langle \boldsymbol{C}, \boldsymbol{P} \rangle$ と表します．

この最適化問題も目的関数と制約条件関数が線形なので，線形計画ソルバーによって効率よく解くことができます．

最適化問題としては，ヒストグラムの比較と点群の比較はほとんど同じであることが見てとれます．実際，最適化アルゴリズムを考える際には，これらの設定は区別されることなく同一の問題として扱われることが一般的です．

例 2.2 （ヒストグラム比較の数値例）

犬・猫・虎・鳥の $n = 4$ 個のカテゴリを考え，

$$\boldsymbol{a} = \begin{pmatrix} 0.2 \\ 0.5 \\ 0.2 \\ 0.1 \end{pmatrix}, \ \boldsymbol{b} = \begin{pmatrix} 0.3 \\ 0.3 \\ 0.4 \\ 0.0 \end{pmatrix}, \ \boldsymbol{C} = \begin{pmatrix} 0 & 2 & 2 & 2 \\ 2 & 0 & 1 & 2 \\ 2 & 1 & 0 & 2 \\ 2 & 2 & 2 & 0 \end{pmatrix} \tag{2.22}$$

とします．これらのヒストグラムを図 2.2 に示します．

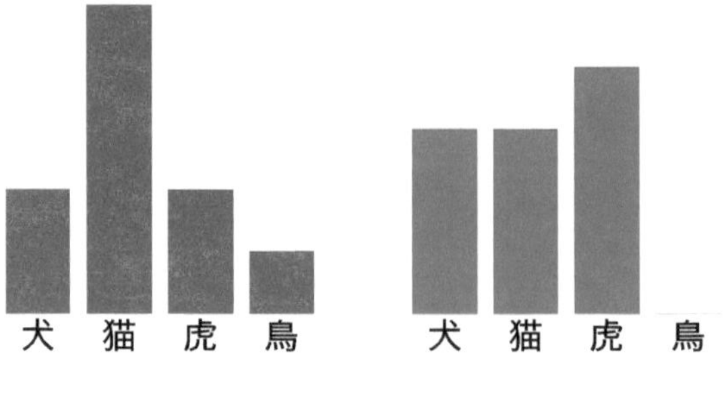

図 2.2 ヒストグラムの図示．左のヒストグラムが $\boldsymbol{a}$ を，右のヒストグラムが $\boldsymbol{b}$ を表す．

この例では，猫と虎の間の輸送コスト $\boldsymbol{C}_{2,3} = \boldsymbol{C}_{3,2} = 1$ が他のカテゴリ対のコストに比べて低く設定されています．ソルバーを用いて線形計画問題を解くと，最適輸送行列は

$$\boldsymbol{P}^* = \begin{pmatrix} 0.2 & 0 & 0 & 0 \\ 0 & 0.3 & 0.2 & 0 \\ 0 & 0 & 0.2 & 0 \\ 0.1 & 0 & 0 & 0 \end{pmatrix} \tag{2.23}$$

となります．たとえば，$\boldsymbol{P}^*_{2,3} = 0.2$ であることは，猫から虎に 0.2 の質量が輸送されていることに対応します．最適輸送コストは $\mathrm{OT}(\boldsymbol{a}, \boldsymbol{b}, \boldsymbol{C}) = 0.4$ となります．最適輸送は図 2.3 のように表されます．

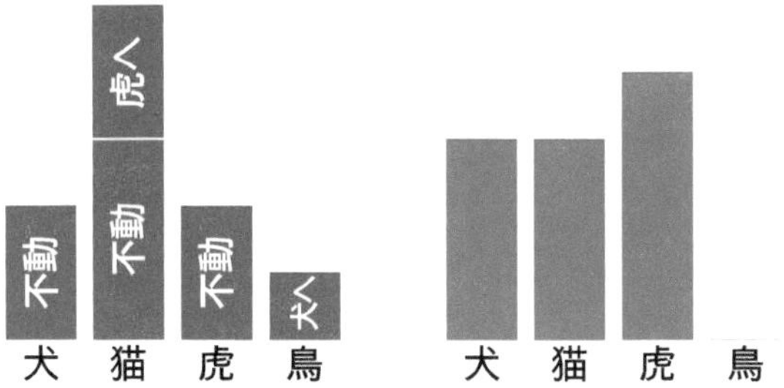

図 2.3　この例における最適輸送．コストの低い猫から虎に優先して輸送されていることが分かる．

2.1.3 連続分布を含む一般の確率分布の場合

問題 2.3（一般の場合の最適輸送問題）

$$
\begin{aligned}
\underset{\pi \in \mathcal{P}(\mathcal{X} \times \mathcal{X})}{\text{minimize}} \quad & \int_{\mathcal{X} \times \mathcal{X}} C(\boldsymbol{x}, \boldsymbol{y}) d\pi(\boldsymbol{x}, \boldsymbol{y}) & \\
\text{subject to} \quad & \pi(\mathcal{A} \times \mathcal{B}) \geq 0 & (\forall \mathcal{A}, \mathcal{B} \in \mathcal{F}(\mathcal{X})) \\
& \pi(\mathcal{A} \times \mathcal{X}) = \alpha(\mathcal{A}) & (\forall \mathcal{A} \in \mathcal{F}(\mathcal{X})) \\
& \pi(\mathcal{X} \times \mathcal{B}) = \beta(\mathcal{B}) & (\forall \mathcal{B} \in \mathcal{F}(\mathcal{X}))
\end{aligned}
\tag{2.24}
$$

確率分布が定義される空間 $\mathcal{X}$ が無限集合の場合，輸送方法を有限サイズの行列で表すことはできません．2.1.1 節で輸送行列 $\boldsymbol{P}$ は $\boldsymbol{a}, \boldsymbol{b}$ を周辺分布として持つ確率の表と解釈できると述べましたが，一般の確率分布の場合にはこの考えを拡張し，分布 α, β を周辺分布として持つ同時分布を用いて輸送方法を表現します．つまり，最適化の定義域は $\mathcal{X} \times \mathcal{X}$ 上の確率分布全体 $\mathcal{P}(\mathcal{X} \times \mathcal{X})$ となり，そのときの目的関数はこの分布に従う (x, y) についてのコスト $C(x, y)$ の期待値

$$
\mathbb{E}_{(x,y)\sim\pi(x,y)}[C(x, y)] = \int_{\mathcal{X} \times \mathcal{X}} C(x, y) d\pi(x, y) \tag{2.25}
$$

となります．ここで $C \colon \mathcal{X} \times \mathcal{X} \to \mathbb{R}$ はコスト関数です．離散の場合の式 (2.1) と比べると，和の記号 $\sum$ が積分に，輸送行列 $\boldsymbol{P}$ が π になっています．この置き換え関係を念頭におくと連続分布の場合の定式化が解釈しやすいでしょう．連続分布を含む一般の確率分布の場合の最適輸送問題は問題 2.3 のように定式化されます．ここで，$\mathcal{F}(\mathcal{X})$ は σ-代数であり，これは直観的には確率を測ることのできるすべての事象を表します．制約式は輸送[*1] π を周辺化したときに α, β となることを表しており，やはり線形計画の場合の一般化となっています（以下の補足 2.1 も参照）．しかし，この最適化問題は一般には無限サイズの確率分布を最適化する問題なので，ヒストグラムや点群

---

*1 このとき π はもはや行列ではないので，π のことを輸送行列とは呼べません．ここでは輸送 π としましたが，カップリング π と表記されることも多くあります．

の場合のように線形計画アルゴリズムで解くことはできません．α, β からのサンプルを用いて点群の比較に帰着させるか，第 4 章で述べるように，この問題の双対問題の決定変数となる連続関数をニューラルネットワークでモデリングして解くといったアプローチがとられます．

補足 2.1 測度についての直観的な意味

測度 (measure) は集合を受け取り非負の実数を返す関数で，直観的には，入力集合にどれだけの「量」が含まれているかを表現しています．確率測度は総量が 1 となる測度の特別な場合であり，直観的には入力集合が表現する現象が実現する確率を表しています．たとえば，$\pi(\{x\})$ と書けば x が実現する確率を表し，$\pi(\{x, y, z\})$ と書けば x, y, z のいずれかが実現する確率を表します．$\pi \in \mathcal{P}(\mathcal{X} \times \mathcal{X})$ のサンプルは $(x, y) \in \mathcal{X} \times \mathcal{X}$ という形の要素からなります．$\mathcal{A} \times \mathcal{X} = \{(a, x) \mid a \in \mathcal{A}, x \in \mathcal{X}\}$ であるので，$\pi(\mathcal{A} \times \mathcal{X})$ は π の第一成分が $\mathcal{A}$ に含まれている確率と解釈できます．式 (2.24) の 3 行目は $\pi(\mathcal{A} \times \mathcal{X})$ が $\alpha(\mathcal{A})$ と一致していることを表しており，これはすなわち π の第一成分だけ見たときの周辺分布が α であることを意味しています．数学的には厳密な定義が存在しますが，本書の範囲においては以上のような直観的な解釈だけで十分です．より厳密な測度と確率論については [8,77] などを参照してください．

なぜ測度の形で定式化するのか

機械学習の多くの分野では測度論には立ち入らず，確率密度関数のみを考えることが多い一方で，最適輸送の分野ではしばしば確率測度が登場します．本書も最適輸送分野の慣例に従い，一般の確率分布を扱う際には確率測度を用いて表記することとします．確率測度を用いて表記する最大の利点は，離散分布と連続分布を区別することなく扱えることです．たとえば，離散分布

$$\alpha = \sum_{i=1}^{n} \boldsymbol{a}_i \delta_{x_i} \tag{2.26}$$

は確率密度関数を持ちません．しかし，関数 $\alpha \colon \mathcal{F}(\mathcal{X}) \to \mathbb{R}$ を

$$\alpha(\mathcal{A}) = \sum_{x_i \in \mathcal{A}} \boldsymbol{a}_i \tag{2.27}$$

と定義すると，確率測度 α によってこの離散分布を表現できます．図 2.4 は 6 点からなる離散分布の例です．任意の集合 $\mathcal{A}$ について $\mathcal{A}$ に含まれる質量の値が定義でき，測度として表現できます．連続分布についても，$\mathcal{A}$ に含まれる質量は直観的には積分により定義でき，測度として表現できます*2．つまり，集合を受け取り，量を返す関数という表現方法で，離散分布も連続分布も表現できるということです．

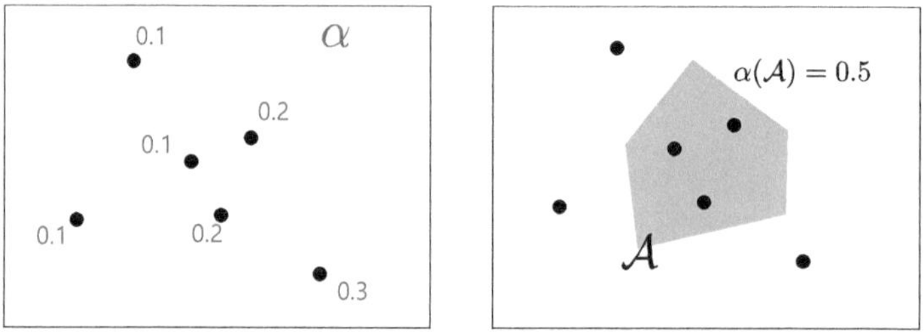

図 2.4 離散測度の例．左：離散測度を表す点群．値は質量を表す．右：$\mathcal{A}$ に含まれる質量は $0.2+0.2+0.1=0.5$ となる．

最適輸送を用いた機械学習においては，現象の背後に仮定する連続分布と，そこから計算のためサンプリングされた点群という両方が頻繁に登場するため，両方を区別なく扱える記法として確率測度が活用されます．特に，定理を記述する際には，確率測度の形で表現すれば場合分けを行わずに両方の場合を扱えるため有用です．たとえば問題 2.3 は連続分布だけでなく，ヒストグラムや点群の場合にも成り立つ定式化になっており，具体的に α, β として離散分布を代入すると問題 2.1 に帰着されます．

*2 正確にはこの説明は積分の定義について循環論法に陥る危険性がありますが，直観的な意味を把握するうえではこのように捉えれば十分でしょう．

以降の記述について

本書は最適輸送の計算的な側面を主に扱うため，以降の大部分では離散分布のみを扱い，明示的に測度論特有の記法が登場することは多くありません．第 4 章や第 6 章など一部の章については，議論の一般性のため確率測度が登場しますが，ここでも素朴な解釈のみで十分な記述となっています．

2.1.4 特殊例：ワッサースタイン距離

最適輸送コストは，その直観的な意味から最適輸送距離と呼ばれることもありますが，必ずしも距離の公理を満たしません．たとえば，$C \equiv 0$ と恒等的にゼロになるコストを用いると任意の確率分布 α, β に対して $\mathrm{OT}(\alpha, \beta, C) = 0$ となることからも距離の公理を満たさないことは明らかです．一方，以下に見るワッサースタイン距離は最適輸送コストの特殊例であり，コスト行列に特別な制約を課すことで距離の公理を満たすよう保証します．

定義 2.4（ワッサースタイン距離 (Wasserstein distance)）

$\mathcal{X}$ 上の距離関数 $d\colon \mathcal{X} \times \mathcal{X} \to \mathbb{R}$ と実数 $p \geq 1$ について，コスト関数を $C(x, y) = d(x, y)^p$ と定義する．このとき，$\alpha, \beta \in \mathcal{P}(\mathcal{X})$ について

$$W_p(\alpha, \beta) \stackrel{\mathrm{def}}{=} \mathrm{OT}(\alpha, \beta, C)^{1/p} \tag{2.28}$$

を α と β の p-ワッサースタイン距離という．

コストとして距離や距離の二乗をとるのは自然な選択でしょう．たとえば，$\mathcal{X} = \mathbb{R}^L$ のときには，$C(\boldsymbol{x}, \boldsymbol{y}) = \|\boldsymbol{x} - \boldsymbol{y}\|_2$ とした 1-ワッサースタイン距離や，$C(\boldsymbol{x}, \boldsymbol{y}) = \|\boldsymbol{x} - \boldsymbol{y}\|_2^2$ とした 2-ワッサースタイン距離がよく用いられます．p が文脈上明らかな場合や，議論が p の値に依存しない場合は単にワッサースタイン距離と呼びます．

例 2.3　（ディラック測度のワッサースタイン距離）

$\boldsymbol{x}, \boldsymbol{y} \in \mathbb{R}^L$ についてディラック測度 $\delta_{\boldsymbol{x}}$, $\delta_{\boldsymbol{y}}$ を考えます．考えられる輸送方法は $\boldsymbol{x}$ から $\boldsymbol{y}$ へ質量 1 を輸送するもののみであるので，p-ワッサースタイン距離は，

$$\begin{aligned} W_p(\delta_{\boldsymbol{x}}, \delta_{\boldsymbol{y}}) &= (1 \cdot \|\boldsymbol{x} - \boldsymbol{y}\|_2^p)^{1/p} \\ &= \|\boldsymbol{x} - \boldsymbol{y}\|_2 \end{aligned} \tag{2.29}$$

となります．一方，KL ダイバージェンスは

$$\mathrm{KL}(\delta_{\boldsymbol{x}} \parallel \delta_{\boldsymbol{y}}) = \begin{cases} 0 & (\boldsymbol{x} = \boldsymbol{y}) \\ \infty & (\boldsymbol{x} \neq \boldsymbol{y}) \end{cases} \tag{2.30}$$

となります．この例からも，KL ダイバージェンスはユークリッド空間の距離構造を反映できていない一方で，ワッサースタイン距離は距離構造 d を反映できていることが分かります．

ワッサースタイン距離は距離の公理を満たすことを示します．

定理 2.5（ワッサースタイン距離は距離の公理を満たす）

p-ワッサースタイン距離は距離の公理を満たす．すなわち，

1. $W_p(\alpha, \beta) = 0$ のときかつそのときのみ $\alpha = \beta$
2. $W_p(\alpha, \beta) = W_p(\beta, \alpha) \quad \forall \alpha, \beta$
3. $W_p(\alpha, \beta) + W_p(\beta, \gamma) \geq W_p(\alpha, \gamma) \quad \forall \alpha, \beta, \gamma$

証明は点群について行います．一般の確率測度についての証明は Villani [71, Section 6] を参照してください．

証明

$\mathcal{X} = \{x_1, x_2, \ldots, x_n\}$ とし，距離関数 $d = \mathcal{X} \times \mathcal{X} \to \mathbb{R}$ を任意にとり，$C(x, y) = d(x, y)^p$ とする．確率ベクトル $\boldsymbol{a}, \boldsymbol{b}, \boldsymbol{c} \in \Sigma_n$ を任意に

とり，

$$\alpha = \sum_{i=1}^{n} \boldsymbol{a}_i \delta_{x_i} \tag{2.31}$$

$$\beta = \sum_{i=1}^{n} \boldsymbol{b}_i \delta_{x_i} \tag{2.32}$$

$$\gamma = \sum_{i=1}^{n} \boldsymbol{c}_i \delta_{x_i} \tag{2.33}$$

とする．ただし，$\mathcal{X}$ の要素に重複はなく，

$$i \neq j \Rightarrow x_i \neq x_j \tag{2.34}$$

とする．(α, β) 間の最適輸送行列を $\boldsymbol{P}^* \in \mathbb{R}_{\geq 0}^{n \times n}$, (β, γ) 間の最適輸送行列を $\boldsymbol{Q}^* \in \mathbb{R}_{\geq 0}^{n \times n}$ とする．

1. $W_p(\alpha, \beta) = 0$ とすると，$W_p(\alpha, \beta)^p = \sum_{ij} d(x_i, x_j)^p \boldsymbol{P}_{ij}^* = 0$ である．このとき，ある (i, j) に対して $\boldsymbol{P}_{ij}^* > 0$ であるとすると，$d(x_i, x_j)^p = 0$ でなければならず，距離の公理より $x_i = x_j$ である．式 (2.34) より，これは $i = j$ を意味する．よって，$\boldsymbol{P}^*$ の成分の中で正値をとるのは対角成分のみである．このとき

$$\boldsymbol{a} \overset{\text{(a)}}{=} \boldsymbol{P}^* \mathbb{1}_n \overset{\text{(b)}}{=} \boldsymbol{P}^{*\top} \mathbb{1}_n \overset{\text{(c)}}{=} \boldsymbol{b} \tag{2.35}$$

である．ただし，(a), (c) は $\boldsymbol{P}^* \in \mathcal{U}(\boldsymbol{a}, \boldsymbol{b})$ より，(b) は $\boldsymbol{P}^*$ が対称であることより従う．ヒストグラムの重み $\boldsymbol{a}, \boldsymbol{b}$ が一致するということは，$\alpha = \beta$ を意味する．逆に，$\alpha = \beta$ すなわち $\boldsymbol{a} = \boldsymbol{b}$ と仮定する．このとき，

$$\boldsymbol{P} = \mathrm{Diag}(\boldsymbol{a}) = \begin{pmatrix} \boldsymbol{a}_1 & 0 & \dots & 0 \\ 0 & \boldsymbol{a}_2 & \dots & 0 \\ \vdots & \vdots & \ddots & \vdots \\ 0 & 0 & \dots & \boldsymbol{a}_n \end{pmatrix} \tag{2.36}$$

とおくと，これは制約条件を満たし，

$$\sum_{i=1}^{n}\sum_{j=1}^{n} d(x_i, x_j)^p \boldsymbol{P}_{ij} = \sum_{i=1}^{n} d(x_i, x_i)^p \boldsymbol{P}_{ii} = 0 \tag{2.37}$$

となる．距離の公理より $d(x_i, x_j) \geq 0$ であり目的関数は常に非負であるので，これが最適解である．すなわち，$W_p(\alpha, \beta) = 0$ である．

2. $\boldsymbol{P}^*$ を (α, β) 間の最適輸送行列とすると，$\boldsymbol{P}^{*\top}$ は (β, α) 間の輸送行列である．距離の公理より $d(x_i, x_j) = d(x_j, x_i)$ であるので，$\boldsymbol{P}^{*\top}$ の目的関数値は $\boldsymbol{P}^*$ と一致する．よって少なくとも $W_p(\beta, \alpha)^p$ は $W_p(\alpha, \beta)^p$ 以下である．同様の議論より $W_p(\alpha, \beta)^p \leq W_p(\beta, \alpha)^p$ でもあるので，合わせて $W_p(\alpha, \beta) = W_p(\beta, \alpha)$ となる．

3. $\boldsymbol{R} \stackrel{\mathrm{def}}{=} \boldsymbol{P}^*\mathrm{Diag}(1/\boldsymbol{b})\boldsymbol{Q}^*$ とする．ただし $1/\boldsymbol{b}$ は成分ごとに逆数をとり，0 の逆数は 0 であると定義する．このとき，$\boldsymbol{R}_{ij} \geq 0$ であり，

$$\begin{aligned} \boldsymbol{R}\mathbb{1}_n &= \boldsymbol{P}^*\mathrm{Diag}(1/\boldsymbol{b})\boldsymbol{Q}^*\mathbb{1}_n \\ &\stackrel{\text{(a)}}{=} \boldsymbol{P}^*\mathrm{Diag}(1/\boldsymbol{b})\boldsymbol{b} \\ &= \boldsymbol{P}^*\mathbb{1}_{\boldsymbol{b}>0} \\ &\stackrel{\text{(b)}}{=} \boldsymbol{P}^*\mathbb{1}_n \\ &\stackrel{\text{(c)}}{=} \boldsymbol{a} \end{aligned} \tag{2.38}$$

かつ，

$$\boldsymbol{R}^\top\mathbb{1}_n \stackrel{\text{(d)}}{=} \boldsymbol{Q}^{*\top}\mathrm{Diag}(1/\boldsymbol{b})\boldsymbol{P}^{*\top}\mathbb{1}_n$$

$$
\begin{aligned}
&= \boldsymbol{Q}^{*\top}\mathrm{Diag}(1/\boldsymbol{b})\boldsymbol{b} \\
&= \boldsymbol{Q}^{*\top}\mathbb{1}_{\boldsymbol{b}>0} \\
&\overset{\text{(e)}}{=} \boldsymbol{Q}^{*\top}\mathbb{1}_n \\
&\overset{\text{(f)}}{=} \boldsymbol{c}
\end{aligned} \tag{2.39}
$$

であるので，$\boldsymbol{R} \in \mathcal{U}(\boldsymbol{a}, \boldsymbol{c})$ である．ただし $\mathbb{1}_{\boldsymbol{b}>0} \in \mathbb{R}^n$ は $\boldsymbol{b} > 0$ の指示ベクトルである．すなわち，$\mathbb{1}_{\boldsymbol{b}>0}$ の i 次元目は $\boldsymbol{b}_i > 0$ のとき 1 でそれ以外は 0 となる．(a) は $\boldsymbol{Q}^* \in \mathcal{U}(\boldsymbol{b}, \boldsymbol{c})$ から，(b) は $\boldsymbol{P}^* \in \mathcal{U}(\boldsymbol{a}, \boldsymbol{b})$ より $\boldsymbol{b}_j = 0$ のとき，任意の i について $\boldsymbol{P}^*_{ij} = 0$ となることから，(c) は $\boldsymbol{P}^* \in \mathcal{U}(\boldsymbol{a}, \boldsymbol{b})$ から，(d) は $\boldsymbol{R}$ の定義から，(e) は $\boldsymbol{Q}^* \in \mathcal{U}(\boldsymbol{b}, \boldsymbol{c})$ より $\boldsymbol{b}_j = 0$ のとき，任意の k について $\boldsymbol{Q}^*_{jk} = 0$ となることから，(f) は $\boldsymbol{Q}^* \in \mathcal{U}(\boldsymbol{b}, \boldsymbol{c})$ から従う．また，

$$
\begin{aligned}
&W_p(\alpha, \gamma) \\
&= \min_{\boldsymbol{P} \in \mathcal{U}(\boldsymbol{a}, \boldsymbol{c})} \left(\sum_{i=1}^{n} \sum_{k=1}^{n} d(x_i, x_k)^p \boldsymbol{P}_{ik} \right)^{1/p} \\
&\overset{\text{(a)}}{\leq} \left(\sum_{i=1}^{n} \sum_{k=1}^{n} d(x_i, x_k)^p \boldsymbol{R}_{ik} \right)^{1/p} \\
&= \left(\sum_{i=1}^{n} \sum_{k=1}^{n} d(x_i, x_k)^p \sum_{j=1}^{n} \boldsymbol{P}^*_{ij} \frac{1}{\boldsymbol{b}_j} \boldsymbol{Q}^*_{jk} \right)^{1/p} \\
&= \left(\sum_{i=1}^{n} \sum_{j=1}^{n} \sum_{k=1}^{n} d(x_i, x_k)^p \boldsymbol{P}^*_{ij} \frac{1}{\boldsymbol{b}_j} \boldsymbol{Q}^*_{jk} \right)^{1/p}
\end{aligned}
$$

$$
\begin{aligned}
&\overset{\text{(b)}}{\leq} \left(\sum_{i=1}^{n} \sum_{j=1}^{n} \sum_{k=1}^{n} d(x_i, x_j)^p \boldsymbol{P}^*_{ij} \frac{1}{\mathbf{b}_j} \boldsymbol{Q}^*_{jk} \right)^{1/p} \\
&\quad + \left(\sum_{i=1}^{n} \sum_{j=1}^{n} \sum_{k=1}^{n} d(x_j, x_k)^p \boldsymbol{P}^*_{ij} \frac{1}{\mathbf{b}_j} \boldsymbol{Q}^*_{jk} \right)^{1/p} \\
&= \left(\sum_{i=1}^{n} \sum_{j=1}^{n} d(x_i, x_j)^p \boldsymbol{P}^*_{ij} \frac{1}{\mathbf{b}_j} \sum_{k=1}^{n} \boldsymbol{Q}^*_{jk} \right)^{1/p} \\
&\quad + \left(\sum_{j=1}^{n} \sum_{k=1}^{n} d(x_j, x_k)^p \boldsymbol{Q}^*_{jk} \frac{1}{\mathbf{b}_j} \sum_{i=1}^{n} \boldsymbol{P}^*_{ij} \right)^{1/p} \\
&\overset{\text{(c)}}{=} \left(\sum_{i=1}^{n} \sum_{j=1}^{n} d(x_i, x_j)^p \boldsymbol{P}^*_{ij} \frac{1}{\mathbf{b}_j} \mathbf{b}_j \right)^{1/p} \\
&\quad + \left(\sum_{j=1}^{n} \sum_{k=1}^{n} d(x_j, x_k)^p \boldsymbol{Q}^*_{jk} \frac{1}{\mathbf{b}_j} \mathbf{b}_j \right)^{1/p} \\
&= \left(\sum_{i=1}^{n} \sum_{j=1}^{n} d(x_i, x_j)^p \boldsymbol{P}^*_{ij} \right)^{1/p} + \left(\sum_{j=1}^{n} \sum_{k=1}^{n} d(x_j, x_k)^p \boldsymbol{Q}^*_{jk} \right)^{1/p} \\
&\overset{\text{(d)}}{=} W_p(\alpha, \beta) + W_p(\beta, \gamma)
\end{aligned}
\tag{2.40}
$$

となる．ただし，(a) は $\boldsymbol{R} \in \mathcal{U}(\boldsymbol{a}, \boldsymbol{c})$ より，目的関数値が最適値以上であることから，(b) はミンコフスキーの不等式と三角不等式より，(c) は $\boldsymbol{P}^* \in \mathcal{U}(\boldsymbol{a}, \boldsymbol{b})$ および $\boldsymbol{Q}^* \in \mathcal{U}(\boldsymbol{b}, \boldsymbol{c})$ から，(d) は $\boldsymbol{P}^*$ と $\boldsymbol{Q}^*$ が $W_p(\alpha, \beta)$ と $W_p(\beta, \gamma)$ についての最適輸送行列であることから従う． □

$p = 1$ の場合，(3) の性質を以下のように考えると納得できるでしょう．すなわち，三角不等式 $W_1(\alpha, \beta) + W_1(\beta, \gamma) \geq W_1(\alpha, \gamma)$ の左辺は，$\boldsymbol{P}^*$ に従って α の山を β の山に輸送した後，続いて $\boldsymbol{Q}^*$ に従って β の山を γ の

山に輸送したときの総コストです．これは α から γ への輸送方法の一例であり，三角不等式の右辺はあらゆる α から γ への輸送方法の中での最小コストであるので，不等式が成り立ちます．

一般に，点対 $x, y \in \mathcal{X}$ の間の距離としてはユークリッド距離やマンハッタン距離など自然な選択肢が多く，点どうしの距離を定めることは容易である場合が多い一方で，分布 $\alpha, \beta \in \mathcal{P}(\mathcal{X})$ の距離を定めるのは難しい問題です．ワッサースタイン距離を用いるとこの問題を解決できます．すなわち，点対 $x, y \in \mathcal{X}$ の距離さえ定めれば，分布 $\alpha, \beta \in \mathcal{P}(\mathcal{X})$ 間のワッサースタイン距離が自動的に定まるため，分布の距離を定めるというより難しい問題を，点の距離を定めるというより簡単な問題に帰着させることができる，というのがワッサースタイン距離の利点です．

2.1.5 補足：モンジュの定式化

最適輸送問題の定式化にはいくつかの流儀があります．2.1 節で導入したものはレオニート・カントロヴィチ (1912–1986) によるものです．カントロヴィチ以前にも最適輸送の研究は存在し，その源流はガスパール・モンジュ (1746–1818) までさかのぼるといわれています．本節では**モンジュの定式化** (Monge's formulation) について簡単に紹介します．

ヒストグラム $\boldsymbol{a}, \boldsymbol{b} \in \Sigma_{\mathcal{X}}$ の比較を考えます．モンジュの定式化においては，輸送元の各点 $x \in \mathcal{X}$ について輸送先 $f(x) \in \mathcal{X}$ をただ一つ定めます．点 $y \in \mathcal{X}$ に輸送される総質量は

$$\sum_{x\colon f(x)=y} \boldsymbol{a}_x \tag{2.41}$$

であり，これが $\boldsymbol{b}_y$ と等しくなるという制約を定めます．点 x に関する輸送コストは $\boldsymbol{a}_x C(x, f(x))$ であるので，これが最小となるよう

$$\begin{aligned} \underset{f\colon \mathcal{X}\to\mathcal{X}}{\text{minimize}} \quad & \sum_{x\in\mathcal{X}} \boldsymbol{a}_x C(x, f(x)) \\ \text{subject to} \quad & \sum_{x\colon f(x)=y} \boldsymbol{a}_x = \boldsymbol{b}_y \quad (\forall y \in \mathcal{X}) \end{aligned} \tag{2.42}$$

と定式化します．この最適化問題がモンジュの定式化です．質量の分割を許すカントロヴィチの定式化に比べて，モンジュの定式化では同じ点に存在す

る質量は同じ点に輸送される，すなわち分割が許されないことに注意してください．そのため，たとえば確率分布が $\boldsymbol{a} = (\frac{1}{3}, \frac{1}{3}, \frac{1}{3}, 0)$ と $\boldsymbol{b} = (\frac{1}{4}, \frac{1}{4}, \frac{1}{4}, \frac{1}{4})$ であれば，制約を満たすような輸送写像 f は存在せず，この最適化問題には解が存在しないことになります．これは，カントロヴィチの定式化には常に解があったこととは対照的です．

このような制約から，現在ではカントロヴィチの定式化を用いることが主流となっています．本書でもこれ以降はカントロヴィチの定式化を扱います．

2.2　応用例

応用についてのイメージを膨らませるため，ここで最適輸送の具体的な応用例を三つ紹介します．

2.2.1　分類問題の損失関数

第 1 章から取り上げているように，最適輸送は多クラス分類問題の損失関数として用いることができます．クラス集合を $\mathcal{Y} = \{1, 2, \ldots, C\}$ とし，$\boldsymbol{C} \in \mathbb{R}^{\mathcal{Y} \times \mathcal{Y}}$ をクラス間の混同コストとします．つまり $\boldsymbol{C}_{yz}$ はクラス y をクラス z と予測したときのコストとなります．$f(\cdot; \theta)\colon \mathcal{X} \to \Sigma_{\mathcal{Y}}$ をデータ $x \in \mathcal{X}$ を受け取り各クラスに属する確率を出力する分類モデルとします．

$$\boldsymbol{y}(x) = \begin{pmatrix} \Pr[Y = 1 \mid X = x] \\ \Pr[Y = 2 \mid X = x] \\ \vdots \\ \Pr[Y = C \mid X = x] \end{pmatrix} \in \Sigma_{\mathcal{Y}} \tag{2.43}$$

をデータ x の属する真のクラス確率とします．実装上 $\boldsymbol{y}(x)$ としては教師ラベルにより構築したワンホットベクトルを用いることも多いですが，ここでは曖昧性も考慮して一般の確率ベクトルとします．$f(x; \theta) = \boldsymbol{y}(x)$ のときモデル f がクラス確率を正確に予測できたことになります．分類モデルの損失関数として，クロスエントロピー誤差

$$-\sum_{y \in \mathcal{Y}} \boldsymbol{y}(x)_y \log f(x; \theta)_y$$

$$= \mathrm{KL}(\boldsymbol{y}(x) \parallel f(x;\theta)) + \mathrm{const.} \tag{2.44}$$

が一般的に用いられますが，1.4.2 節で述べたように，これではクラス間の類似度を考慮できません．そこで，クロスエントロピー誤差の代わりに，$\boldsymbol{y}(x)$ から $f(x;\theta)$ への最適輸送コスト

$$\mathrm{OT}(\boldsymbol{y}(x), f(x;\theta), \boldsymbol{C}) \tag{2.45}$$

を損失関数として用いると，クラス間の類似度を考慮しつつ損失を測ることができます．

真のクラス確率 $\boldsymbol{y}(x)$ がワンホットベクトル

$$\boldsymbol{e}^{(i)} = (0, 0, \ldots, 0, \overbrace{1}^{i\,\text{次元目}}, 0, \ldots, 0)^\top \tag{2.46}$$

のとき，$\boldsymbol{y}(x)$ から $f(x;\theta)$ への輸送行列は i から他の点 $y \in \mathcal{Y}$ に $f(x;\theta)_y$ だけ輸送されるというただ一通りしか存在せず，最適輸送コストは

$$\mathrm{OT}(\boldsymbol{e}^{(i)}, f(x;\theta), \boldsymbol{C}) = \sum_{y \in \mathcal{Y}} \boldsymbol{C}_{iy} f(x;\theta)_y \tag{2.47}$$

と単なる出力 $f(x;\theta)$ の重みつき和で表されることに注意してください．よって，この場合には最適輸送特有のアルゴリズムを用いることなく閉じた式で損失関数を計算できます．また，この種の重みつき和は，最適輸送の文脈に限らず，コスト考慮型学習において以前から利用されてきた手法でもあります．

真のクラス確率に曖昧性がある場合や，各データ x が複数のラベルに属するマルチラベル分類の設定では，$\boldsymbol{y}(x)$ がワンホットベクトルではなくなり，距離の値が単純な重みつき和ではなくなるため，特に最適輸送の定式化の真価が発揮されます [31]．

式 (2.45) の θ についての最適化を，勾配法をもとに行う場合には，$\mathrm{OT}(\boldsymbol{y}(x), \cdot, \boldsymbol{C})$ の勾配を求める必要があります．これには，次節で紹介する双対問題による感度分析で得られる劣勾配が利用できるほか，第 3 章で紹介するエントロピー正則化とシンクホーンアルゴリズムが用いられることがよくあります．

2.2.2 単語運搬距離

最適輸送はテキストの比較にも用いられます．ここでは，テキストは**単語の集合** (bag-of-words) とみなすこととします．単語 w は word2vec[53] や GloVe[57] などの手法により，埋め込みベクトル $\boldsymbol{x}_w \in \mathbb{R}^d$ で表現できます．単語 v, w が意味的に近いほど，ベクトル $\boldsymbol{x}_v, \boldsymbol{x}_w$ の距離は近くなります．単語埋め込みベクトルを用いることで，単語の集合であるテキストはベクトルの集合，すなわち点群として表現できます．これにより，最適輸送を用いてテキストの距離を測ることができます．最適輸送で定義されるテキストの距離を**単語運搬距離** (word mover's distance)[45] といいます．たとえば，$s = \{$ こたつ, 鍋, 十二月, 美味 $\}, t = \{$ すき焼き, 冬, ストーブ, ごちそう $\}$ は集合としては交わっていないので，**単語の集合ベクトル** (bag-of-words vector) どうしのユークリッド距離や KL ダイバージェンスで距離を測ると s と t は似ていないと推論されます．一方，$(\boldsymbol{x}_{\text{鍋}}, \boldsymbol{x}_{\text{すき焼き}}), (\boldsymbol{x}_{\text{十二月}}, \boldsymbol{x}_{\text{冬}}), (\boldsymbol{x}_{\text{こたつ}}, \boldsymbol{x}_{\text{ストーブ}}), (\boldsymbol{x}_{\text{美味}}, \boldsymbol{x}_{\text{ごちそう}})$ の各対は距離が近いので，最適輸送の観点からは s と t は似ていると推論されます（図 2.5）．s と t は似た意味の単語からなるので，似ているという判断の方が人間の直観にも即しています．

ただし，このアプローチはテキストを単語の集合として扱うため，語順はまったく考慮されません．この欠点を克服すべく，単語埋め込みベクトルとして文脈に依存したものを使う変種[74] や順序が保たれる輸送が優遇される

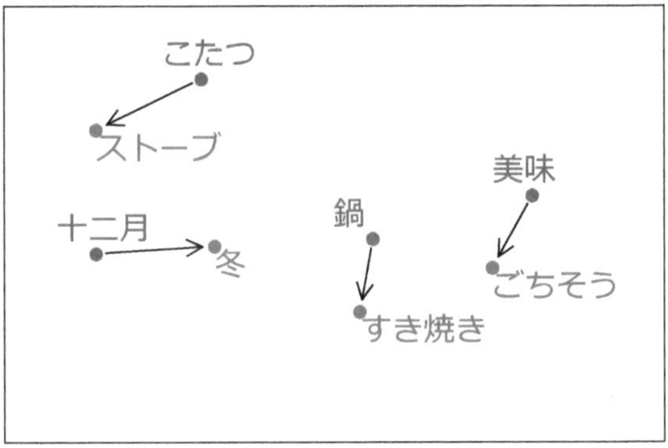

図 2.5 単語運搬距離の例．赤の点群がテキスト s，青の点群がテキスト t を表す．

ような変種 [5,50] なども提案されています．

2.2.3 ピクセル色相変換

第 1 章で述べたように，最適輸送行列 $\boldsymbol{P}^*$ 自体が応用されることもあります．画像 $\boldsymbol{s} \in \mathbb{R}^{H \times W \times 3}$ と $\boldsymbol{t} \in \mathbb{R}^{H' \times W' \times 3}$ があり，s の色相を t の色相に変換することを考えます．ここで，$\boldsymbol{s}_{ij} \in \mathbb{R}^3$ は (i, j) 番目のピクセルを RGB 色空間や La*b* 色空間で表現したものとします．これらは，ピクセルの位置を無視すると，$\alpha = \{\boldsymbol{s}_{ij}\}, \beta = \{\boldsymbol{t}_{ij}\} \subset \mathbb{R}^3$ という点群として表現できます．これらの点群の最適輸送を求め，$\boldsymbol{s}$ の各ピクセルを輸送先 $\boldsymbol{t}$ のピクセルの色で置き換えることで，色の差の総和が最小になるように色相を変換できる，というのが最適輸送を用いた色相変換の基本的なアイデアです．しかし，実際には以下の二つの問題点があります．

第一の問題点は，画像サイズは一般に大きく，計算量の関係で厳密に解くことができないことです．たとえば，$N = H \times W = 480 \times 640 \approx 3 \times 10^5$ とすると，入力サイズの三乗の時間がかかるアルゴリズムでは $N^3 \approx 3 \times 10^{16}$ に比例する時間がかかるため実行は困難となります．そこで，Ferradans ら [28] は，ピクセルを間引いて最適輸送を解き，結果を外挿することを提案しています．具体的には，まずピクセルを間引き，より小さな点群

$$\tilde{\alpha} = \sum_{i=1}^{r} \boldsymbol{a}_i \delta_{\boldsymbol{x}_i} \in \mathcal{P}(\mathbb{R}^3) \tag{2.48}$$

$$\tilde{\beta} = \sum_{j=1}^{r} \boldsymbol{b}_j \delta_{\boldsymbol{y}_j} \in \mathcal{P}(\mathbb{R}^3) \tag{2.49}$$

を構成します．ピクセルを間引く方法としては，単純なランダムサンプリングを行い $\boldsymbol{a}_i = \boldsymbol{b}_j = \frac{1}{r}$ と設定するほか，$\{\boldsymbol{s}_{ij}\}$ 上で **k 平均法** (k-means clustering) などによるクラスタリングを行い，クラスタ中心を $\{\boldsymbol{x}_i\}$ とし，クラスタに属するデータ数を重み $\boldsymbol{a}_i$ とすることが考えられます．単純なランダムサンプリングよりも，クラスタリングの方が代表点をうまく選ぶことができるのでより品質の高い結果が得られることが期待できます．続いて，$\tilde{\alpha}$ から $\tilde{\beta}$ への最適輸送を計算し，点 $\boldsymbol{x}_k$ の輸送先を $T(\boldsymbol{x}_k) \in \mathbb{R}^3$ とします．$\boldsymbol{s}_{ij} \in \alpha$ に最も近いサンプル点を

$$k^* = \underset{k}{\operatorname{argmin}} \|\boldsymbol{s}_{ij} - \boldsymbol{x}_k\| \tag{2.50}$$

としたとき，$\boldsymbol{s}_{ij}$ の変換先を

$$T(\boldsymbol{x}_{k^*}) + \boldsymbol{s}_{ij} - \boldsymbol{x}_{k^*} \tag{2.51}$$

とすることで，すべてのピクセル $\{\boldsymbol{s}_{ij}\}$ の変換先を求めます．つまり，$\boldsymbol{x}_{k^*}$ の輸送先からずれ分 $\boldsymbol{s}_{ij} - \boldsymbol{x}_{k^*}$ を補正するということです．

第二の問題点は，二つの画像のサイズが同一でない場合や，点に重みがついている場合，最適輸送行列が順列行列となるとは限らないことです．最適輸送行列が順列行列でないならば，輸送先 $T(\boldsymbol{x})$ というものが定義できず，単純にピクセルを置き換えることはできません．Ferradans ら [28] は，輸送行列により定義される重みつき和を用いること，すなわち $\boldsymbol{x}_i$ の輸送先を

$$T(\boldsymbol{x}_i) \stackrel{\text{def}}{=} \frac{1}{\sum_j \boldsymbol{P}^*_{ij}} \sum_j \boldsymbol{P}^*_{ij} \boldsymbol{y}_j \tag{2.52}$$

とすることを提案しています．

数値例

いくつかの画像対について，上述の色相変換の例を示します．この実験では，10^5 ピクセル程度の画像について，k 平均法を用いて $r = 500$ 個の代表点を求め，それらの最適輸送を求めた後，上述の方法で外挿して対応色を求めます．図 2.6 に入出力画像および色分布 α, β を示します．図 2.7 には他のさまざまな入出力例を示します．

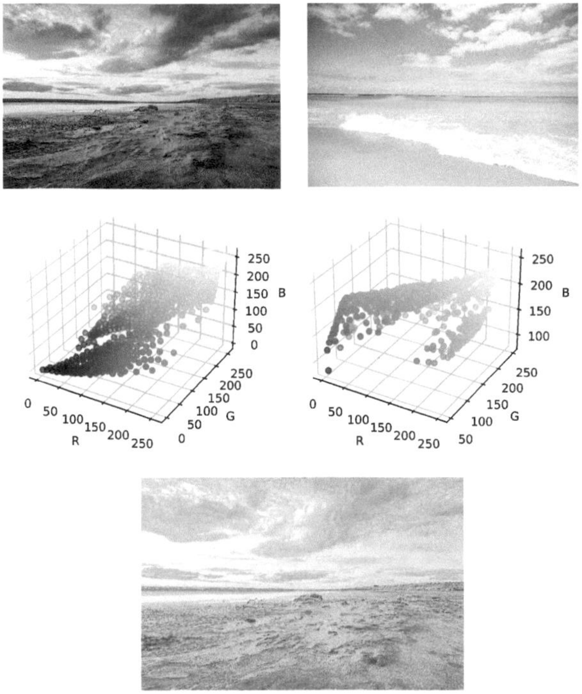

図 2.6 ピクセル色相変換の例．左上：ソース画像．右上：ターゲット画像．左中：ソース画像の色分布．右中：ターゲット分布の色分布．下：得られた輸送写像でソース画像の色をターゲット画像の色分布に変換したもの．中段の画像では，一つの点が一つのピクセルに対応しており，軸は RGB 成分を表す．たとえば画像中に RGB 値が $(255, 0, 0)$ という赤色のピクセルが存在した場合には座標 $(255, 0, 0)$ に点が描画される．点の色はピクセルの色を表している．

図 2.7 ピクセル色相変換の例．各行が一つの入出力例に対応している．左：ソース画像．真ん中：ターゲット画像．右：得られた輸送写像でソース画像の色をターゲット画像の色分布に変換したもの．

2.3 最適輸送の双対問題

問題 2.6（最適輸送の双対問題）

$$\underset{\boldsymbol{f}\in\mathbb{R}^n,\boldsymbol{g}\in\mathbb{R}^m}{\text{maximize}} \quad \sum_{i=1}^{n} \boldsymbol{a}_i \boldsymbol{f}_i + \sum_{j=1}^{m} \boldsymbol{b}_j \boldsymbol{g}_j \tag{2.53}$$

$$\text{subject to} \quad \boldsymbol{f}_i + \boldsymbol{g}_j \le \boldsymbol{C}_{ij} \qquad (\forall i \in [n], \forall j \in [m]) \tag{2.54}$$

最適輸送アルゴリズムは本章でこれまで見てきた最小化問題（式 (2.1)）の双対問題である問題 2.6 をもとに解かれることが多いです．本節では最適輸送問題の双対問題について議論します．

2.3.1 双対問題の導出

まず，最小化問題の実行可能解 $\boldsymbol{P}$ が手に入ったとし，その目的関数値が $L_P(\boldsymbol{P}) = 80.0$ だったとしましょう．この解 $\boldsymbol{P}$ はどのくらいよい解でしょうか．その答えは最適値次第です．最適値が $L_P(\boldsymbol{P}^*) = 79.9$ であれば，$\boldsymbol{P}$ は最適解に迫るよい解だといえ，最適値が $L_P(\boldsymbol{P}^*) = 20.0$ であれば，$\boldsymbol{P}$ はまだまだ改善の余地が残る悪い解だといえます．

$\boldsymbol{P}$ が十分よい解であると分かれば，これ以上の改善を打ち切って近似解とすることもできます．しかし，最後まで最適化問題を解かない限り最適値が分からないことが厄介です．最適解が分かるのであれば，そもそも解のよさを見積もる意味も薄れてしまいます．

そこで，厳密な最適値ではなく，最適値の代替値を用いることを考えます．ここで鍵となるのが，いま解きたい問題よりも最適値が小さいことが保証され，かつより簡単に解ける代替問題を考えることです．そのような問題を解き，最適値が 79.8 であったとしましょう．すると，元の問題の最適値は少なくとも 79.8 以上であるので，$L_P(\boldsymbol{P}) = 80.0$ という解は最適解に迫るよい解だと保証できます．一方，代替問題の最適値が 19.8 であったとすると，元の問題の最適値は 20.0 である可能性もあれば，79.9 である可能性もあるので，情報量はありません．よって，できるだけ最適値がタイトな代替問題を考える必要があります．

最適値が元の問題の最適値の下界となるような代替問題を機械的に構成する最も有名な方法である**ラグランジュ緩和** (Lagrangian relaxation) を説明します．ここでは，考察の対象を最適輸送問題に限定せず，

$$
\begin{aligned}
\underset{\boldsymbol{x} \in \mathbb{R}^d}{\text{minimize}} \quad & f(\boldsymbol{x}) \\
\text{subject to} \quad & h_i(\boldsymbol{x}) \leq 0 \qquad (\forall i \in \{1, \ldots, n\}) \\
& h_i(\boldsymbol{x}) = 0 \qquad (\forall i \in \{n+1, \ldots, n+m\})
\end{aligned}
\tag{2.55}
$$

という一般形の最適化問題を扱います．

$$
\mathcal{I}_{\leq 0}(x) \stackrel{\text{def}}{=} \begin{cases} 0 & (x \leq 0) \\ \infty & (x > 0) \end{cases} \tag{2.56}
$$

$$
\mathcal{I}_0(x) \stackrel{\text{def}}{=} \begin{cases} 0 & (x = 0) \\ \infty & (x \neq 0) \end{cases} \tag{2.57}
$$

という二つの関数 $\mathcal{I}_{\leq 0}, \mathcal{I}_0 \colon \mathbb{R} \to \mathbb{R} \cup \{\infty\}$ を定義します．$\mathcal{I}_{\leq 0}(h(\boldsymbol{x}))$ は $h(\boldsymbol{x}) \leq 0$ のときゼロであり，それ以外のとき無限大，$\mathcal{I}_0(h(\boldsymbol{x}))$ は $h(\boldsymbol{x}) = 0$ のときゼロであり，それ以外のとき無限大となります．よって，問題 (2.55) は以下の問題と等価になります．

$$
\underset{\boldsymbol{x} \in \mathbb{R}^d}{\text{minimize}} \quad f(\boldsymbol{x}) + \sum_{i=1}^{n} \mathcal{I}_{\leq 0}(h_i(\boldsymbol{x})) + \sum_{i=n+1}^{n+m} \mathcal{I}_0(h_i(\boldsymbol{x})) \tag{2.58}
$$

なぜなら，$\boldsymbol{x}$ が問題 (2.55) の制約のうち一つでも違反していると $\mathcal{I}_{\leq 0}(h_i(\boldsymbol{x}))$ と $\mathcal{I}_0(h_i(\boldsymbol{x}))$ のいずれかが無限大となり，目的関数が無限大になるからです．このような $\boldsymbol{x}$ は最適解とはなり得ません．すべての制約が満たされているときには $\mathcal{I}_{\leq 0}$ と $\mathcal{I}_0$ の項はゼロとなり，単なる $f(\boldsymbol{x})$ の最適化になります．よって，問題 (2.58) は制約のある問題 (2.55) と等価ということです．問題 (2.58) は，実質的には無限大となる点を避けるという制約があるのですが，

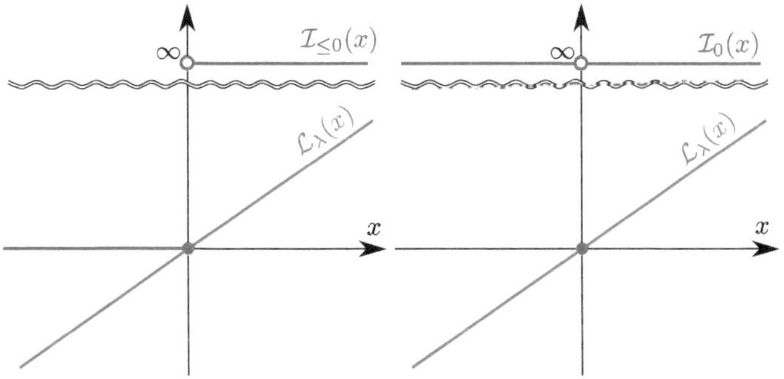

図 2.8 左：$\lambda \geq 0$ であれば，$\mathcal{L}_\lambda(x) = \lambda x$ は $\mathcal{I}_{\leq 0}$ の下界になっている．右：任意の $\lambda \in \mathbb{R}$ について，$\mathcal{L}_\lambda(x) = \lambda x$ は $\mathcal{I}_0$ の下界になっている．

表面的には制約なし問題となっていることで扱いやすくなります．ラグランジュ緩和では，$\mathcal{I}_{\leq 0}, \mathcal{I}_0$ という二つの関数の下界を，線形関数を用いて構成します．これは非常に単純で，任意の $\lambda \geq 0$ について

$$\mathcal{L}_\lambda(x) = \lambda x \tag{2.59}$$

は $\mathcal{I}_{\leq 0}(x)$ の下界となっており，任意の $\lambda \in \mathbb{R}$ について

$$\mathcal{L}_\lambda(x) = \lambda x \tag{2.60}$$

は $\mathcal{I}_0(x)$ の下界となっています（図 2.8）．よって，任意の $\lambda_1, \ldots, \lambda_n \geq 0$ と任意の $\lambda_{n+1}, \ldots, \lambda_{n+m} \in \mathbb{R}$ について，

$$\underset{\boldsymbol{x} \in \mathbb{R}^d}{\text{minimize}} \quad f(\boldsymbol{x}) + \sum_{i=1}^{n} \lambda_i h_i(\boldsymbol{x}) + \sum_{i=n+1}^{n+m} \lambda_i h_i(\boldsymbol{x}) \tag{2.61}$$

の目的関数は各点で問題 (2.58) の目的関数以下となり，ゆえに問題 (2.61) の最適値は問題 (2.58) の最適値の下界になっています．この問題 (2.61) を元の問題 (2.55) のラグランジュ緩和問題といい，目的関数を $\boldsymbol{x}, \lambda_1, \ldots, \lambda_{n+m}$ の関数と見たものを**ラグランジュ関数**

$$L(\boldsymbol{x}, \lambda_1, \ldots, \lambda_{n+m}) \stackrel{\text{def}}{=} f(\boldsymbol{x}) + \sum_{i=1}^{n} \lambda_i h_i(\boldsymbol{x}) + \sum_{i=n+1}^{n+m} \lambda_i h_i(\boldsymbol{x}) \tag{2.62}$$

といいます．

先ほど述べたように，できるだけタイトな代替問題を考えるのが重要です．そこで，最適値ができるだけタイトになるように $\lambda_1, \ldots, \lambda_{n+m}$ を調整することを考えます．$\lambda_1, \ldots, \lambda_{n+m}$ を定めたときのラグランジュ緩和問題の最適値を $\lambda_1, \ldots, \lambda_{n+m}$ の関数と見たものを**ラグランジュ双対関数**といい，

$$
\begin{aligned}
g(\lambda_1, \ldots, \lambda_{n+m}) &\stackrel{\text{def}}{=} \min_{\boldsymbol{x} \in \mathbb{R}^d} L(\boldsymbol{x}, \lambda_1, \ldots, \lambda_{n+m}) \\
&= \min_{\boldsymbol{x} \in \mathbb{R}^d} \left(f(\boldsymbol{x}) + \sum_{i=1}^{n} \lambda_i h_i(\boldsymbol{x}) + \sum_{i=n+1}^{n+m} \lambda_i h_i(\boldsymbol{x}) \right) \qquad (2.63)
\end{aligned}
$$

と表します．任意の $\lambda_1, \ldots, \lambda_n \geq 0$ と任意の $\lambda_{n+1}, \ldots, \lambda_{n+m} \in \mathbb{R}$ について，$g(\lambda_1, \ldots, \lambda_{n+m})$ が常に元の問題 (2.55) の最適値の下界となっている，つまり

$$
g(\lambda_1, \ldots, \lambda_{n+m}) \leq f(\boldsymbol{x}^*) \qquad (2.64)
$$

となっています．ここで $\boldsymbol{x}^*$ は元の問題 (2.55) の最適解です．この下界の中でできるだけタイトになっている，つまり上界に近いものを探すという問題は

$$
\begin{aligned}
&\underset{\substack{\lambda_1, \ldots, \lambda_n \geq 0 \\ \lambda_{n+1}, \ldots, \lambda_{n+m} \in \mathbb{R}}}{\text{maximize}} \quad g(\lambda_1, \ldots, \lambda_{n+m}) \\
= \quad &\underset{\substack{\lambda_1, \ldots, \lambda_n \geq 0 \\ \lambda_{n+1}, \ldots, \lambda_{n+m} \in \mathbb{R}}}{\text{maximize}} \quad \min_{\boldsymbol{x} \in \mathbb{R}^d} L(\boldsymbol{x}, \lambda_1, \ldots, \lambda_{n+m}) \qquad (2.65)
\end{aligned}
$$

と定式化でき，これをラグランジュ双対問題といいます．この問題の決定変数 $\lambda_1, \ldots, \lambda_{n+m}$ をラグランジュ乗数あるいは双対変数といいます．

具体的に最適輸送問題（式 (2.1)）のラグランジュ双対問題を導出してみましょう．制約条件は

$$
-\boldsymbol{P}_{ij} \leq 0 \qquad (2.66)
$$

$$
\boldsymbol{a}_i - \sum_j \boldsymbol{P}_{ij} = 0 \qquad (2.67)
$$

$$
\boldsymbol{b}_j - \sum_i \boldsymbol{P}_{ij} = 0 \qquad (2.68)
$$

の三種類あります．すべての条件を緩和しても結局は同じ結果になるのです

が，第一の制約条件は緩和しない方が導出が単純になるため緩和せず，第二・第三の制約のみをラグランジュ緩和した問題を考えます．すなわち，

$$\begin{aligned}
&\underset{\boldsymbol{P} \in \mathbb{R}^{n \times m}}{\text{minimize}} \quad \sum_{ij} \boldsymbol{C}_{ij} \boldsymbol{P}_{ij} + \sum_i \boldsymbol{f}_i \left(\boldsymbol{a}_i - \sum_j \boldsymbol{P}_{ij} \right) + \sum_j \boldsymbol{g}_j \left(\boldsymbol{b}_j - \sum_i \boldsymbol{P}_{ij} \right) \\
&\text{subject to} \quad \boldsymbol{P}_{ij} \geq 0 \qquad (\forall i \in [n], \forall j \in [m])
\end{aligned} \tag{2.69}$$

という緩和問題を考えます．ここで，$\boldsymbol{f}, \boldsymbol{g}$ を双対変数の記号として用いました．このように，一部制約を残しても，上述の双対についての議論は従います．このとき，ラグランジュ関数は

$$\begin{aligned}
L(\boldsymbol{P}, \boldsymbol{f}, \boldsymbol{g}) &= \sum_{ij} \boldsymbol{C}_{ij} \boldsymbol{P}_{ij} + \sum_i \boldsymbol{f}_i \left(\boldsymbol{a}_i - \sum_j \boldsymbol{P}_{ij} \right) + \sum_j \boldsymbol{g}_j \left(\boldsymbol{b}_j - \sum_i \boldsymbol{P}_{ij} \right) \\
&= \sum_{ij} \boldsymbol{P}_{ij} (\boldsymbol{C}_{ij} - \boldsymbol{f}_i - \boldsymbol{g}_j) + \sum_i \boldsymbol{a}_i \boldsymbol{f}_i + \sum_j \boldsymbol{b}_j \boldsymbol{g}_j
\end{aligned} \tag{2.70}$$

となります．もしある (i, j) において $\boldsymbol{C}_{ij} - \boldsymbol{f}_i - \boldsymbol{g}_j < 0$ であれば，$\boldsymbol{P}_{ij} \to \infty$ と大きくしていくことで $L(\boldsymbol{P}, \boldsymbol{f}, \boldsymbol{g})$ は負の無限大に近づきます．よって，このときラグランジュ双対関数は $-\infty$ となります．一方，各 (i, j) について，$\boldsymbol{C}_{ij} - \boldsymbol{f}_i - \boldsymbol{g}_j \geq 0$ であれば $\boldsymbol{P}_{ij} = 0$ がラグランジュ緩和問題の最適解となり，このとき第一項は消滅します．したがって，ラグランジュ双対関数は

$$g(\boldsymbol{f}, \boldsymbol{g}) = \begin{cases} \sum_i \boldsymbol{a}_i \boldsymbol{f}_i + \sum_j \boldsymbol{b}_j \boldsymbol{g}_j & (\boldsymbol{C}_{ij} - \boldsymbol{f}_i - \boldsymbol{g}_j \geq 0 \quad \forall i \in [n], j \in [m]) \\ -\infty & (\text{それ以外}) \end{cases} \tag{2.71}$$

となり，ラグランジュ双対問題は

$$\begin{aligned}
&\underset{\boldsymbol{f} \in \mathbb{R}^n, \boldsymbol{g} \in \mathbb{R}^m}{\text{maximize}} \quad \sum_{i=1}^{n} \boldsymbol{a}_i \boldsymbol{f}_i + \sum_{j=1}^{m} \boldsymbol{b}_j \boldsymbol{g}_j \\
&\text{subject to} \quad \boldsymbol{f}_i + \boldsymbol{g}_j \leq \boldsymbol{C}_{ij} \qquad (\forall i \in [n], \forall j \in [m])
\end{aligned} \tag{2.72}$$

となります．これが最適輸送問題の双対問題です．

式 (2.64) より，双対問題の最適値は元の問題（双対問題に対して元の問題のことを主問題といいます）の最適値以下になります．これを弱双対定理といいます．また，主問題が線形計画のとき，主問題の最適値と双対問題の最適値が一致するという強双対定理が成立します．強双対定理の証明は少し込み入っているため，ここでは証明しません．強双対定理の証明や，双対問題についてのより細かな議論については線形計画や最適化の教科書 [15] を参照してください．

2.3.2 最適輸送の双対問題の利点

双対問題の強双対性より，主問題（問題 2.1）の最適値と双対問題（問題 2.6）の最適値は一致します．すなわち，主問題を解く代わりに，双対問題を解くことを目指しても結果は同じです．最適輸送問題の場合，主問題は決定変数が $n \times m$ 個で制約が $n + m$ 個，双対問題は決定変数が $n + m$ 個で制約が $n \times m$ 個です．主問題は点対間に値を割り当てるのに対し，双対問題は各点に値を割り当てると考えることもできます．場合によりますが，決定変数がより少ない双対問題の方が解きやすい場合がしばしばあります．

双対問題は，問題のパラメータを変えると最適値がどれほど変わるか，という感度分析として解釈できることが知られています．双対問題（問題 2.6）の変数 $\boldsymbol{f}_i$ は主問題（問題 2.1）の制約 $\sum_j \boldsymbol{P}_{ij} = \boldsymbol{a}_i$ に対応しており，変数 $\boldsymbol{g}_j$ は制約 $\sum_i \boldsymbol{P}_{ij} = \boldsymbol{b}_j$ に対応しています．双対問題の最適解 $(\boldsymbol{f}^*, \boldsymbol{g}^*)$ において，$\boldsymbol{f}_i^*$ は制約 $\sum_j \boldsymbol{P}_{ij} = \boldsymbol{a}_i$ の右辺の値を増やしたときの主問題の最適値の増分を表し，$\boldsymbol{g}_j^*$ は制約 $\sum_i \boldsymbol{P}_{ij} = \boldsymbol{b}_j$ の右辺の値を増やしたときの主問題の最適値の増分を表しています．これは，ラグランジュ緩和問題（式 (2.69)）において，双対変数は制約条件に線形にかかっており，制約条件に現れる値 $\boldsymbol{a}_i, \boldsymbol{b}_j$ を 1 増やすと対応する双対変数の値分だけ目的関数の値が増加することからも直観的に理解できます．$\boldsymbol{f}_i^*$ や $\boldsymbol{g}_j^*$ の値が大きい点ほど質量を増やしたときに総コストがかさみやすいということなので，$\boldsymbol{f}_i^*$ は点 x_i にある質量の「運び出しづらさ」，$\boldsymbol{g}_j^*$ は点 y_j への質量の「運び込みづらさ」を表しているといえます．たとえば，二つの点群を近づけたいと考えているとき，最適輸送の双対問題を解けば，どの点のせいで最適輸送コストが大きくなっているかを具体的な値として得ることができ，双対問題の最適解の値が大きい点を修正することでより二つの点群を近づけるといったことが可能になります．この見方は第 4 章で見る敵対的な定式化において，さらに明確になります．

例 2.4 (双対問題の最適解の図示，点群の比較)

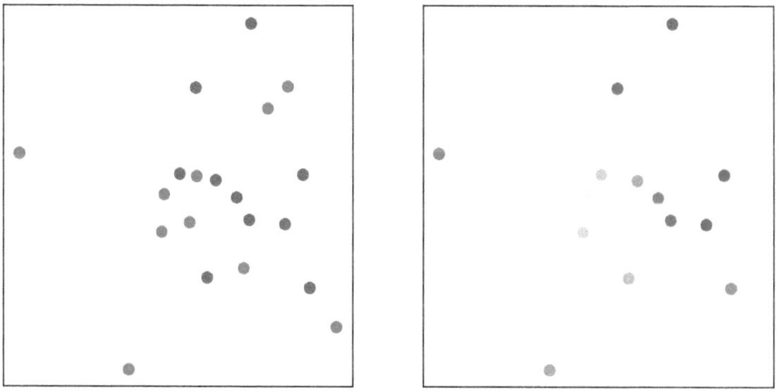

図 2.9 点群比較の双対問題の例．左：赤点集合と青点集合がそれぞれ入力点群である．右：双対問題の最適解．色が濃いほど値が大きいことを示す．

図 2.9 に双対問題の数値例を示します．この例では，コスト関数としてユークリッド距離 $C(x, y) = \|x - y\|_2$ を用いています．外れ値のような，運び込みおよび運び出しにコストがかかる点ほど高い値が割り当てられていることが見てとれます．

2.3.3 最適輸送問題の双対問題の解釈

双対問題はこの後の章でも重要な役割を担うので，イメージをつかんでおくことは重要です．本節では，輸送計画とリサイクル業者を用いた解釈を紹介します．ある工場会社の経営者は倉庫を n 棟と工場を m 棟所有しています．倉庫 $i = 1, \ldots, n$ には $\boldsymbol{a}_i$ トンの鉄が貯蔵してあり，工場 $j = 1, \ldots, m$ では鉄 $\boldsymbol{b}_j$ トンが必要となっており，倉庫 i から工場 j に鉄を輸送するには

1 トンあたり $\boldsymbol{C}_{ij}$ 円かかるとします．ここで，$\sum_i \boldsymbol{a}_i = \sum_j \boldsymbol{b}_j = 1$，すなわち，総供給量と総需要量は等しいとします．工場の要求を満たしつつ，総コストが最小となるように各倉庫 i から各工場 j への輸送量 $\boldsymbol{P}_{ij} \geq 0$ を定めてください．この問題を定式化すると，以下のようになります．

$$\begin{aligned} \underset{\boldsymbol{P} \in \mathbb{R}^{n \times m}}{\text{minimize}} \quad & \sum_{i=1}^{n} \sum_{j=1}^{m} \boldsymbol{C}_{ij} \boldsymbol{P}_{ij} \\ \text{subject to} \quad & \boldsymbol{P}_{ij} \geq 0 \qquad (\forall i \in [n], \forall j \in [m]) \\ & \sum_{j=1}^{m} \boldsymbol{P}_{ij} = \boldsymbol{a}_i \qquad (\forall i \in [n]) \\ & \sum_{i=1}^{n} \boldsymbol{P}_{ij} = \boldsymbol{b}_j \qquad (\forall j \in [m]) \end{aligned} \tag{2.73}$$

この問題は最適輸送の主問題（問題 2.1）と同一です．倉庫群と工場群が二つの入力点群に対応しています．

倉庫と工場の例を別角度から解いてみましょう．工場主は，自社で鉄を輸送する代わりに，リサイクル業者に処理を依頼することにしました．リサイクル業者は，1 トンあたり $\boldsymbol{f}_i$ 円で倉庫 i の鉄を処分するサービスと，1 トンあたり $\boldsymbol{g}_j$ 円で工場 j にて鉄を販売するサービスを提供しようとしています．リサイクル業者はできるだけ売上を高くしたいと考えていますが，あまり値段を上げすぎるとオファーを工場主に断られるかもしれません．どのように $\boldsymbol{f}_i, \boldsymbol{g}_j$ を設定すれば，工場主に断られる心配なくリサイクル業者は売上を最大化できるでしょうか．倉庫 i と工場 j の組について，$\boldsymbol{f}_i + \boldsymbol{g}_j \leq \boldsymbol{C}_{ij}$ が成り立てば，工場主は $\boldsymbol{C}_{ij}$ 円をかけて i–j 間で鉄を輸送するよりも，リサイクル業者に $\boldsymbol{f}_i$ 円で倉庫 i の鉄を処分してもらい，$\boldsymbol{g}_j$ 円で工場にて新たに鉄を購入した方が安上がりであり，しかも，あたかも鉄が輸送されたかのような結果になります．よって，$\boldsymbol{f}_i + \boldsymbol{g}_j \leq \boldsymbol{C}_{ij}$ があらゆる i, j の組について成り立てば，工場主はオファーを受け入れるでしょう．これを価格設定の制約条件とします．このときのリサイクル業者の売上は $\sum_{i=1}^{n} \boldsymbol{a}_i \boldsymbol{f}_i + \sum_{j=1}^{m} \boldsymbol{b}_j \boldsymbol{g}_j$ 円となります．よって，リサイクル業者の価格設定に関する最適化問題は以下で定義されます．

$$\begin{aligned} \underset{\boldsymbol{f}\in\mathbb{R}^n, \boldsymbol{g}\in\mathbb{R}^m}{\text{maximize}} \quad & \sum_{i=1}^{n} \boldsymbol{a}_i \boldsymbol{f}_i + \sum_{j=1}^{m} \boldsymbol{b}_j \boldsymbol{g}_j \\ \text{subject to} \quad & \boldsymbol{f}_i + \boldsymbol{g}_j \leq \boldsymbol{C}_{ij} \qquad (\forall i \in [n], \forall j \in [m]) \end{aligned} \tag{2.74}$$

これは，最適輸送の双対問題（問題 2.6）と同一です．すなわち，最適輸送の双対問題は，リサイクル業者の価格を設定する問題と解釈できます．「運び出しづらい」倉庫や「運び込みづらい」工場ほど，工場主の「足下を見る」ことができ処分や販売のコストを高く設定できるので，双対問題の最適解 $(\boldsymbol{f}^*, \boldsymbol{g}^*)$ において $\boldsymbol{f}_i^*$ は倉庫 i の「運び出しづらさ」，$\boldsymbol{g}_j^*$ は工場 j への「運び込みづらさ」を表しているということは，この解釈からも分かります．

工場主が明らかに損をしない $\boldsymbol{f}_i + \boldsymbol{g}_j \leq \boldsymbol{C}_{ij}$ という条件が入っているので，双対問題のコストは主問題のコストよりも必ず小さくなる，つまり弱双対定理が成り立つことは明らかです．強双対定理は，リサイクル業者が最適に価格設定を行えば，主問題の最適コストと同じ売上を達成できることを意味しています．

2.3.4 複数の等価な双対問題

前節の倉庫と工場の解釈では，倉庫にて鉄を処分するのにコストが生じるとしましたが，各倉庫においてリサイクル業者に鉄を売却し，各工場においてリサイクル業者から鉄を購入するという考え方が自然かもしれません．実際，$\boldsymbol{f}$ に非負制約はないので，負をとる場合もあり，決定変数に負号をつけた $\tilde{\boldsymbol{f}} = -\boldsymbol{f}$ を鉄の価格とすると，各倉庫 i で 1 トンあたり $\tilde{\boldsymbol{f}}_i$ 円で鉄を売却していると解釈することもできます．同様に，どの決定変数に負号をつけるかで以下の 4 パターンが考えられます．2.3.3 節の定式化は

$$\begin{aligned} \underset{\boldsymbol{f}\in\mathbb{R}^n, \boldsymbol{g}\in\mathbb{R}^m}{\text{maximize}} \quad & \sum_{i=1}^{n} \boldsymbol{a}_i \boldsymbol{f}_i + \sum_{j=1}^{m} \boldsymbol{b}_j \boldsymbol{g}_j \\ \text{subject to} \quad & \boldsymbol{f}_i + \boldsymbol{g}_j \leq \boldsymbol{C}_{ij} \qquad (\forall i \in [n], \forall j \in [m]) \end{aligned} \tag{2.75}$$

$\boldsymbol{f}$ に負号をつけたものを決定変数とすると

$$
\begin{aligned}
\underset{\boldsymbol{f} \in \mathbb{R}^n, \boldsymbol{g} \in \mathbb{R}^m}{\text{maximize}} \quad & -\sum_{i=1}^{n} \boldsymbol{a}_i \boldsymbol{f}_i + \sum_{j=1}^{m} \boldsymbol{b}_j \boldsymbol{g}_j \\
\text{subject to} \quad & -\boldsymbol{f}_i + \boldsymbol{g}_j \leq \boldsymbol{C}_{ij} \qquad (\forall i \in [n], \forall j \in [m])
\end{aligned}
\tag{2.76}
$$

$\boldsymbol{g}$ に負号をつけたものを決定変数とすると

$$
\begin{aligned}
\underset{\boldsymbol{f} \in \mathbb{R}^n, \boldsymbol{g} \in \mathbb{R}^m}{\text{maximize}} \quad & \sum_{i=1}^{n} \boldsymbol{a}_i \boldsymbol{f}_i - \sum_{j=1}^{m} \boldsymbol{b}_j \boldsymbol{g}_j \\
\text{subject to} \quad & \boldsymbol{f}_i - \boldsymbol{g}_j \leq \boldsymbol{C}_{ij} \qquad (\forall i \in [n], \forall j \in [m])
\end{aligned}
\tag{2.77}
$$

$\boldsymbol{f}$ と $\boldsymbol{g}$ の双方に負号をつけたものを決定変数とすると

$$
\begin{aligned}
\underset{\boldsymbol{f} \in \mathbb{R}^n, \boldsymbol{g} \in \mathbb{R}^m}{\text{maximize}} \quad & -\sum_{i=1}^{n} \boldsymbol{a}_i \boldsymbol{f}_i - \sum_{j=1}^{m} \boldsymbol{b}_j \boldsymbol{g}_j \\
\text{subject to} \quad & -\boldsymbol{f}_i - \boldsymbol{g}_j \leq \boldsymbol{C}_{ij} \qquad (\forall i \in [n], \forall j \in [m])
\end{aligned}
\tag{2.78}
$$

となります．問題 (2.76) が鉄の売却価格を決定変数とした定式化です．$\boldsymbol{f}, \boldsymbol{g}$ の符号に制約はないので，これらの定式化はすべて等価になります．たとえば，$(\boldsymbol{f}^{(2)*}, \boldsymbol{g}^{(2)*})$ を問題 (2.76) の最適解とすると，$(-\boldsymbol{f}^{(2)*}, \boldsymbol{g}^{(2)*})$ は問題 (2.75) の最適解となり，その目的関数値は一致します．ただし，最適化問題としてはどの定式化も等価ですが，式の解釈に違いが出てくるので，それぞれの定式化が場面によって用いられます．決定変数の負号のつき方が変われば，定理などに現れる負号も当然変わってきます．ゆえに，文献によってどの定式化が使われているかをよく確認し，特に符号の扱いについては注意する必要があります．本節以前では問題 (2.75) の定式化を用いていました．本節以降では機械学習分野でよく用いられる *3，問題 (2.77) の定式化を主として用います．

$\boldsymbol{a}$ と $\boldsymbol{b}$ は確率ベクトルであるので離散分布とみなすことができます．$\mathbb{E}_{i \sim \boldsymbol{a}}[\boldsymbol{f}_i]$ を $\boldsymbol{f}$ の確率分布 $\boldsymbol{a}$ に関する期待値と定義すると，問題 (2.77) は

*3 たとえば，第 4 章で扱うワッサースタイン GAN の原論文 [7] でもこの定式化を用いています．

$$\begin{aligned} & \underset{\boldsymbol{f} \in \mathbb{R}^n, \boldsymbol{g} \in \mathbb{R}^m}{\text{maximize}} && \mathbb{E}_{i \sim \boldsymbol{a}}[\boldsymbol{f}_i] - \mathbb{E}_{j \sim \boldsymbol{b}}[\boldsymbol{g}_j] \\ & \text{subject to} && \boldsymbol{f}_i - \boldsymbol{g}_j \leq \boldsymbol{C}_{ij} \qquad (\forall i \in [n], \forall j \in [m]) \end{aligned} \tag{2.79}$$

と表記することもできます．この期待値の形の表記方法は，のちに双対問題を連続空間に拡張する際に役立ちます．

2.3.5 双対問題の自由度

本節では問題 (2.77) の双対問題の定式化を考えます[*4]．$(\boldsymbol{f}, \boldsymbol{g})$ が実行可能解であれば，任意の $c \in \mathbb{R}$ について，

$$\begin{aligned} (\boldsymbol{f} + c\mathbb{1}_n)_i - (\boldsymbol{g} + c\mathbb{1}_m)_j &= \boldsymbol{f}_i + c - \boldsymbol{g}_j - c \\ &= \boldsymbol{f}_i - \boldsymbol{g}_j \\ &\leq \boldsymbol{C}_{ij} \end{aligned} \tag{2.80}$$

より，$(\boldsymbol{f} + c\mathbb{1}_n, \boldsymbol{g} + c\mathbb{1}_m)$ も実行可能であり，

$$\begin{aligned} \boldsymbol{a}^\top(\boldsymbol{f} + c\mathbb{1}_n) - \boldsymbol{b}^\top(\boldsymbol{g} + c\mathbb{1}_m) &= \boldsymbol{a}^\top \boldsymbol{f} + c\boldsymbol{a}^\top \mathbb{1}_n - \boldsymbol{b}^\top \boldsymbol{g} - c\boldsymbol{b}^\top \mathbb{1}_m \\ &\overset{\text{(a)}}{=} \boldsymbol{a}^\top \boldsymbol{f} + c - \boldsymbol{b}^\top \boldsymbol{g} - c \\ &= \boldsymbol{a}^\top \boldsymbol{f} - \boldsymbol{b}^\top \boldsymbol{g} \end{aligned} \tag{2.81}$$

より，この変換により目的関数値は変化しません．ただし，(a) は $\boldsymbol{a} \in \Sigma_n, \boldsymbol{b} \in \Sigma_m$ である事実を利用しました．$(\boldsymbol{f}^*, \boldsymbol{g}^*)$ が最適解であれば，$(\boldsymbol{f}^* + c\mathbb{1}_n, \boldsymbol{g}^* + c\mathbb{1}_m)$ も最適解となり，常に複数の最適解が存在することになります．2.3.3 節で述べたリサイクル業者の解釈を用いると，倉庫の側で購入額を一様に割り増す代わりに，工場の側では売却額を同じ額だけ一様に引き上げても，オファーを受け入れてもらえるかどうかや，リサイクル業者の売上は変わらないということになります．

最適解の自由度によって議論が煩雑になる場合はしばしばあります．そのような場合，

---

*4 それ以外の定式化についても符号を反転させることで同様の議論が従います．本節以降においても同様です．

$$c' = \frac{\mathbb{1}_n^\top \boldsymbol{f} + \mathbb{1}_m^\top \boldsymbol{g}}{n+m} \tag{2.82}$$

$$(\boldsymbol{f}', \boldsymbol{g}') = (\boldsymbol{f} - c'\mathbb{1}_n, \boldsymbol{g} - c'\mathbb{1}_m) \tag{2.83}$$

と変換し，$(\boldsymbol{f}', \boldsymbol{g}')$ を解の正規形とすることで自由度を制限することがしばしばなされます．ここで，$(\boldsymbol{f}', \boldsymbol{g}')$ は $\boldsymbol{f}, \boldsymbol{g}$ すべての次元の値の平均値がゼロとなるように平行移動した解です．

2.3.6 相補性条件

主問題の最適解を $\boldsymbol{P}^*$，双対問題の最適解を $(\boldsymbol{f}^*, \boldsymbol{g}^*)$ とすると

$$\begin{aligned}
&\sum_{ij} \boldsymbol{C}_{ij}\boldsymbol{P}^*_{ij} \\
&\overset{\text{(a)}}{=} \sum_{ij} \boldsymbol{C}_{ij}\boldsymbol{P}^*_{ij} + \sum_i \boldsymbol{f}^*_i \left(\boldsymbol{a}_i - \sum_j \boldsymbol{P}^*_{ij}\right) + \sum_j \boldsymbol{g}^*_j \left(\boldsymbol{b}_j - \sum_i \boldsymbol{P}^*_{ij}\right) \\
&\overset{\text{(b)}}{=} \sum_{ij} \boldsymbol{P}^*_{ij}(\boldsymbol{C}_{ij} - \boldsymbol{f}^*_i - \boldsymbol{g}^*_j) + \sum_i \boldsymbol{a}_i\boldsymbol{f}^*_i + \sum_j \boldsymbol{b}_j\boldsymbol{g}^*_j \\
&\overset{\text{(c)}}{=} \sum_i \boldsymbol{a}_i\boldsymbol{f}^*_i + \sum_j \boldsymbol{b}_j\boldsymbol{g}^*_j
\end{aligned} \tag{2.84}$$

となります．ここで (a) は $\boldsymbol{P}^*$ が制約条件を満たすため，追加した項が 0 となることから，(b) は項を整理しなおすことにより従います．(c) は強双対性より，最上段の式 $\sum_{ij} \boldsymbol{C}_{ij}\boldsymbol{P}^*_{ij}$ が表す主問題の最適値と最下段の式 $\sum_i \boldsymbol{a}_i\boldsymbol{f}^*_i + \sum_j \boldsymbol{b}_j\boldsymbol{g}^*_j$ が表す双対問題の最適値が等しいことから従います．主問題の制約条件より $\boldsymbol{P}^*_{ij} \geq 0$ であり，双対問題の制約条件より $\boldsymbol{C}_{ij} - \boldsymbol{f}^*_i - \boldsymbol{g}^*_j \geq 0$ であるので，(c) の関係を考えると各 (i, j) について $\boldsymbol{P}^*_{ij}(\boldsymbol{C}_{ij} - \boldsymbol{f}^*_i - \boldsymbol{g}^*_j) = 0$ が成り立っていることが分かります．逆に，すべての (i, j) について $\boldsymbol{P}_{ij}(\boldsymbol{C}_{ij} - \boldsymbol{f}_i - \boldsymbol{g}_j) = 0$ が成り立つような主問題の実行可能解 $\boldsymbol{P}$ と双対問題の実行可能解 $(\boldsymbol{f}, \boldsymbol{g})$ は各 (a), (b), (c) が等号で成立し，主問題の目的関数値と双対問題の目的関数値が等しくなります．これは弱双対性より $\boldsymbol{P}$ と $(\boldsymbol{f}, \boldsymbol{g})$ がそれぞれ主問題と双対問題の最適解であることを意味します．つまり，実行可能解 $(\boldsymbol{P}, \boldsymbol{f}, \boldsymbol{g})$ が最適解であることと，実行可能解 $(\boldsymbol{P}, \boldsymbol{f}, \boldsymbol{g})$ がすべての (i, j) について $\boldsymbol{P}_{ij}(\boldsymbol{C}_{ij} - \boldsymbol{f}_i - \boldsymbol{g}_j) = 0$ を満

たすことは同値です．このように，「主問題の変数と，その対応する双対問題の制約式の積が，すべて 0 であるときかつそのときのみ最適解である」という性質はさまざまな最適化問題で見られ，**相補性条件**と呼ばれます．

2.3.7 主・双対問題の解の相互変換*

相補性条件を用いると，主問題の最適解から双対問題の最適解へ，逆に双対問題の最適解から主問題の最適解へ，相互に変換することができます．ただし，閉じた式で変換できるわけではなく，以下に見るように組合せ最適化問題の最適解として記述されることに注意してください．

主問題の最適解から双対問題の最適解へ

主問題の最適解 $\boldsymbol{P}^*$ が得られているとします．$\boldsymbol{P}^*_{ij} > 0$ となる (i, j) について $\boldsymbol{C}_{ij} = \boldsymbol{f}_i - \boldsymbol{g}_j$ が成り立つような実行可能解 $\boldsymbol{f}, \boldsymbol{g}$ を見つけられれば，これが双対問題の最適解となります．ノード集合を

$$V = \{v_1, v_2, \ldots, v_n\}, \tag{2.85}$$

$$U = \{u_1, u_2, \ldots, u_m\} \tag{2.86}$$

とし，各 $(u_j, v_i) \in U \times V$ にコスト $\boldsymbol{C}_{ij}$ のエッジを張り，$\boldsymbol{P}^*_{ij} > 0$ であれば加えて (v_i, u_j) にコスト $-\boldsymbol{C}_{ij}$ のエッジを張った重みつき有向二部グラフ G を考えます．図 2.10 の左に $\boldsymbol{P}^*$ の例を，図 2.10 の右に G を示します．$v_1 \in V$ を始点としたときの各ノードへの最短経路長 $\boldsymbol{d} \in \mathbb{R}^{V \cup U}$ を求め，$\boldsymbol{f}_i = \boldsymbol{d}_{v_i}, \boldsymbol{g}_j = \boldsymbol{d}_{u_j}$ と設定します*5．ノード u から v へコスト $c(u, v)$ の有向エッジがあるとき，ノード v に到達するあらゆる経路の中の最小コスト $\boldsymbol{d}_v$ は，ノード u に到達してからエッジ (u, v) をたどってノード v に到達するコスト $\boldsymbol{d}_u + c(u, v)$ 以下であるので，$\boldsymbol{d}_v \le \boldsymbol{d}_u + c(u, v)$ となります．よって，グラフ G 中の (u_j, v_i) のエッジを考えると，

$$\boldsymbol{f}_i - \boldsymbol{g}_j \le \boldsymbol{C}_{ij} \tag{2.87}$$

となり，これは $\boldsymbol{f}, \boldsymbol{g}$ が実行可能であることを表しています．また，$\boldsymbol{P}^*_{ij} > 0$ である組 (i, j) については，(v_i, u_j) 側のエッジも考えると

---

*5 G には負のエッジがあるので，最短経路長の存在性については注意が必要ですが，$\boldsymbol{P}^*$ が最適解であるときには存在が保証されます [78, 定理 9.6].

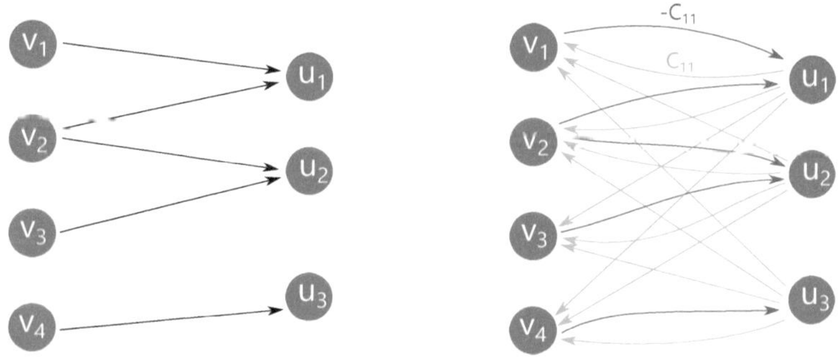

図 2.10 主問題の最適解から双対問題の最適解への変換．左：最適輸送 $\boldsymbol{P}^*$ の正成分に対応する有向二部グラフ．右：グラフ G．緑の矢印が正の重みを持つエッジ，赤の矢印が負の重みを持つエッジを表す．このグラフの最短経路長が双対問題の最適解となる．

$$\boldsymbol{f}_i - \boldsymbol{g}_j \geq \boldsymbol{C}_{ij} \tag{2.88}$$

となり，式 (2.87) と合わせて

$$\boldsymbol{f}_i - \boldsymbol{g}_j = \boldsymbol{C}_{ij} \tag{2.89}$$

となります．すなわち，相補性が成り立ち，これは最適解となります．つまり，主解から双対解への変換は最短経路問題を通して行うことができます．

双対問題の最適解から主問題の最適解へ

双対問題の最適解 $\boldsymbol{f}^*, \boldsymbol{g}^*$ が得られているとします．$\boldsymbol{f}^*_i - \boldsymbol{g}^*_j < \boldsymbol{C}_{ij}$ となる (i, j) について $\boldsymbol{P}_{ij} = 0$ が成り立つような実行可能解 $\boldsymbol{P}$ を見つけられれば，これが最適解となります．ノード集合を

$$V = \{v_1, v_2, \ldots, v_n\}, \tag{2.90}$$

$$U = \{u_1, u_2, \ldots, u_m\} \tag{2.91}$$

とし，$\boldsymbol{f}^*_i - \boldsymbol{g}^*_j = \boldsymbol{C}_{ij}$ が成り立つ組 (i, j) についてのみ (v_i, u_j) にエッジを張ります．この二部グラフ $G = (V, U, E)$ において，

$$\sum_{j:\ (v_i, u_j) \in E} h(v_i, u_j) = \boldsymbol{a}_i \tag{2.92}$$

$$\sum_{i:\ (v_i,u_j)\in E} h(v_i,u_j) = \boldsymbol{b}_j \tag{2.93}$$

が成り立つような $h\colon E \to \mathbb{R}_{>0}$ を求める問題は，ソースノードとシンクノードをつけ加えて最大流問題に帰着させて効率よく解くことができます[42]．この解 h について，

$$\boldsymbol{P}_{ij} = \begin{cases} h(v_i,u_j) & (v_i,u_j)\in E \\ 0 & (v_i,u_j)\notin E \end{cases} \tag{2.94}$$

と定めれば，$\boldsymbol{P}^*$ は相補的な実行可能解となり，最適解となります．

2.3.8 一般の確率分布の場合の双対問題

問題 (2.77) は，一般の確率分布において以下のようになります．

$$\begin{aligned} &\underset{f,g\in\mathcal{C}_b(\mathcal{X})}{\text{maximize}} && \int_{\mathcal{X}} f(x)d\alpha(x) - \int_{\mathcal{X}} g(y)d\beta(y) \\ &\text{subject to} && f(x)-g(y) \le C(x,y) \qquad (\forall x,y\in\mathcal{X}) \end{aligned} \tag{2.95}$$

ここで，$\mathcal{C}_b(\mathcal{X})$ は $\mathcal{X}\to\mathbb{R}$ の有界連続関数の集合です．問題 (2.77) は各点 $i\in[n], j\in[m]$ について個別に値 $\boldsymbol{f}_i, \boldsymbol{g}_j$ を定めていたのに対し，問題 (2.95) では，各点 $x,y\in\mathcal{X}$ に連続的に値 $f(x), g(y)$ を定めることになります．また，確率分布 α,β についての積分は期待値の記号で書き換えることができるので，問題 (2.95) は以下のように書き換えることもできます．

$$\begin{aligned} &\underset{f,g\in\mathcal{C}_b(\mathcal{X})}{\text{maximize}} && \mathbb{E}_{x\sim\alpha}[f(x)] - \mathbb{E}_{x\sim\beta}[g(x)] \\ &\text{subject to} && f(x)-g(y) \le C(x,y) \qquad (\forall x,y\in\mathcal{X}) \end{aligned} \tag{2.96}$$

f,g の符号のつけ方によって 4 通りの問題が考えられることも，離散の場合と同様です．連続の場合は第 4 章で詳細に議論することとし，以降の議論では離散の場合を考えます．

2.3.9 双対問題の物理的な解釈

最適化問題

$$
\begin{aligned}
&\underset{\boldsymbol{f}\in\mathbb{R}^n,\boldsymbol{g}\in\mathbb{R}^m}{\text{maximize}} && \sum_{i=1}^{n}\boldsymbol{a}_i\boldsymbol{f}_i - \sum_{j=1}^{m}\boldsymbol{b}_j\boldsymbol{y}_j \\
&\text{subject to} && \boldsymbol{f}_i - \boldsymbol{g}_j \le \boldsymbol{C}_{ij} \qquad (\forall i \in [n], \forall j \in [m])
\end{aligned}
\tag{2.97}
$$

の物理的な解釈について説明します．

双対変数 $\boldsymbol{f}_1,\ldots,\boldsymbol{f}_n$ それぞれに対応する赤玉，双対変数 $\boldsymbol{g}_1,\ldots,\boldsymbol{g}_m$ それぞれに対応するを青玉を用意します．各変数について値が大きいほど上，小さいほど下にあるということにすると，$\boldsymbol{a}_i \ge 0, \boldsymbol{b}_j \ge 0$ より，赤玉 $\boldsymbol{f}_i$ は上にあればあるほど，青玉 $\boldsymbol{g}_j$ は下にあればあるほど目的関数値が大きなよい配置ということになります．具体的には，赤玉 $\boldsymbol{f}_i$ を 1 センチ持ち上げると $\boldsymbol{a}_i$ ポイントが得られ，青玉 $\boldsymbol{g}_j$ を 1 センチ引き下げると $\boldsymbol{b}_j$ ポイントが得られます．ただし，$\boldsymbol{f}_i - \boldsymbol{g}_j \le \boldsymbol{C}_{ij}$ という制約があるので，自由に $\boldsymbol{f}_i$ と $\boldsymbol{g}_j$ を動かせるわけではありません．図 2.11 に示すように，青玉 $\boldsymbol{g}_j$ は赤玉 $\boldsymbol{f}_i$ より $\boldsymbol{C}_{ij}$ センチ下には動かせません．逆にいうと赤玉 $\boldsymbol{f}_i$ は青玉 $\boldsymbol{g}_j$ より $\boldsymbol{C}_{ij}$ センチ上には動かせません．これを物理的に解釈すると，各赤玉 $\boldsymbol{f}_i$ と各青玉

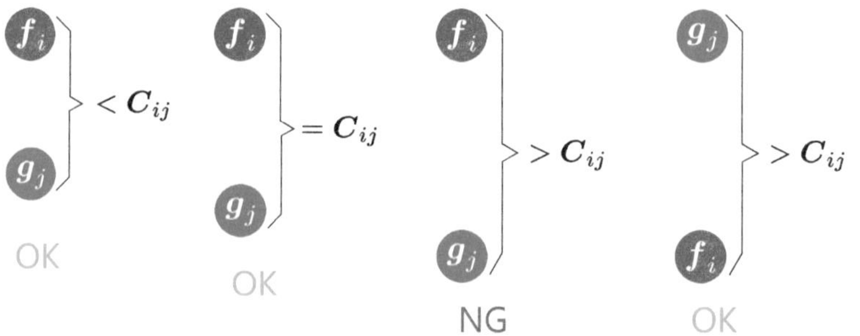

図 2.11 双対問題の物理的な解釈．左の三つの図に示すように，赤玉 $\boldsymbol{f}_i$ と青玉 $\boldsymbol{g}_j$ はちょうど長さ $\boldsymbol{C}_{ij}$ までは離れられるが，それ以上は離れることができない．すなわち長さ $\boldsymbol{C}_{ij}$ の糸でつながれていると考えることができる．ただし，図の右に示すように青玉が上にある場合は制約違反とはならないので，このような場合に切れない魔法の糸であると考える必要がある．

$\boldsymbol{g}_j$ の間に長さ $\boldsymbol{C}_{ij}$ センチの糸を張り，合計 nm 本ある糸がどれも切れない範囲で玉を動かすということです．ただし，青玉 $\boldsymbol{g}_j$ が赤玉 $\boldsymbol{f}_i$ より $\boldsymbol{C}_{ij}$ センチ以上上側にある場合は制約違反とはならないので，上にある限りは切れない魔法の糸を考える必要があります（図 2.11 右）．青玉は常に下側に引っ張られるので青玉が上にある配置は多くの場合考える必要はありません．この糸が切れない範囲で赤玉を上に，青玉を下に引っ張りできるだけ多くのポイントを得ることを目指すのが双対問題の解釈となります．

2.3.6 節で導出した相補性条件を考えると，$\boldsymbol{f}_i - \boldsymbol{g}_j = \boldsymbol{C}_{ij}$ となっている組 (i, j)，つまり糸がピンと張られている組 (i, j) の間にのみ主問題において輸送が生じることがいえます．

2.3.10 C 変換

最適輸送の双対問題の解からよりよい解を構築する **$\boldsymbol{C}$ 変換**について説明します．第 3 章で紹介するシンクホーンアルゴリズムは $\boldsymbol{C}$ 変換をソフト化したアルゴリズムであると見ることができ，$\boldsymbol{C}$ 変換は最適輸送問題の最適化アルゴリズムにおいて重要な役割を果たします．

最適化問題 (2.77) において $\boldsymbol{f}$ を固定したとき，最適な $\boldsymbol{g}$ を求めるのが $\boldsymbol{C}$ 変換です．入力の条件 $\boldsymbol{b} \in \Sigma_m$ より，$\boldsymbol{b}_j \geq 0$ であるので，$\boldsymbol{g}_j$ は小さい値をとるほど目的関数の値が大きくなります．また，$\boldsymbol{f}$ が固定されたもとでは，$\boldsymbol{g}_j$ の制約条件は $\boldsymbol{f}_i - \boldsymbol{g}_j \leq \boldsymbol{C}_{ij}$ $(\forall i \in [n])$ のみであり，$\boldsymbol{g}_j, \boldsymbol{g}_k$ $(j \neq k)$ は互いの実行可能性に影響を与えません．ゆえに，各 $\boldsymbol{g}_j$ は独立に最適化できます．制約条件 $\boldsymbol{g}_j \geq \boldsymbol{f}_i - \boldsymbol{C}_{ij}$ $(\forall i \in [n])$ より，$\boldsymbol{g}_j$ が実行可能性を保ちつつとれる最小値は

$$\max_{i \in [n]} (\boldsymbol{f}_i - \boldsymbol{C}_{ij}) \tag{2.98}$$

と表せます．このときの $\boldsymbol{g}$ の値を $\boldsymbol{f}$ の $\boldsymbol{C}$ 変換といい，$\boldsymbol{f}^{\boldsymbol{C}} \in \mathbb{R}^m$ と表します．すなわち，

$$\boldsymbol{f}^{\boldsymbol{C}}_j \stackrel{\text{def}}{=} \max_{i \in [n]} (\boldsymbol{f}_i - \boldsymbol{C}_{ij}) \tag{2.99}$$

とします．2.3.9 節の物理的解釈に基づくと，$\boldsymbol{C}$ 変換は，赤玉をすべて釘で打ちつけて位置を固定し，各青玉を糸が切れない範囲で限界まで引き下げる操

作に対応します．式 (2.99) において最大をとる i が最も先端が高い位置にある糸に対応し，青玉を引き下げたときにこの糸が最初にピンと張られることになります．この位置が青玉を引き下げられる限界値となります．$\boldsymbol{C}$ 変換の構成方法より明らかに，以下の定理と系が成り立ちます．

定理 2.7（C 変換の実行可能性）

任意の $\boldsymbol{f} \in \mathbb{R}^n$ について $(\boldsymbol{f}, \boldsymbol{f}^{\boldsymbol{C}})$ は実行可能解である．

証明

任意の $i \in [n], j \in [m]$ について，

$$\begin{aligned} \boldsymbol{f}_i - \boldsymbol{f}^{\boldsymbol{C}}_j &= \boldsymbol{f}_i - \max_{k \in [n]} (\boldsymbol{f}_k - \boldsymbol{C}_{kj}) \\ &\le \boldsymbol{f}_i - (\boldsymbol{f}_i - \boldsymbol{C}_{ij}) \\ &= \boldsymbol{C}_{ij} \end{aligned} \tag{2.100}$$

□

定理 2.8（C 変換の最小性）

任意の実行可能解 $(\boldsymbol{f}, \boldsymbol{g})$ と $j \in [m]$ について，$\boldsymbol{f}^{\boldsymbol{C}}_j \le \boldsymbol{g}_j$ が成り立つ．

証明

$$\begin{aligned} \boldsymbol{f}^{\boldsymbol{C}}_j - \boldsymbol{g}_j &= \max_{i \in [n]} \boldsymbol{f}_i - \boldsymbol{g}_j - \boldsymbol{C}_{ij} \\ &\overset{\text{(a)}}{\le} 0 \end{aligned} \tag{2.101}$$

ただし，(a) は双対問題の制約条件より任意の $i \in [n], j \in [m]$ に対して $\boldsymbol{f}_i - \boldsymbol{g}_j - \boldsymbol{C}_{ij} \le 0$ が成り立つことから従う． □

系 2.9（C 変換の最適性）

任意の実行可能解 $(\boldsymbol{f}, \boldsymbol{g})$ について，$(\boldsymbol{f}, \boldsymbol{f}^{\boldsymbol{C}})$ の目的関数値は $(\boldsymbol{f}, \boldsymbol{g})$ の目的関数値以上である．

証明

$$(\boldsymbol{a}^\top \boldsymbol{f} - \boldsymbol{b}^\top \boldsymbol{g}) - (\boldsymbol{a}^\top \boldsymbol{f} - \boldsymbol{b}^\top \boldsymbol{f}^{\boldsymbol{C}}) = \boldsymbol{b}^\top (\boldsymbol{f}^{\boldsymbol{C}} - \boldsymbol{g})$$
$$= \sum_{j=1}^{m} \boldsymbol{b}_j (\boldsymbol{f}_j^{\boldsymbol{C}} - \boldsymbol{g}_j) \leq 0 \quad (2.102)$$

□

よって，$\boldsymbol{f}$ を定めると，最適な $\boldsymbol{g}$ は式 (2.99) により簡単に計算できます．また，$\boldsymbol{f}$ のみを最適化の過程で探索し，$\boldsymbol{f}^{\boldsymbol{C}}$ をそのつど計算して目的関数を $\boldsymbol{a}^\top \boldsymbol{f} - \boldsymbol{b}^\top \boldsymbol{f}^{\boldsymbol{C}}$ とすれば，本質的には双対問題の決定変数は $\boldsymbol{f}$ のみの n 次元と考えることもできます [34]．

他方，$\boldsymbol{f}$ については，入力の条件 $\boldsymbol{a} \in \Sigma_n$ より，$\boldsymbol{a}_i \geq 0$ であるので，$\boldsymbol{f}_i$ は大きい値をとるほど目的関数の値が大きくなります．$\boldsymbol{C}$ 変換と同様の考えより，$\boldsymbol{g}$ を固定したときの $\boldsymbol{f}$ の最適解 $\boldsymbol{g}^{\bar{\boldsymbol{C}}} \in \mathbb{R}^n$ も

$$\boldsymbol{g}_i^{\bar{\boldsymbol{C}}} \overset{\text{def}}{=} \min_{j \in [m]} \boldsymbol{C}_{ij} + \boldsymbol{g}_j \quad (2.103)$$

と定めることができます．これを $\bar{\boldsymbol{C}}$ **変換**といいます．2.3.9 節の物理的解釈に基づくと，$\bar{\boldsymbol{C}}$ 変換は，青玉をすべて釘で打ちつけて位置を固定し，各赤玉を糸が切れない範囲で限界まで引き上げる操作に対応します．$\boldsymbol{C}$ 変換と同様に以下の定理と系が成り立ちます．

定理 2.10（$\bar{C}$ 変換の実行可能性）

任意の $\boldsymbol{g} \in \mathbb{R}^m$ について，$(\boldsymbol{g}^{\bar{\boldsymbol{C}}}, \boldsymbol{g})$ は実行可能解である．

証明

任意の $i \in [n], j \in [m]$ について,

$$
\begin{aligned}
\boldsymbol{g}_i^{\bar{C}} - \boldsymbol{g}_j &= \left(\min_{k \in [m]} \boldsymbol{C}_{ik} + \boldsymbol{g}_k \right) - \boldsymbol{g}_j \\
&\leq \boldsymbol{C}_{ij} + \boldsymbol{g}_j - \boldsymbol{g}_j \\
&= \boldsymbol{C}_{ij} \qquad (2.104)
\end{aligned}
$$

□

定理 2.11（$\bar{C}$ 変換の最小性）

任意の実行可能解 $(\boldsymbol{f}, \boldsymbol{g})$ と $i \in [n]$ について, $\boldsymbol{g}_i^{\bar{C}} \geq \boldsymbol{f}_i$ が成り立つ.

証明

$$
\begin{aligned}
\boldsymbol{g}_i^{\bar{C}} - \boldsymbol{f}_i &= \min_{j \in [m]} \boldsymbol{C}_{ij} + \boldsymbol{g}_j - \boldsymbol{f}_i \\
&\geq 0 \qquad (2.105)
\end{aligned}
$$

□

系 2.12（$\bar{C}$ 変換の最適性）

任意の実行可能解 $(\boldsymbol{f}, \boldsymbol{g})$ について, $(\boldsymbol{g}^{\bar{C}}, \boldsymbol{g})$ の目的関数値は $(\boldsymbol{f}, \boldsymbol{g})$ の目的関数値以上である.

証明

$$(\boldsymbol{a}^\top \boldsymbol{g}^{\bar{\boldsymbol{C}}} - \boldsymbol{b}^\top \boldsymbol{g}) - (\boldsymbol{a}^\top \boldsymbol{f} - \boldsymbol{b}^\top \boldsymbol{g}) = \boldsymbol{a}^\top (\boldsymbol{g}^{\bar{\boldsymbol{C}}} - \boldsymbol{f}) \\ = \sum_{i=1}^{n} \boldsymbol{a}_i (\boldsymbol{g}_i^{\bar{\boldsymbol{C}}} - \boldsymbol{f}_i) \geq 0 \quad (2.106)$$

□

以上の性質より，$\boldsymbol{f}$ を固定して最適な $\boldsymbol{g}$ を求め，求まった $\boldsymbol{g}$ を固定して最適な $\boldsymbol{f}$ を求め，求まった $\boldsymbol{f}$ を固定して最適な $\boldsymbol{g}$ を求め，... と繰り返すことで最適化することが考えられます．このように，決定変数の次元を複数の部分に分け，各部分を順番に最大化する手法を**ブロック座標上昇法** (block coordinate asceut) といいます．しかし，以下の定理に示されるように，最適輸送問題においてブロック座標上昇法はうまくいきません．

定理 2.13（交互最適化は 2 回で収束する）

任意の $\boldsymbol{f}$ について，$\boldsymbol{f}^{\boldsymbol{C}\bar{\boldsymbol{C}}\boldsymbol{C}} = \boldsymbol{f}^{\boldsymbol{C}}$ となる．すなわち，$\boldsymbol{C}$ 変換と $\bar{\boldsymbol{C}}$ 変換は高々 2 回の反復で収束する．

証明

定理 2.7, 2.10 より，$(\boldsymbol{f}, \boldsymbol{f}^{\boldsymbol{C}}), (\boldsymbol{f}^{\boldsymbol{C}\bar{\boldsymbol{C}}}, \boldsymbol{f}^{\boldsymbol{C}}), (\boldsymbol{f}^{\boldsymbol{C}\bar{\boldsymbol{C}}}, \boldsymbol{f}^{\boldsymbol{C}\bar{\boldsymbol{C}}\boldsymbol{C}})$ はいずれも実行可能解である．$(\boldsymbol{f}, \boldsymbol{f}^{\boldsymbol{C}})$ と $(\boldsymbol{f}^{\boldsymbol{C}\bar{\boldsymbol{C}}}, \boldsymbol{f}^{\boldsymbol{C}})$ を比較すると，定理 2.11 より，すべての i に対して

$$\boldsymbol{f}_i^{\boldsymbol{C}\bar{\boldsymbol{C}}} \geq \boldsymbol{f}_i \quad (2.107)$$

となり，$(\boldsymbol{f}^{\boldsymbol{C}\bar{\boldsymbol{C}}}, \boldsymbol{f}^{\boldsymbol{C}})$ と $(\boldsymbol{f}^{\boldsymbol{C}\bar{\boldsymbol{C}}}, \boldsymbol{f}^{\boldsymbol{C}\bar{\boldsymbol{C}}\boldsymbol{C}})$ を比較すると，定理 2.8 より，すべての j に対して

$$\boldsymbol{f}_j^{\boldsymbol{C}\bar{\boldsymbol{C}}\boldsymbol{C}} \leq \boldsymbol{f}_j^{\boldsymbol{C}} \quad (2.108)$$

となる．一方，

$$\begin{aligned}\boldsymbol{f}_j^{\boldsymbol{C}\bar{\boldsymbol{C}}\boldsymbol{C}} &\overset{\text{(a)}}{=} \max_{i\in[n]} \boldsymbol{f}_i^{\boldsymbol{C}\bar{\boldsymbol{C}}} - \boldsymbol{C}_{ij} \\ &\overset{\text{(b)}}{\geq} \max_{i\in[n]} \boldsymbol{f}_i - \boldsymbol{C}_{ij} \\ &\overset{\text{(c)}}{=} \boldsymbol{f}_j^{\boldsymbol{C}} \end{aligned} \tag{2.109}$$

となる．ここで，(a), (c) は $\boldsymbol{C}$ 変換の定義より，(b) は式 (2.107) より従う．式 (2.108) と合わせると，$\boldsymbol{f}_j^{\boldsymbol{C}\bar{\boldsymbol{C}}\boldsymbol{C}} = \boldsymbol{f}_j^{\boldsymbol{C}}$ となる． □

命題 2.14

$(\boldsymbol{f}^{\boldsymbol{C}\bar{\boldsymbol{C}}}, \boldsymbol{f}^{\boldsymbol{C}})$ が最適解とはならない $\boldsymbol{f}$ が存在する．

証明

$$\boldsymbol{C} = \begin{pmatrix} 10 & 1 \\ 1 & 1 \end{pmatrix}, \boldsymbol{a} = \begin{pmatrix} 1 \\ 0 \end{pmatrix}, \boldsymbol{b} = \begin{pmatrix} 1 \\ 0 \end{pmatrix} \tag{2.110}$$

という例を考える．$\boldsymbol{f} = (1,1)^\top$ とすると $\boldsymbol{f}^{\boldsymbol{C}} = (0,0)^\top$，$\boldsymbol{f}^{\boldsymbol{C}\bar{\boldsymbol{C}}} = (1,1)^\top$ となる．このときの $(\boldsymbol{f}^{\boldsymbol{C}\bar{\boldsymbol{C}}}, \boldsymbol{f}^{\boldsymbol{C}})$ の目的関数値は $\boldsymbol{a}^\top \boldsymbol{f}^{\boldsymbol{C}\bar{\boldsymbol{C}}} - \boldsymbol{b}^\top \boldsymbol{f}^{\boldsymbol{C}} = 1$ である．この例の最適値は 10 であるので，$(\boldsymbol{f}^{\boldsymbol{C}\bar{\boldsymbol{C}}}, \boldsymbol{f}^{\boldsymbol{C}})$ は最適解ではない． □

以上より，交互最適化により最適解を求めることはできません．この事実は，制約つき問題では一般にブロック座標上昇法が収束しないことに対応しています．制約も含めて目的関数を滑らかにすることで，ブロック座標上昇法を収束するように修正したものが第 3 章で紹介するシンクホーンアルゴリズムです．

2.4 最適輸送問題の最適解の疎性

本節では，最適輸送問題の主問題の解が疎であることを示します．この事実は最適化の高速化に使われることがあるほか，最適輸送行列を解釈する際にも有用です．特に，一様かつサイズが等しい点群の間には一対一の最適輸送が存在するという結果は，具体的な点群の対応関係が得たい場合には有用です．

2.4.1 最適輸送問題の最適解の疎性の証明

まず，多面体の頂点の定義を行います．

定義 2.15（頂点）

凸多面体 $\mathcal{P}$ の点 x において，任意の $y, z \in \mathcal{P}$ について $\frac{y+z}{2} = x \Rightarrow x = y = z$ の条件を満たすとき，点 x を頂点という．

直観的には，ほかの点の「間」に位置していないときに頂点となります（図 2.12）．

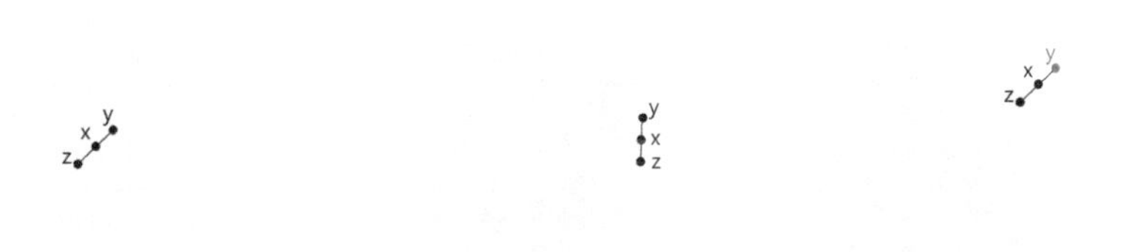

図 2.12 頂点の図示．水色の多角形が凸多面体 $\mathcal{P}$ を表す．左・中央：頂点でない点 x は $\frac{y+z}{2} = x$ となるように $y, z \in \mathcal{P}$ かつ $y, z \neq x$ をとれる．右：頂点では，$\frac{y+z}{2} = x$ となるように $y, z \in \mathcal{P}$ かつ $y, z \neq x$ をとれない．言い換えると，$\frac{y+z}{2} = x$ かつ $y, z \neq x$ とすると，y と z のいずれかは $\mathcal{P}$ に属さなくなる．

輸送多面体 $\mathcal{U}$ の頂点は疎であることが示せます．

補題 2.16（頂点の疎性）

任意の $\boldsymbol{a} \in \Sigma_n, \boldsymbol{b} \in \Sigma_m$ について，輸送多面体 $\mathcal{U}(\boldsymbol{a}, \boldsymbol{b})$ の各頂点の非ゼロ成分は高々 $n+m-1$ 個である．

証明

対偶「非ゼロ成分を $n+m-1$ より多く持つならば頂点でない」を示す．任意に $\boldsymbol{P} \in \mathcal{U}(\boldsymbol{a}, \boldsymbol{b})$ をとる．ノード集合を

$$V = \{v_1, v_2, \ldots, v_n\}, \tag{2.111}$$

$$U = \{u_1, u_2, \ldots, u_m\} \tag{2.112}$$

とし，$\boldsymbol{P}_{ij} > 0$ であるときかつそのときのみ v_i と u_j の間にエッジを張り二部グラフ $G = (V, U, E)$ を構築する．G に閉路が含まれないならば，すなわち G が森であるならば $|E| \leq |V| + |U| - 1$ であるので，$\boldsymbol{P}$ の非ゼロ成分は高々 $n+m-1$ 個となる．よって，対偶をとると，非ゼロ成分を $n+m-1$ より多く持つならば G に閉路が存在する．このとき，任意に閉路 $\mathcal{C} = (v_{i_1}, u_{j_1}, v_{i_2}, u_{j_2}, \ldots, v_{i_{l-1}}, u_{j_{l-1}}, v_{i_l} = v_{i_1})$ をとる．ε をこの閉路上の $\boldsymbol{P}$ の最小値，すなわち

$$\varepsilon \stackrel{\text{def}}{=} \min\{\boldsymbol{P}_{i_1,j_1}, \boldsymbol{P}_{i_2,j_1}, \boldsymbol{P}_{i_2,j_2}, \ldots, \boldsymbol{P}_{i_{l-1},j_{l-1}}, \boldsymbol{P}_{i_l,j_{l-1}}\} \tag{2.113}$$

とする．二部グラフのエッジ上では $\boldsymbol{P}$ は正値をとるので ε は正である．$\boldsymbol{P}$ において，閉路の偶数番目のエッジの値を ε 減らし，奇数番目のエッジの値を ε 増やした解を $\boldsymbol{P}^o$ とし，閉路の偶数番目のエッジの値を ε 増やし，奇数番目のエッジの値を ε 減らした解を $\boldsymbol{P}^e$ とする．すなわち，

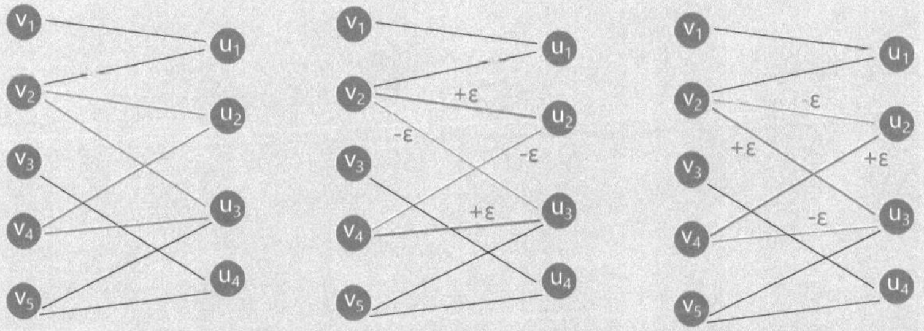

図 2.13 近傍解の構成．左：グラフ G の図示．赤のエッジが閉路 $\mathcal{C}$ に対応する．中央：$\boldsymbol{P}^o$ の図示．右：$\boldsymbol{P}^e$ の図示．

$$\boldsymbol{P}^o_{ij} \stackrel{\text{def}}{=} \begin{cases} \boldsymbol{P}_{ij} & (v_i, u_j) \notin \mathcal{C} \\ \boldsymbol{P}_{ij} + \varepsilon & (v_i, u_j) = (v_{i_k}, u_{j_k}) \\ \boldsymbol{P}_{ij} - \varepsilon & (v_i, u_j) = (v_{i_k}, u_{j_{k-1}}) \end{cases} \tag{2.114}$$

$$\boldsymbol{P}^e_{ij} \stackrel{\text{def}}{=} \begin{cases} \boldsymbol{P}_{ij} & (v_i, u_j) \notin \mathcal{C} \\ \boldsymbol{P}_{ij} - \varepsilon & (v_i, u_j) = (v_{i_k}, u_{j_k}) \\ \boldsymbol{P}_{ij} + \varepsilon & (v_i, u_j) = (v_{i_k}, u_{j_{k-1}}) \end{cases} \tag{2.115}$$

とする（図 2.13）．閉路 $\mathcal{C}$ 上のエッジでは $\boldsymbol{P}$ の値は ε 以上であるので，$\boldsymbol{P}^o_{ij} \geq 0, \boldsymbol{P}^e_{ij} \geq 0$ である．閉路上のノードでは一方のエッジの値が ε 小さくなり，もう一方のエッジの値が ε 大きくなっているので，質量保存制約も満たす．よって，$\boldsymbol{P}^o, \boldsymbol{P}^e \in \mathcal{U}(\boldsymbol{a}, \boldsymbol{b})$ である．また，明らかに $\boldsymbol{P} = \frac{\boldsymbol{P}^o + \boldsymbol{P}^e}{2}$ である．ゆえに，$\boldsymbol{P}$ は頂点ではない． □

系 2.17（最適輸送行列の疎性）

最適輸送問題 (2.1) には非ゼロ成分が高々 $n+m-1$ 個である最適解が存在する．

証明

最適輸送問題の実行可能領域の有界性から最適解は常に存在する．線形計画問題においては，最適解が存在するならば頂点解が存在する [55, Theorem 13.2, 13.3] ので，補題 2.16 より，非ゼロ成分が高々 $n+m-1$ 個である最適解が存在する． □

輸送行列には $n \times m$ 個の成分があるので，このような最適解は非常に疎となります．この事実は，例 2.1 と例 2.2 からも観察できます．ただし，最適解は複数存在する場合があり，すべての最適解が疎になるとは限らないことに注意してください．実際，コスト行列を $C \equiv 0$ と恒等的にゼロとすると，任意の輸送行列が最適解となり，密な最適解も存在します．しかし，このようなコスト行列に同じ値が多くある問題例を除けば，経験的には最適解は疎になる場合が多いです．このことは次節の数値例でも確認します．

また，$n = m$ かつ確率が一様の特殊ケースには，一対一対応の最適解が存在することが示せます．まず，バーコフ多面体を定義します．

定義 2.18（バーコフ多面体）

非負かつ行和・列和がすべて 1 である正方行列全体の集合

$$\mathcal{B}_n \stackrel{\text{def}}{=} \{\boldsymbol{B} \in \mathbb{R}_{\geq 0}^{n \times n} \mid \boldsymbol{B}\mathbb{1}_n = \mathbb{1}_n, \boldsymbol{B}^\top \mathbb{1}_n = \mathbb{1}_n\} \tag{2.116}$$

をバーコフ多面体という．

バーコフ多面体は，$\mathcal{B}_n = \mathcal{U}(\mathbb{1}_n, \mathbb{1}_n)$ と表すこともでき *6，輸送多面体の特殊な場合に相当します．バーコフ多面体の要素は**二重確率行列** (doubly stochastic matrix) とも呼ばれます．**順列行列** (permutation matrix) とは各行各列にちょうど一つだけの 1 の成分がありそれ以外の成分が 0 であるような二重確率行列の特殊な場合です．順列行列全体の集合は $\mathcal{B}_n \cap \{0,1\}^{n \times n}$ と表すこともできます．バーコフの定理はバーコフ多面体の頂点が順列行列であることを示しています．

---

*6 正確にいえば $\mathbb{1}_n$ は確率ベクトルでないので，ここでは $\mathcal{U}$ の引数を任意のベクトルに拡張したものを考えていることになります．

定理 2.19 (バーコフの定理)

バーコフ多面体の頂点は順列行列である.

証明

対偶「順列行列でなければバーコフ多面体の頂点ではない」を示す. 順列行列でない二重対角行列 $\boldsymbol{A} \in \mathbb{R}^{n \times n}$ を任意にとる. ノード集合を

$$V = \{v_1, \ldots, v_n\}, \tag{2.117}$$

$$U = \{u_1, \ldots, u_n\} \tag{2.118}$$

とし, $\boldsymbol{A}_{ij} > 0$ であるとき (v_i, u_j) 間にエッジを張った二部グラフ G を考える. 任意に V の部分集合 $X \subseteq V$ をとり, X とエッジを共有するノード集合を $Y \subseteq U$ とする. 二重確率性より, X に対応する行の総和は,

$$\sum_{v_i \in X, j \in [n]} \boldsymbol{A}_{ij} = |X| \tag{2.119}$$

であり, $v_i \in X$ のときに A_{ij} が正値をとるのは $u_j \in Y$ の場合に限られるので,

$$\begin{aligned}\sum_{v_i \in X, j \in [n]} \boldsymbol{A}_{ij} &= \sum_{v_i \in X, u_j \in Y} \boldsymbol{A}_{ij} \\ &\leq \sum_{i \in [n], u_j \in Y} \boldsymbol{A}_{ij} \\ &= |Y| \end{aligned} \tag{2.120}$$

となる. よって $|X| \leq |Y|$ であり, ホールの結婚定理 [78, 定理 10.3] より G は完全二部マッチングを持つ. ここで, G の完全二部マッチングとは, 要素数 n のエッジ集合 F であって, 端点を共有しないものをいう. 完全二部マッチングに対応するインデックス集合を

$\mathcal{M} = \{(i_1, j_1), \ldots, (i_n, j_n)\}$ とし，

$$\varepsilon \overset{\text{def}}{=} \min_{(i,j)\in\mathcal{M}} \boldsymbol{A}_{ij} \tag{2.121}$$

$$\boldsymbol{P}_{ij} \overset{\text{def}}{=} \begin{cases} 1 & (i,j) \in \mathcal{M} \\ 0 & (\text{それ以外}) \end{cases} \tag{2.122}$$

とする．$\boldsymbol{A}$ が順列行列でないので $0 < \varepsilon < 1$ である．また，$\boldsymbol{P}$ は順列行列である．定義より $\boldsymbol{A} - \varepsilon\boldsymbol{P}$ は非負であり，各行・各列からちょうど ε 引かれているので $\boldsymbol{Q} \overset{\text{def}}{=} \frac{1}{1-\varepsilon}(\boldsymbol{A} - \varepsilon\boldsymbol{P})$ は二重対角行列となる．$\boldsymbol{A}$ は二つの二重対角行列 $\boldsymbol{P}, \boldsymbol{Q}$ の凸結合で表されるので，頂点ではない． □

系 2.20（最適輸送行列の疎性）

$n = m$ かつ $\boldsymbol{a} = \boldsymbol{b} = \frac{1}{n}\mathbb{1}_n$ のとき，最適輸送問題 (2.1) には非ゼロ成分が高々 n 個である最適解が存在する．

証明

輸送多面体 $\mathcal{U}(\frac{1}{n}\mathbb{1}_n, \frac{1}{n}\mathbb{1}_n)$ はバーコフ多面体を $\frac{1}{n}$ に縮小したものであるので，頂点は順列行列を $\frac{1}{n}$ 倍したものとなり，n 個の非ゼロ成分を持つ． □

この事実は，例 2.2 でも観察できます．

シンプレックス法をはじめとする線形計画アルゴリズムや，次節で議論する最小費用流問題という組合せ最適化問題のためのアルゴリズムの中には，頂点解を得ることが保証されているものが多くあります．それらを用いることで，確率が一様かつサイズが等しい点群の場合であれば，具体的な点群の一対一の対応関係が得られるということを示しています．

2.4.2 数値例：点群のサイズが異なる場合

$n = 97, m = 101, \boldsymbol{a} = \frac{1}{n}\mathbb{1}_n, \boldsymbol{b} = \frac{1}{m}\mathbb{1}_m$ とし，コスト行列 $\boldsymbol{C} \in \mathbb{R}^{n\times m}$ の

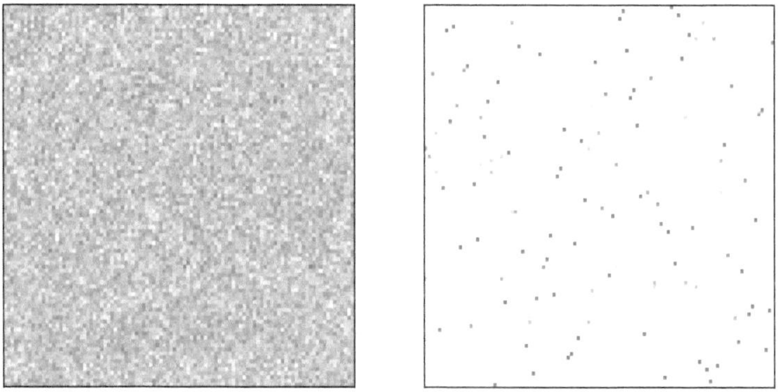

図 2.14 点群のサイズが異なる場合の疎性．左：コスト行列 $\boldsymbol{C}$．(i,j) ピクセルは行列の (i,j) 成分を表し，値が大きいほど濃い青で表示している．右：最適輸送行列 $\boldsymbol{P}^*$．各ピクセルは行列の成分を表し，値がゼロのとき白で表し，値が大きいほど濃い青で表示している．

成分は標準正規分布からランダムサンプリングして入力例を構築します．このときのコスト行列 $\boldsymbol{C}$ と最適輸送行列 $\boldsymbol{P}^*$ を図 2.14 に示します．最適輸送行列の非ゼロ成分は 197 $(= n + m - 1)$ 個であり，非常に疎であることが見てとれます．

2.4.3 数値例：点群のサイズが等しい場合

$n = m = 100, \boldsymbol{a} = \boldsymbol{b} = \frac{1}{n}\mathbb{1}_n$ とし，コスト行列 $\boldsymbol{C} \in \mathbb{R}^{n \times m}$ の成分は標準正規分布からランダムサンプリングして入力例を構築します．このときのコスト行列 $\boldsymbol{C}$ と最適輸送行列 $\boldsymbol{P}^*$ を図 2.15 に示します．最適輸送行列の非ゼロ成分は 100 $(= n)$ 個であり，非常に疎であることが見てとれます．また，点群のサイズが異なる場合とは違い，最適輸送行列の値に半端な値が存在せず，すべて一律に $\frac{1}{n}$ となっています．

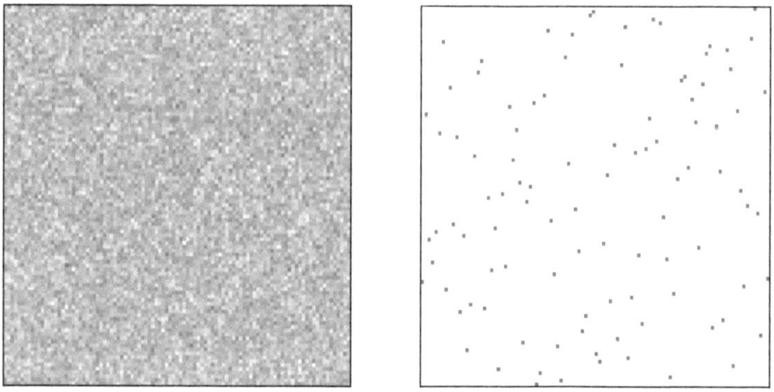

図 2.15 点群のサイズが等しい場合の疎性．左：コスト行列 $\boldsymbol{C}$．(i,j) ピクセルは行列の (i,j) 成分を表し，値が大きいほど濃い青で表示している．右：最適輸送行列 $\boldsymbol{P}^*$．各ピクセルは行列の成分を表し，値がゼロのとき白で表し，値が大きいほど濃い青で表示している．

2.5 最小費用流問題と最適輸送問題の関係*

最適輸送問題は**最小費用流問題** (minimum cost flow problem) という組合せ最適化問題と深いつながりがあります．本節では，最適輸送問題と最小費用流問題の等価性について紹介します．最小費用流問題は組合せ最適化の分野で古くから研究されている問題であり，洗練されたアルゴリズムやソルバーが整理されています．最適輸送問題を最小費用流問題の一例とみなすことで，最小費用流問題について蓄積された理論的結果やソルバーについての知見を最適輸送問題に適用することができる点で，この等価性は重要です．

2.5.1 最小費用流問題

最小費用流問題の入力は，以下の六つ組で表されます．

- 有向グラフ $G=(V,E)$
- ソースノード $s \in V$
- シンクノード $t \in V$
- 容量関数 $w\colon E \to \mathbb{R}_{\geq 0} \cup \{\infty\}$

- コスト関数 $c\colon E \to \mathbb{R}$
- 流量 $f \in \mathbb{R}_{\geq 0}$

このように，エッジに容量やコストなどの属性がついたグラフはしばしばネットワークと呼ばれます．ノード v に入るエッジの集合を

$$\delta^{-}(v) \stackrel{\text{def}}{=} \{(u,v) \in E \mid u \in V\} \tag{2.123}$$

ノード v から出るエッジの集合を，

$$\delta^{+}(v) \stackrel{\text{def}}{=} \{(v,u) \in E \mid u \in V\} \tag{2.124}$$

とします．最小費用流問題は直観的には，グラフのエッジ e を最大流量 $w(e)$ まで水を流すことができる水道管とみなし，ソースノードからシンクノードに流量 f の水を流すのに必要な最小コストを求める問題となります．

エッジ $e \in E$ に流れる水の量を $\boldsymbol{x}_e$ と表すと，水道管の流量の最大値による条件は $0 \leq \boldsymbol{x}_e \leq w(e)$ と表せ，途中のノード $v \in V \setminus \{s,t\}$ で水が湧き出したり消失したりしないという条件は

$$\sum_{e \in \delta^{-}(v)} \boldsymbol{x}_e = \sum_{e \in \delta^{+}(v)} \boldsymbol{x}_e \tag{2.125}$$

と表せます．また，流量が f であるという条件は，ソースノードから流出する量から流入する量を引いた値が f であることから，

$$\sum_{e \in \delta^{+}(s)} \boldsymbol{x}_e - \sum_{e \in \delta^{-}(s)} \boldsymbol{x}_e = f \tag{2.126}$$

と表せます．ここで，一般にはソースノードに流入する水道管もあることに注意してください．ソースノードから水が f だけ湧き出していると，基本的にはソースノードから流出する水の総量

$$\sum_{e \in \delta^{+}(s)} \boldsymbol{x}_e \tag{2.127}$$

が f であればよいですが，グラフの別の箇所からソースノードに水が流入している（循環している）場合にはその分だけ多く排出する必要があり，式 (2.126) のような条件となります．以上より，最小費用流問題は以下の線形計画問題で定式化できます．

問題 2.21（最小費用流問題）

$$
\begin{aligned}
\underset{\boldsymbol{x}\in\mathbb{R}^E}{\text{minimize}} \quad & \sum_{e\in E} c(e)\boldsymbol{x}_e \\
\text{subject to} \quad & \sum_{e\in\delta^+(s)} \boldsymbol{x}_e - \sum_{e\in\delta^-(s)} \boldsymbol{x}_e = f \\
& \sum_{e\in\delta^-(v)} \boldsymbol{x}_e = \sum_{e\in\delta^+(v)} \boldsymbol{x}_e \qquad (\forall v \in V \setminus \{s,t\}) \\
& 0 \le \boldsymbol{x}_e \le w(e) \qquad (\forall e \in E)
\end{aligned}
\tag{2.128}
$$

例 2.5 （最小費用流問題の例）

図 2.16 に 5 ノードグラフの例を示します．

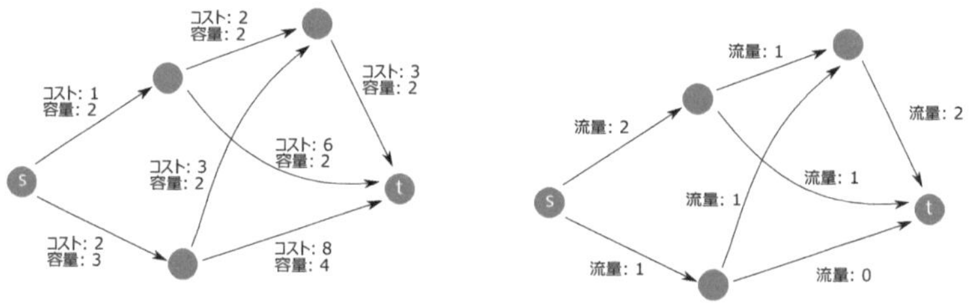

図 2.16 最小費用流問題の例．左：入力ネットワーク．右：$f = 3$ のときの最適解．このときのコストは 21 である．

例 2.6 (通信ネットワーク)

コンピュータの集合を V，コンピュータを接続する通信路の集合を E とします．通信路 e は毎秒 $c(e)$ 円を払うごとに，1 ビットの情報を通信できるとします．通信路 e は毎秒最大 $w(e)$ ビットまで処理できます．送信ノード s から受信ノード t まで毎秒 f ビットの通信を送るのに必要な最小コストを求める問題は最小費用流により定式化されます．

最小費用流問題と最適輸送問題はものを輸送するという観点では共通しています．実はこれらは互いに帰着が可能な等価な問題となっています．以下の二つの節では，まず最適輸送問題から最小費用流問題への帰着を紹介し，続いて最小費用流問題から最適輸送問題への帰着を紹介します．

2.5.2 最適輸送問題から最小費用流問題への帰着

定理 2.22（最適輸送問題から最小費用流問題への帰着）

最適輸送問題の任意の入力例 $\boldsymbol{a} \in \Sigma_n, \boldsymbol{b} \in \Sigma_m, \boldsymbol{C} \in \mathbb{R}^{n \times m}$ について，以下で定義されるネットワークを考える（図 2.17）.

$$V = \{s, t, v_1, \ldots, v_n, u_1, \ldots, u_m\} \tag{2.129}$$

$$E_1 = \{(s, v) \mid v \in \{v_1, \ldots, v_n\}\} \tag{2.130}$$

$$E_2 = \{(v, u) \mid v \in \{v_1, \ldots, v_n\}, u \in \{u_1, \ldots, u_m\}\} \tag{2.131}$$

$$E_3 = \{(u, t) \mid u \in \{u_1, \ldots, u_m\}\} \tag{2.132}$$

$$E = E_1 \cup E_2 \cup E_3 \tag{2.133}$$

$$c(e) = \begin{cases} 0 & e \in E_1 \cup E_3 \\ \boldsymbol{C}_{ij} & e = (v_i, u_j) \in E_2 \end{cases} \tag{2.134}$$

$$w(e) = \begin{cases} \boldsymbol{a}_i & e = (s, v_i) \in E_1 \\ \infty & e \in E_2 \\ \boldsymbol{b}_j & e = (u_j, t) \in E_3 \end{cases} \tag{2.135}$$

$$f = 1 \tag{2.136}$$

最小費用流問題の最適解を $\boldsymbol{x}^* \in \mathbb{R}^E$ とし，$\boldsymbol{P}_{ij} = \boldsymbol{x}^*_{(v_i, u_j)}$ とおくと，$\boldsymbol{P}$ は最適輸送問題の最適解であり，最小費用流問題の最適値は最適輸送問題の最適値と一致する.

証明

エッジ $(s, v_i) \in E_1$ についての最小費用流問題の容量制約条件より，

$$0 \leq \boldsymbol{x}^*_{(s, v_i)} \leq \boldsymbol{a}_i \quad (i \in [n]) \tag{2.137}$$

であり，ソースノードの流量より

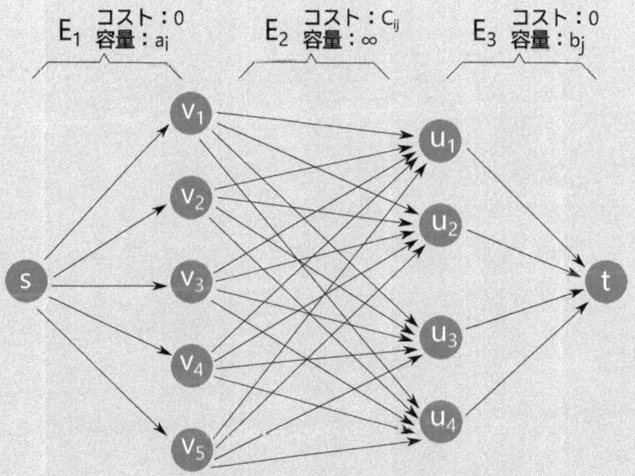

図 2.17 最適輸送問題に対応する最小費用流の入力ネットワーク．$n = 5, m = 4$ の場合．

$$\sum_{i=1}^{n} \boldsymbol{x}^*_{(s,v_i)} = f = 1 \tag{2.138}$$

となる．$\sum_{i=1}^{n} \boldsymbol{a}_i = 1$ であるので，式 (2.137) の右側の不等式が等号で成立し，

$$\boldsymbol{x}^*_{(s,v_i)} = \boldsymbol{a}_i \quad (i \in [n]) \tag{2.139}$$

となる．ノード v_i における流量保存則より，

$$\begin{aligned}
\boldsymbol{a}_i &= \boldsymbol{x}^*_{(s,v_i)} \\
&\overset{\text{(a)}}{=} \sum_{e \in \delta^-(v_i)} \boldsymbol{x}^*_e \\
&\overset{\text{(b)}}{=} \sum_{e \in \delta^+(v_i)} \boldsymbol{x}^*_e \\
&= \sum_{j=1}^{m} \boldsymbol{x}^*_{(v_i,u_j)}
\end{aligned}$$

$$= \sum_{j=1}^{m} \boldsymbol{P}_{ij} \tag{2.140}$$

となる．(a) は $\delta^-(v_i) = \{(s, v_i)\}$ であること，(b) は最小費用流の制約条件より従う．また，エッジ (u_j, t) についての最小費用流問題の容量制約条件より，

$$0 \leq \boldsymbol{x}^*_{(u_j,t)} \leq \boldsymbol{b}_j \quad (j \in [m]) \tag{2.141}$$

であり，シンクノードの流量より

$$\sum_{j=1}^{m} \boldsymbol{x}^*_{(u_j,t)} = f = 1 \tag{2.142}$$

となる．$\sum_{j=1}^{m} \boldsymbol{b}_i = 1$ であるので，式 (2.141) の右側の不等式が等号で成立し，

$$\boldsymbol{x}^*_{(u_j,t)} = \boldsymbol{b}_j \quad (j \in [m]) \tag{2.143}$$

となる．ノード u_j における流量保存則より，

$$\boldsymbol{b}_j = \sum_{e \in \delta^+(u_j)} \boldsymbol{x}^*_e = \sum_{e \in \delta^-(u_j)} \boldsymbol{x}^*_e = \sum_{i=1}^{n} \boldsymbol{P}_{ij} \tag{2.144}$$

となる．式 (2.140) と 式 (2.144) より $\boldsymbol{P} \in \mathcal{U}(\boldsymbol{a}, \boldsymbol{b})$ となる．また，上の議論を逆にたどることにより，任意の $\boldsymbol{P} \in \mathcal{U}(\boldsymbol{a}, \boldsymbol{b})$ に対して

$$\boldsymbol{x}_e = \begin{cases} \boldsymbol{a}_i & (e = (s, v_i) \in E_1) \\ \boldsymbol{P}_{ij} & (e = (v_i, u_j) \in E_2) \\ \boldsymbol{b}_j & (e = (u_j, t) \in E_3) \end{cases} \tag{2.145}$$

と定めれば，$\boldsymbol{x}$ は最小費用流問題の実行可能解となることが分かる．すなわち，$\boldsymbol{P}$ と $\boldsymbol{x}$ は一対一に対応する．また，$e \notin E_2$ について $c(e) = 0$ であるので，

$$\sum_{e \in E} c(e)\boldsymbol{x}_e = \sum_{i=1}^{n}\sum_{j=1}^{m} \boldsymbol{C}_{ij}\boldsymbol{P}_{ij} \tag{2.146}$$

となり，目的関数値も両者で一致する．ゆえに，$\boldsymbol{x}$ が最小費用流問題の最適解であるときかつそのときのみ $\boldsymbol{P}$ が最適輸送問題の最適解となる．□

以上より，最適輸送問題は最小費用流問題に変換して最小費用流ソルバーに入力することで解くことができます．最小費用流問題は Orlin のアルゴリズムを用いると最悪ケースでも $O((|E|+|V|\log|V|)|V|\log|V|)$ 時間で解くことができる[56]ので，最適輸送問題は最悪ケースでも $O(nm(n+m)\log(n+m))$ 時間で解けることが保証されます．すなわち，最適輸送は入力サイズの三乗に対数がかかる時間で解くことができるということです．

2.5.3　最小費用流問題から最適輸送問題への帰着

容量関数 w の値が有限である最小費用流問題の任意の入力例 $G = (V, E), s, t, w, c, f$ を任意にとります．容量関数 w の値と流量 f を $\sum_{e \in E} w(e)$ で割ることで，一般性を失うことなく $\sum_{e \in E} w(e) = 1$ と仮定します．また，グラフ G のノード数を n，辺数を m とし，

$$V = [n] \tag{2.147}$$

$$E = \{e_1 = (u_1, v_1), e_2 = (u_2, v_2), \ldots, e_m = (u_m, v_m)\} \tag{2.148}$$

と表します．このとき，$\boldsymbol{a} \in \Sigma_m, \boldsymbol{b} \in \Sigma_n, \boldsymbol{C} \in \mathbb{R}^{m \times n}$ を用いて，以下の最適輸送問題を定義します（図 2.18）．

$$\boldsymbol{a}_i = w(e_i) \quad (i \in [m]) \tag{2.149}$$

$$\boldsymbol{b}_j = \begin{cases} \sum_{e \in \delta^+(j)} w(e) & (j \neq s, j \neq t) \\ -f + \sum_{e \in \delta^+(j)} w(e) & j = s \\ f + \sum_{e \in \delta^+(j)} w(e) & j = t \end{cases} \tag{2.150}$$

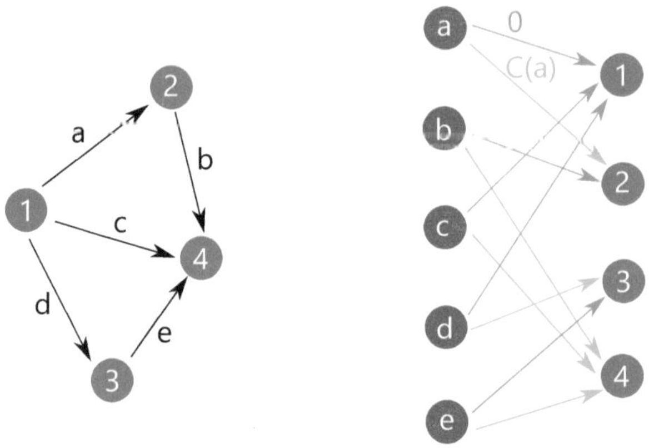

図 2.18 最小費用流問題に対応する最適輸送問題の例．左：最小費用流問題の入力．右：対応する最適輸送問題．エッジが存在しない組は輸送コストが無限大，灰色のエッジはコストが 0，緑のエッジはコストが $C(e)$ であることを表す．

$$
\boldsymbol{C}_{ij} = \begin{cases} \infty & (u_i \neq j, v_i \neq j) \\ 0 & (u_i = j) \\ c(e_i) & (v_i = j) \end{cases} \tag{2.151}
$$

輸送元 $\boldsymbol{a}_i$ がエッジ，輸送先 $\boldsymbol{b}_j$ がノードに対応します．$e_i = (u_i, v_i)$ に対応する輸送元については，u_i, v_i 以外へのコストは無限大であるので，実質輸送先は u_i, v_i に限られます．v_i に輸送される質量が，元の問題においてエッジ e_i を流れる水量に対応します．この最適輸送問題の実行可能解 $\boldsymbol{P}$ について，

$$
\boldsymbol{x}_{e_i} = \boldsymbol{P}_{i,v_i} \tag{2.152}
$$

とおけば，目的関数値が同じ最小費用流の実行可能解が得られます．逆に，最小費用流の実行可能解 $\boldsymbol{x}$ について，

$$
\boldsymbol{P}_{ij} = \begin{cases} 0 & (u_i \neq j, v_i \neq j) \\ w(e_i) - \boldsymbol{x}_{e_i} & (u_i = j) \\ \boldsymbol{x}_{e_i} & (v_i = j) \end{cases} \tag{2.153}
$$

とおけば，目的関数値が同じ最適輸送問題の実行可能解が得られます．つまり，$\boldsymbol{P}$ と $\boldsymbol{x}$ は一対一に対応し，一方が最適解であればもう一方も最適解であるということです．これにより，もし最適輸送問題についての高速なソルバーが開発できれば，以上のプロセスで最小費用流問題を最適輸送問題に変換すれば最小費用流問題を高速に解くことができます．

最小費用流問題および関連するネットワークフロー問題のさらなる詳細については，文献[2,78,81]などを参照してください．

Chapter 3

エントロピー正則化とシンクホーンアルゴリズム

前章では，最適輸送問題を線形計画として定式化しました．しかし，この定式化にはいくつか短所があります．第一の問題点は，線形計画ソルバーの多くはブラックボックスであり，計算時間の見積もりが難しく，他の手法と柔軟に組み合わせることも難しいことです．第二の問題点は，計算量が大きいことです．最適輸送問題の計算量は最悪ケースで入力サイズに対しておよそ三乗に比例した計算時間がかかり，入力サイズが大きくなると計算時間が飛躍的に大きくなってしまいます．第三の問題点は，$\mathrm{OT}(\boldsymbol{a}, \boldsymbol{b}, \boldsymbol{C})$ が $\boldsymbol{a}, \boldsymbol{b}, \boldsymbol{C}$ について滑らかでないことです．最適輸送コストはモデルの損失関数としても頻繁に利用され，このとき損失の勾配が計算できることが要請されます．第四の問題点は，線形計画や最小費用流ソルバーの多くは GPU 計算に対応していないことです．最適輸送コストをニューラルネットワークの損失関数として用いるとき，計算は GPU 上で行われることが多いので，損失の計算も GPU 上でできた方がよいでしょう．

本章では，これらの問題点を解決する方法として，エントロピー正則化とシンクホーンアルゴリズムを紹介します．エントロピー正則化により，最適値が問題のパラメータについて微分可能になるほか，最適輸送問題の最適化が解きやすくなり，シンクホーンアルゴリズムというシンプル・高速・GPU 計算可能な解法が利用できるようになります．

3.1 エントロピー正則化つき最適輸送問題

本節ではエントロピー正則化つき最適輸送問題を定義し，その特性，利点，解釈について議論します．

3.1.1 エントロピー正則化つき最適輸送問題の定義

問題 3.1（エントロピー正則化つき最適輸送問題）

$$
\begin{aligned}
\underset{\boldsymbol{P}\in\mathbb{R}^{n\times m}}{\text{minimize}} \quad & \sum_{i=1}^{n}\sum_{j=1}^{m}\boldsymbol{C}_{ij}\boldsymbol{P}_{ij} - \varepsilon H(\boldsymbol{P}) \\
\text{subject to} \quad & \boldsymbol{P}_{ij} \geq 0 \qquad (\forall i \in [n], \forall j \in [m]) \\
& \sum_{j=1}^{m}\boldsymbol{P}_{ij} = \boldsymbol{a}_i \qquad (\forall i \in [n]) \\
& \sum_{i=1}^{n}\boldsymbol{P}_{ij} = \boldsymbol{b}_j \qquad (\forall j \in [m])
\end{aligned}
\tag{3.1}
$$

行列 $\boldsymbol{P} \in \mathbb{R}_{\geq 0}^{n\times m}$ について，エントロピー関数を

$$
H(\boldsymbol{P}) \stackrel{\text{def}}{=} -\sum_{i=1}^{n}\sum_{j=1}^{m}\boldsymbol{P}_{ij}\left((\log \boldsymbol{P}_{ij}) - 1\right) \tag{3.2}
$$

と定義します．ただし，$0 \log 0 = 0$ であると定義します．

例 3.1 （一様輸送行列のエントロピー）

$\boldsymbol{P}^{\text{unif}}$ を一様輸送行列

$$
\boldsymbol{P}^{\text{unif}} \stackrel{\text{def}}{=} \begin{pmatrix} \frac{1}{nm} & \cdots & \frac{1}{nm} \\ \vdots & \cdots & \vdots \\ \frac{1}{nm} & \cdots & \frac{1}{nm} \end{pmatrix} \tag{3.3}
$$

とすると，そのエントロピーは

$$H(\boldsymbol{P}^{\mathrm{unif}}) = -\sum_{i=1}^{n}\sum_{j=1}^{m}\frac{1}{nm}\left(\log\frac{1}{nm} - 1\right) = 1 + \log(nm) \tag{3.4}$$

となります．

本節では，エントロピー項を最適輸送の目的関数に加えた問題 3.1 を考えます．ここで，$\varepsilon > 0$ は正則化の強さを表すハイパーパラメータです．この問題の目的関数を $L_P(\boldsymbol{P}) \stackrel{\mathrm{def}}{=} \langle \boldsymbol{C}, \boldsymbol{P}\rangle - \varepsilon H(\boldsymbol{P})$，最適値を $\mathrm{OT}_\varepsilon(\boldsymbol{a}, \boldsymbol{b}, \boldsymbol{C})$ と表すことにします．$\varepsilon = 0$ のとき元の最適輸送問題と一致し，$\varepsilon > 0$ のときには元の最適輸送問題と比べてエントロピーが大きい輸送行列が選ばれるようになります．

2.1.1 節では輸送行列を $\boldsymbol{a}$ と $\boldsymbol{b}$ の同時分布と解釈できることを紹介しました．最も情報量のない同時分布といえば独立な同時分布

$$\tilde{\boldsymbol{P}}_{ij} \stackrel{\mathrm{def}}{=} \boldsymbol{a}_i \boldsymbol{b}_j \tag{3.5}$$

が考えられるでしょう．$\tilde{\boldsymbol{P}}$ は明らかに $\boldsymbol{a}$ と $\boldsymbol{b}$ を周辺分布として持つ同時分布を表しており，$\tilde{\boldsymbol{P}} \in \mathcal{U}(\boldsymbol{a}, \boldsymbol{b})$ です．ここで，輸送行列 $\boldsymbol{P} \in \mathbb{R}^{n\times m}$ と $\tilde{\boldsymbol{P}}$ をそれぞれ $n \times m$ 成分の離散分布のパラメータとみなして KL ダイバージェンスを計算すると，

$$\begin{aligned}
\mathrm{KL}(\boldsymbol{P} \parallel \tilde{\boldsymbol{P}}) &= \sum_{ij}\left(\boldsymbol{P}_{ij}\log\frac{\boldsymbol{P}_{ij}}{\tilde{\boldsymbol{P}}_{ij}} - \boldsymbol{P}_{ij} + \tilde{\boldsymbol{P}}_{ij}\right) \\
&= \sum_{ij}\boldsymbol{P}_{ij}\log\boldsymbol{P}_{ij} - \sum_{ij}\boldsymbol{P}_{ij}\log\tilde{\boldsymbol{P}}_{ij} \\
&= \sum_{ij}\boldsymbol{P}_{ij}\log\boldsymbol{P}_{ij} - \sum_{ij}\boldsymbol{P}_{ij}\log(\boldsymbol{a}_i\boldsymbol{b}_j) \\
&= \sum_{ij}\boldsymbol{P}_{ij}\log\boldsymbol{P}_{ij} - \sum_{ij}\boldsymbol{P}_{ij}\log\boldsymbol{a}_i - \sum_{ij}\boldsymbol{P}_{ij}\log\boldsymbol{b}_j \\
&= \sum_{ij}\boldsymbol{P}_{ij}\log\boldsymbol{P}_{ij} - \sum_{i}\boldsymbol{a}_i\log\boldsymbol{a}_i - \sum_{j}\boldsymbol{b}_j\log\boldsymbol{b}_j \\
&= -H(\boldsymbol{P}) + \mathrm{const.}
\end{aligned} \tag{3.6}$$

となります．ここで const. は決定変数 $\boldsymbol{P}$ に対して定数であることを意味します．以上より，エントロピー正則化つき問題（問題 3.1）は目的関数を

$$\sum_{i=1}^{n}\sum_{j=1}^{m}\boldsymbol{P}_{ij}\boldsymbol{C}_{ij} + \varepsilon\mathrm{KL}(\boldsymbol{P} \parallel \tilde{\boldsymbol{P}}) \tag{3.7}$$

と置き換えても等価となります．ゆえに，エントロピー正則化つき問題は，独立な輸送行列 $\tilde{\boldsymbol{P}}$ に近づくよう正則化していると解釈できます．また，$\mathrm{KL}(\boldsymbol{P} \parallel \tilde{\boldsymbol{P}})$ は $\boldsymbol{P} = \tilde{\boldsymbol{P}}$ であるときかつそのときのみ 0 であるので，$\varepsilon \to \infty$ の極限でエントロピー正則化つき問題（問題 3.1）の最適解は $\boldsymbol{P}^* \to \tilde{\boldsymbol{P}}$ となります．有限の $\varepsilon > 0$ においては，線形計画による最適輸送行列と独立な輸送行列の間を内挿していると解釈できます．

例 3.2 （エントロピー正則化つき最適輸送問題の数値例）

2.1.1 節で用いた例（図 2.1）

$$\boldsymbol{x}^{(1)} = \begin{pmatrix} 2.2 \\ 2.1 \end{pmatrix},\ \boldsymbol{x}^{(2)} = \begin{pmatrix} 3.2 \\ 5.3 \end{pmatrix},\ \boldsymbol{x}^{(3)} = \begin{pmatrix} 4.5 \\ 4.4 \end{pmatrix},\ \boldsymbol{x}^{(4)} = \begin{pmatrix} 3.1 \\ 3.8 \end{pmatrix} \tag{3.8}$$

$$\boldsymbol{y}^{(1)} = \begin{pmatrix} 4.8 \\ 1.9 \end{pmatrix},\ \boldsymbol{y}^{(2)} = \begin{pmatrix} 4.1 \\ 3.3 \end{pmatrix},\ \boldsymbol{y}^{(3)} = \begin{pmatrix} 2.0 \\ 5.5 \end{pmatrix},\ \boldsymbol{y}^{(4)} = \begin{pmatrix} 3.4 \\ 2.5 \end{pmatrix} \tag{3.9}$$

$$C(\boldsymbol{x}, \boldsymbol{y}) = \|\boldsymbol{x} - \boldsymbol{y}\|_2^2 \tag{3.10}$$

$$\alpha = \frac{1}{4}\sum_{i=1}^{4}\delta_{\boldsymbol{x}^{(i)}} \tag{3.11}$$

$$\beta = \frac{1}{4}\sum_{j=1}^{4}\delta_{\boldsymbol{y}^{(j)}} \tag{3.12}$$

をエントロピー正則化つき最適輸送に用います．図 3.1 に種々の正則化係数を用いた場合の最適輸送行列を示します．$\varepsilon = 0$ の場合は最適輸送行列は疎になりますが，正則化係数 ε を大きくするにつれて一様輸送行列に近い行列となっていく様子が見てとれます．これは，エントロピー正則化つき問題が独立な輸送行列 $\tilde{\boldsymbol{P}}$ に向かって正則化していることからも理解できます．

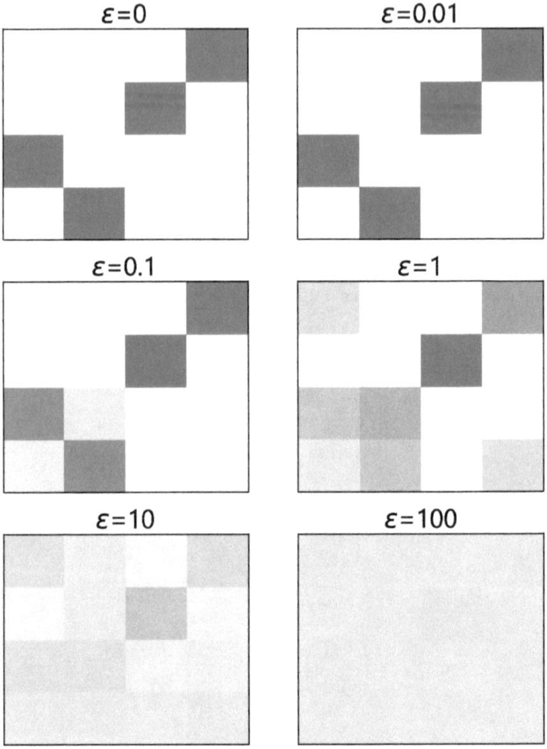

図 3.1 エントロピー正則化を用いた場合の最適解の図示．各ピクセルは行列の成分を表す．値がゼロのとき白で表し，値が大きいほど濃い青で表示している．通常の最適輸送 $\varepsilon = 0$ の場合は 2.4 節で述べたように最適輸送行列は疎になるが，正則化係数を大きくするにつれて一様に近い行列が選ばれるようになる．

正則化係数 ε の大きさを変えたときの目的関数値の変化のイメージを図 3.2 に示します．エントロピー正則化が強いほど，最適化領域の中央の値が優遇され，最適解が頂点から離れていくようになっています．

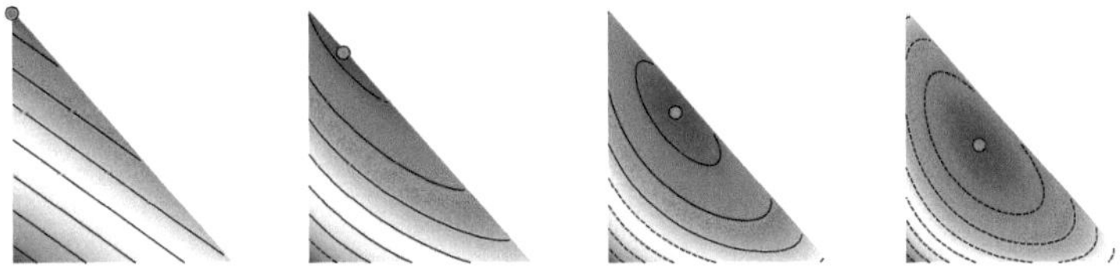

図 3.2 エントロピー正則化を用いた場合の目的関数の図示．三角形は決定変数 $\boldsymbol{P}$ が動く領域を表し，色は目的関数値を表す．赤丸は目的関数が最小となる最適解である．本来 $\boldsymbol{P}$ は高次元であるが，図示のため平面に描写しており，あくまで理解のための図解であることに注意する．最左：エントロピー正則化がない場合，目的関数は線形となり，最適解は頂点に存在する．このとき最適解は疎になる．右 ($\varepsilon = 2,\ 5,\ 10$)：エントロピー正則化が強まるに従い，エントロピーが大きい輸送行列が優遇され，最適解が徐々に中央によっていく．このとき最適解は密になる．[58, Figure 4.1] を参考に作成．

3.1.2 エントロピー正則化の利点

エントロピー正則化を加えた問題 3.1 の目的関数の第一項が $\boldsymbol{P}$ について線形，第二項のエントロピー関数が $\boldsymbol{P}$ について強凹関数なので，これらの差である目的関数は強凸関数になります．また，制約条件は線形関数のみなので，実行可能領域は凸集合になります．問題 3.1 のように，目的関数が凸関数で，実行可能領域が凸集合である最適化問題を凸計画といい，凸計画に対する効率的なアルゴリズムが多く知られています [15]．特に，目的関数の強凸性により，より強力な最適化アルゴリズムを適用できるのが，この定式化の利点です．この最適化を解くための単純かつ高速なアルゴリズムであるシンクホーンアルゴリズムを 3.2 節と 3.3 節で紹介します．3.3.3 節で見るようにシンクホーンアルゴリズムは GPU を用いた並列化を行うことができるほか，3.6.2 節で見るように，エントロピー正則化を加えた問題においては最適値 OT_ε が各種パラメータについて微分可能となります．

3.1.3 輸送多面体への射影としての解釈

$K(x,y) \stackrel{\mathrm{def}}{=} \exp(-C(x,y)/\varepsilon)$ をコスト C についてのギブスカーネルといいます．たとえば，$C(x,y) = \|x-y\|_2^2$ のとき K はガウスカーネルとなり，$C(x,y) = \|x-y\|_2$ のときラプラスカーネルとなり，ギブスカーネル

はさまざまなカーネル関数を一般化した形になっています[*1]. $\varepsilon \in \mathbb{R}$ はカーネルのスケーリングパラメータに相当します. 種々のカーネル関数と同様に $K\colon \mathcal{X} \times \mathcal{X} \to \mathbb{R}$ は二つの入力の類似度を出力すると解釈できます.

ギブスカーネル行列を $\boldsymbol{K} \in \mathbb{R}^{n\times m}, \boldsymbol{K}_{ij} \stackrel{\text{def}}{=} \exp(-\boldsymbol{C}_{ij}/\varepsilon)$ と定義します. $\boldsymbol{K}_{ij}$ の値が大きい組 (i,j) ほど類似度が高く, 輸送コストが低く, ゆえにその間に輸送を発生させたい組となります. $\boldsymbol{K}$ を輸送行列として用いればよい輸送プランとなるのではないかと考えられますが, 一般に $\boldsymbol{K} \in \mathcal{U}(\boldsymbol{a}, \boldsymbol{b})$ とは限りません. そこで, $\boldsymbol{K}$ と似た輸送行列を探す問題を考えます. 行列の類似度を KL ダイバージェンスで測ることにすると, これは

$$\min_{\boldsymbol{P}\in\mathcal{U}(\boldsymbol{a},\boldsymbol{b})} \mathrm{KL}(\boldsymbol{P} \,\|\, \boldsymbol{K}) \tag{3.13}$$

と書き表すことができます[*2]. この目的関数を変形すると,

$$\begin{aligned}
\mathrm{KL}(\boldsymbol{P} \,\|\, \boldsymbol{K}) &= \sum_{ij} \left(\boldsymbol{P}_{ij} \log \frac{\boldsymbol{P}_{ij}}{\boldsymbol{K}_{ij}} - \boldsymbol{P}_{ij} + \boldsymbol{K}_{ij} \right) \\
&= \sum_{ij} (\boldsymbol{P}_{ij} \log \boldsymbol{P}_{ij} - \boldsymbol{P}_{ij} \log \boldsymbol{K}_{ij} - \boldsymbol{P}_{ij} + \boldsymbol{K}_{ij}) \\
&= \sum_{ij} (\boldsymbol{P}_{ij} \log \boldsymbol{P}_{ij} - \boldsymbol{P}_{ij}(-\boldsymbol{C}_{ij}/\varepsilon) - \boldsymbol{P}_{ij} + \boldsymbol{K}_{ij}) \\
&= \frac{1}{\varepsilon}\langle \boldsymbol{C}, \boldsymbol{P} \rangle + \sum_{ij} \boldsymbol{P}_{ij}(\log \boldsymbol{P}_{ij} - 1) + \text{const.} \\
&= \frac{1}{\varepsilon}\left(\langle \boldsymbol{C}, \boldsymbol{P} \rangle - \varepsilon H(\boldsymbol{P}) \right) + \text{const.}
\end{aligned} \tag{3.14}$$

となり, これはエントロピー正則化つき最適輸送問題と等価です. つまり, エントロピー正則化つき最適輸送問題はギブスカーネル行列 $\boldsymbol{K}$ に KL ダイバージェンスの観点で最も近い輸送行列 $\boldsymbol{P} \in \mathcal{U}(\boldsymbol{a}, \boldsymbol{b})$ を見つける問題と解釈できます. 一般に, 集合 S の中で点 x に最も近い点のことを x の S への**射影** (projection) といいます [15, Section 8.1]. この用語を用いると,

---

*1 カーネル関数の厳密な定義については補足 6.1 を参照してください. ギブスカーネルはさまざまなカーネル関数を含んでいますが, C の設定次第ではカーネル関数の定義を満たさない場合もあります. 本章ではカーネル関数およびギブスカーネル関数は類似度を測る関数であるという程度の認識で問題ありません.

*2 $\boldsymbol{K}$ は確率ベクトルではありませんが, ここでは KL ダイバージェンスの定義域を総和が 1 でない場合に拡張しています.

エントロピー正則化つき最適輸送問題はギブスカーネル行列 $\boldsymbol{K}$ を輸送多面体 $\mathcal{U}(\boldsymbol{a}, \boldsymbol{b})$ に KL ダイバージェンスを用いて射影しているということができます．

3.2 対数領域シンクホーンアルゴリズム

シンクホーンアルゴリズムはエントロピー正則化つき問題（問題 3.1）を効率よく解くアルゴリズムです．

3.2.1 双対問題の導出

まず，エントロピー正則化つき問題の目的関数にラグランジュ乗数 $\boldsymbol{f} \in \mathbb{R}^n, \boldsymbol{g} \in \mathbb{R}^m$ を導入して，以下のラグランジュ緩和問題を考えます．すなわち，

$$L(\boldsymbol{P}, \boldsymbol{f}, \boldsymbol{g}) \stackrel{\text{def}}{=} \left(\sum_{i=1}^{n}\sum_{j=1}^{m} \boldsymbol{P}_{ij}\boldsymbol{C}_{ij}\right) - \varepsilon H(\boldsymbol{P}) + \sum_{i=1}^{n} \boldsymbol{f}_i \left(\boldsymbol{a}_i - \sum_{j=1}^{m} \boldsymbol{P}_{ij}\right) + \sum_{j=1}^{m} \boldsymbol{g}_j \left(\boldsymbol{b}_j - \sum_{i=1}^{n} \boldsymbol{P}_{ij}\right) \tag{3.15}$$

とし，

$$\underset{\boldsymbol{P} \in \mathbb{R}_{\geq 0}^{n \times m}}{\text{minimize}} \quad L(\boldsymbol{P}, \boldsymbol{f}, \boldsymbol{g}) \tag{3.16}$$

を考えます．ラグランジュ関数 L の $\boldsymbol{P}$ についての偏微分は

$$\frac{\partial L}{\partial \boldsymbol{P}_{ij}} = \boldsymbol{C}_{ij} + \varepsilon \log \boldsymbol{P}_{ij} - \boldsymbol{f}_i - \boldsymbol{g}_j \tag{3.17}$$

です．これをゼロとおくと，緩和問題の解は

$$\boldsymbol{P}^*_{ij} = \exp((\boldsymbol{f}_i + \boldsymbol{g}_j - \boldsymbol{C}_{ij})/\varepsilon) \tag{3.18}$$

と求まります．このときの目的関数値は

$$
\begin{aligned}
&L(\boldsymbol{P}^*, \boldsymbol{f}, \boldsymbol{g}) \\
&= \sum_{i=1}^{n}\sum_{j=1}^{m} \boldsymbol{P}^*_{ij}(\boldsymbol{C}_{ij} - \boldsymbol{f}_i - \boldsymbol{g}_j + \varepsilon(\log \boldsymbol{P}^*_{ij} - 1)) + \sum_{i=1}^{n} \boldsymbol{f}_i \boldsymbol{a}_i + \sum_{j=1}^{m} \boldsymbol{g}_j \boldsymbol{b}_j \\
&= \sum_{i=1}^{n} \boldsymbol{f}_i \boldsymbol{a}_i + \sum_{j=1}^{m} \boldsymbol{g}_j \boldsymbol{b}_j - \varepsilon \sum_{i=1}^{n}\sum_{j=1}^{m} \exp((\boldsymbol{f}_i + \boldsymbol{g}_j - \boldsymbol{C}_{ij})/\varepsilon) \qquad (3.19)
\end{aligned}
$$

となります．ただし，最後の等式には式 (3.17) が 0 であることと，式 (3.18) を用いました．よって，ラグランジュ双対問題は

問題 3.2（エントロピー正則化つき最適輸送問題の双対問題）

$$
\underset{\boldsymbol{f} \in \mathbb{R}^n, \boldsymbol{g} \in \mathbb{R}^m}{\text{maximize}} \sum_{i=1}^{n} \boldsymbol{f}_i \boldsymbol{a}_i + \sum_{j=1}^{m} \boldsymbol{g}_j \boldsymbol{b}_j - \varepsilon \sum_{i=1}^{n}\sum_{j=1}^{m} \exp((\boldsymbol{f}_i + \boldsymbol{g}_j - \boldsymbol{C}_{ij})/\varepsilon) \qquad (3.20)
$$

となります．一般に，凸計画問題においてすべての不等号が厳密に成り立つ実行可能解が存在するとき**スレーターの条件**が成り立つといい，このとき主問題と双対問題の最適値が一致する強双対性が成り立つことが知られています [15, Section 5.2.3]．エントロピー正則化つき最適輸送問題（問題 3.1）は凸計画であって，スレーターの条件を満たすので，強双対性が成り立ちます．すなわち，エントロピー正則化つき最適輸送問題（問題 3.1）とラグランジュ双対問題（問題 3.2）の最適値は一致します．ラグランジュ双対問題（問題 3.2）が解けると式 (3.18) よりただちに主問題の最適解も求まるため，以降しばらくは双対問題を解くことに集中します．

双対問題（問題 3.2）は制約なし最大化問題であって，目的関数が狭義凹なので，最適化の観点からは扱いやすい問題になります．

3.2.2 対数領域シンクホーンアルゴリズム

双対問題（問題 3.2）の目的関数を

$$L_D(\boldsymbol{f},\boldsymbol{g}) \stackrel{\text{def}}{=} \sum_{i=1}^{n} \boldsymbol{f}_i \boldsymbol{a}_i + \sum_{j=1}^{m} \boldsymbol{g}_j \boldsymbol{b}_j - \varepsilon \sum_{i=1}^{n} \sum_{j=1}^{m} \exp((\boldsymbol{f}_i + \boldsymbol{g}_j - \boldsymbol{C}_{ij})/\varepsilon) \tag{3.21}$$

とおくと，L_D の $\boldsymbol{f},\boldsymbol{g}$ についての勾配は

$$\frac{\partial L_D}{\partial \boldsymbol{f}_i} = \boldsymbol{a}_i - \sum_{j=1}^{m} \exp((\boldsymbol{f}_i + \boldsymbol{g}_j - \boldsymbol{C}_{ij})/\varepsilon) \tag{3.22}$$

$$\frac{\partial L_D}{\partial \boldsymbol{g}_j} = \boldsymbol{b}_j - \sum_{i=1}^{n} \exp((\boldsymbol{f}_i + \boldsymbol{g}_j - \boldsymbol{C}_{ij})/\varepsilon) \tag{3.23}$$

となります．注目すべきは，式 (3.22) には $\boldsymbol{f}_j$ $(j \neq i)$ が出現しないことです．すなわち，$\boldsymbol{g}$ を固定すると，最適な $\boldsymbol{f}$ は成分ごと独立に計算でき，そのときの値は，式 (3.22) を 0 とおくと，

$$\boldsymbol{f}^*(\boldsymbol{g})_i = \varepsilon \log \boldsymbol{a}_i - \varepsilon \log \sum_{j=1}^{m} \exp((\boldsymbol{g}_j - \boldsymbol{C}_{ij})/\varepsilon) \tag{3.24}$$

となります．$\boldsymbol{g}$ についても同様に，$\boldsymbol{f}$ を固定したときの最適な $\boldsymbol{g}$ は，

$$\boldsymbol{g}^*(\boldsymbol{f})_j = \varepsilon \log \boldsymbol{b}_j - \varepsilon \log \sum_{i=1}^{n} \exp((\boldsymbol{f}_i - \boldsymbol{C}_{ij})/\varepsilon) \tag{3.25}$$

となります．この式より，$\boldsymbol{f}$ を固定して $\boldsymbol{g}$ を最大化し，得られた $\boldsymbol{g}$ を固定して $\boldsymbol{f}$ を最大化することを繰り返すブロック座標上昇法が自然に導けます．これが**対数領域シンクホーンアルゴリズム**です．疑似コードをアルゴリズム 3.1 に示します．

アルゴリズム 3.1 対数領域シンクホーンアルゴリズム

入力: 確率ベクトル $\boldsymbol{a} \in \Sigma_n, \boldsymbol{b} \in \Sigma_m$,
コスト行列 $\boldsymbol{C} \in \mathbb{R}^{n \times m}$, 正則化係数 $\varepsilon > 0$

出力: 双対問題（問題 3.2）の解 $(\boldsymbol{f}, \boldsymbol{g})$

$\boldsymbol{f}^{(0)} \leftarrow \boldsymbol{0}_n$ // ゼロベクトルで初期化

$\boldsymbol{g}^{(0)} \leftarrow \boldsymbol{0}_m$

for $k = 1, 2, \ldots$ **do**

$$\boldsymbol{f}^{(k)} \leftarrow \varepsilon \log \boldsymbol{a} - \varepsilon \log \sum_{j=1}^{m} \exp(\boldsymbol{g}_j^{(k-1)}/\varepsilon) \exp(-\boldsymbol{C}_{:,j}/\varepsilon)$$

$$\boldsymbol{g}^{(k)} \leftarrow \varepsilon \log \boldsymbol{b} - \varepsilon \log \sum_{i=1}^{n} \exp(\boldsymbol{f}_i^{(k)}/\varepsilon) \exp(-\boldsymbol{C}_{i,:}/\varepsilon)$$

end

Return $(\boldsymbol{f}^{(k)}, \boldsymbol{g}^{(k)})$

ここで，$\boldsymbol{C}_{i,:}, \boldsymbol{C}_{:,j}$ はそれぞれ，行列 $\boldsymbol{C}$ の i 行目と j 列目を表すベクトルを示し，ベクトルに対する log 関数と exp 関数は成分ごとに適用するとします．また，1.5 節で述べたように，ここでは（またこれ以降でも），確率ベクトルの成分はすべて正であると暗黙的に仮定しています．成分が 0 である場合には，$\log 0$ の項が登場してしまうため，場合分けを行うか，微小量を加えて対処することになります．

対数領域シンクホーンアルゴリズムにより双対解が得られた後，主問題の解（輸送行列）を得たければ，式 (3.18) を用いて変換することになります．強双対性より，$(\boldsymbol{f}, \boldsymbol{g})$ が最適解であれば得られる輸送行列も主問題の最適解になります．ただし，$(\boldsymbol{f}, \boldsymbol{g})$ が最適解でなければ，式 (3.18) を用いて得られる $\boldsymbol{P}$ が実行可能解である保証すらありません．最適でない双対解についての実行可能な主解を得る方法については 3.4 節で議論します．

3.2.3 ソフトな C 変換としての解釈

双対変数の一方を固定するともう一方の最適値が定まる点や，ブロック座標上昇法による最適化は 2.3.10 節で導入した $\boldsymbol{C}$ 変換を思い出させます．事実，対数領域シンクホーンアルゴリズムはソフトな $\boldsymbol{C}$ 変換として解釈できます．

まず，log sum exp 関数*3 について以下の不等式が成り立ちます．

定理 3.3（log sum exp 関数と max 関数の関係）

任意の $x_1, \ldots, x_n \in \mathbb{R}$ について，

$$\max(x_1, \ldots, x_n) \le \log \sum_{i=1}^{n} \exp(x_i) \le \max(x_1, \ldots, x_n) + \log n \tag{3.26}$$

が成り立つ．

証明

$M = \max(x_1, \ldots, x_n)$ とおく．

$$\exp(M) \le \sum_{i=1}^{n} \exp(x_i) \le n \exp(M) \tag{3.27}$$

であり，各辺対数をとると所望の式が得られる． □

よって，log sum exp 関数はソフトな max 関数として解釈できます．この max 関数と log sum exp 関数の関係を用いると，ε が小さいときには，式 (3.24) の第二項は

$$\begin{aligned}
&- \varepsilon \log \sum_{j=1}^{m} \exp((\boldsymbol{g}_j - \boldsymbol{C}_{ij})/\varepsilon) \\
&\overset{(a)}{\approx} - \max_{j} \left(\boldsymbol{g}_j - \boldsymbol{C}_{ij}\right)
\end{aligned}$$

*3 $\mathrm{LSE}(x_1, \ldots, x_n) \overset{\mathrm{def}}{=} \log \sum_{i=1}^{n} \exp(x_i)$ を log sum exp 関数といいます．

$$
\begin{aligned}
&= \min_j \left(\boldsymbol{C}_{ij} - \boldsymbol{g}_j\right) \\
&= \boldsymbol{g}^{\boldsymbol{C}} \qquad (3.28)
\end{aligned}
$$

となり，ソフトな $\boldsymbol{C}$ 変換と見ることができます．(a) の $\approx$ は近似的に成り立つことを示す記号として使っており，具体的には定理 3.3 より

$$
\begin{aligned}
\max_j\{(\boldsymbol{g}_j - \boldsymbol{C}_{ij})/\varepsilon\} &\leq \log \sum_{j=1}^{m} \exp((\boldsymbol{g}_j - \boldsymbol{C}_{ij})/\varepsilon) \\
&\leq \max_j\{(\boldsymbol{g}_j - \boldsymbol{C}_{ij})/\varepsilon\} + \log n \qquad (3.29)
\end{aligned}
$$

となり，辺々に ε をかけると，

$$
\begin{aligned}
\max_j \left(\boldsymbol{g}_j - \boldsymbol{C}_{ij}\right) &\leq \varepsilon \log \sum_{j=1}^{m} \exp((\boldsymbol{g}_j - \boldsymbol{C}_{ij})/\varepsilon) \\
&\leq \max_j \left(\boldsymbol{g}_j - \boldsymbol{C}_{ij}\right) + \varepsilon \log n \qquad (3.30)
\end{aligned}
$$

となることを用いました．$\varepsilon \to 0$ の極限では式 (3.24) の第一項は 0 に収束することと，式 (3.30) より (a) の $\approx$ が厳密になることから，$\boldsymbol{f}^*(\boldsymbol{g}) \to \boldsymbol{g}^{\boldsymbol{C}}$ となることが分かります．線形計画の定式化における，$\boldsymbol{C}$ 変換による交互最適化は最適解に収束することはありませんでしたが，正の $\varepsilon > 0$ における対数領域シンクホーンアルゴリズムは最適化問題の滑らかさ，特に制約が存在しないことにより最適解に収束する点が大きな違いです．

3.3 シンクホーンアルゴリズム

3.3.1 シンクホーンアルゴリズムの導出

3.2.2 節では対数領域シンクホーンアルゴリズムを導出しました．本節では，変数変換により，さらにシンプルなアルゴリズムを導出します．通常シンクホーンアルゴリズムというと本節で導出する指数領域でのシンクホーンアルゴリズムのことを指します．

式 (3.24) と式 (3.25) には log や exp 関数が多く登場します．そこで，決定変数を $\boldsymbol{u} \stackrel{\text{def}}{=} \exp(\boldsymbol{f}/\varepsilon), \boldsymbol{v} \stackrel{\text{def}}{=} \exp(\boldsymbol{g}/\varepsilon)$ と変数変換することで，これらの式は

$$\boldsymbol{u}^*(\boldsymbol{v})_i = \frac{\boldsymbol{a}_i}{\sum_{j=1}^{m} \boldsymbol{v}_j \exp(-\boldsymbol{C}_{ij}/\varepsilon)} \tag{3.31}$$

$$\boldsymbol{v}^*(\boldsymbol{u})_j = \frac{\boldsymbol{b}_j}{\sum_{i=1}^{n} \boldsymbol{u}_i \exp(-\boldsymbol{C}_{ij}/\varepsilon)} \tag{3.32}$$

とより簡潔に表せます．また，ギブスカーネル $\boldsymbol{K}_{ij} = \exp(-\boldsymbol{C}_{ij}/\varepsilon)$ を用いると，式 (3.31) と (3.32) はさらに簡潔に

$$\boldsymbol{u}^*(\boldsymbol{v}) = \frac{\boldsymbol{a}}{\boldsymbol{K}\boldsymbol{v}} \tag{3.33}$$

$$\boldsymbol{v}^*(\boldsymbol{u}) = \frac{\boldsymbol{b}}{\boldsymbol{K}^\top \boldsymbol{u}} \tag{3.34}$$

と表すことができます．ただし，ベクトルの割り算 $\frac{\circ}{\circ}$ は成分ごとの割り算とします．式 (3.33), (3.34) を用いた交互最適化がアルゴリズム 3.2 により示される**シンクホーンアルゴリズム**です．このアルゴリズムは Cuturi[20] により機械学習コミュニティに導入され，活発に利用・研究されています．

アルゴリズム 3.2　シンクホーンアルゴリズム

入力：確率ベクトル $\boldsymbol{a} \in \Sigma_n, \boldsymbol{b} \in \Sigma_m$,
　　　コスト行列 $\boldsymbol{C} \in \mathbb{R}^{n \times m}$, 正則化係数 $\varepsilon > 0$
出力：双対問題（問題 3.2）の解 $(\boldsymbol{f}, \boldsymbol{g})$

$\boldsymbol{K} \leftarrow \exp(-\boldsymbol{C}/\varepsilon)$　　// 指数関数は成分ごとに適用
$\boldsymbol{u}^{(0)} \leftarrow \mathbb{1}_n$
$\boldsymbol{v}^{(0)} \leftarrow \frac{1}{\|\boldsymbol{K}\|_1}\mathbb{1}_m$　　// $\|\boldsymbol{K}\|_1$ は成分の絶対値の総和
for $k = 1, 2, \ldots$ **do**
　$\boldsymbol{u}^{(k)} \leftarrow \frac{\boldsymbol{a}}{\boldsymbol{K}\boldsymbol{v}^{(k-1)}}$
　$\boldsymbol{v}^{(k)} \leftarrow \frac{\boldsymbol{b}}{\boldsymbol{K}^\top \boldsymbol{u}^{(k)}}$
end
Return $(\varepsilon \log \boldsymbol{u}^{(k)}, \varepsilon \log \boldsymbol{v}^{(k)})$

初期ベクトルを $\frac{1}{\|\boldsymbol{K}\|_1}\mathbb{1}_m$ としているのは後の理論解析のためであり，実

用上は $\boldsymbol{v}^{(0)} \leftarrow \mathbb{1}_m$ などと適当に初期化することも多いです．$\boldsymbol{f}$ と $\boldsymbol{u}$ は一対一に対応し，$\boldsymbol{g}$ と $\boldsymbol{v}$ は一対一に対応するのでシンクホーンアルゴリズムは対数領域版と動作は同じとなります．また，指数領域において最適解 $(\boldsymbol{u}^*, \boldsymbol{v}^*)$ が求まると，変数変換を逆に行い，対数領域における最適解 $(\boldsymbol{f}^*, \boldsymbol{g}^*) = (\varepsilon \log \boldsymbol{u}^*, \varepsilon \log \boldsymbol{v}^*)$ を得ることができます．式 (3.18) よりここからさらに主問題の最適解も得ることができます．ただし，完全に収束するまでは式 (3.18) による変換によって必ずしも実行可能解が得られるとは限らない点は対数領域の場合と同じく注意が必要です．

シンクホーンアルゴリズムの強みの一つが，非常にシンプルなことです．アルゴリズムが行列積と割り算だけから構成されるので，他の手法に組み込むことも容易です．1 回の最適化反復が $O(nm)$ 時間と高速なことも強みの一つです．また，3.3.3 節で見るように GPU による並列計算も容易です．

指数領域の場合の注意点としては，数学的には対数領域版と動作がまったく同じですが，値が指数的に大きく・小さくなる場合があり，そのような場合には計算機上では数値的に不安定になる場合があることです．そのような場合，正則化係数を大きくとるなどの対処が必要となります．安定な大きさの ε における結果に満足がいかない場合は，ε を小さくして対数領域でのシンクホーンアルゴリズムを数値安定な log sum exp 関数とともに用いるか，ε の大きさはそのままに 3.7 節で述べるシンクホーンダイバージェンスを用いるとよいでしょう．

3.3.2 行列スケーリングとしての解釈

上述の指数領域でのシンクホーンアルゴリズムは**行列スケーリング** (matrix scaling) と呼ばれる問題と深い関係があります．

まずは行列スケーリングについて説明します．行列スケーリング問題の入力はすべての成分が正である行列 $\boldsymbol{A} \in \mathbb{R}_+^{n \times m}$ および，すべての成分が正である二つのベクトル $\boldsymbol{a} \in \mathbb{R}_+^n, \boldsymbol{b} \in \mathbb{R}_+^m$ です．行列スケーリング問題の目的は，すべての成分が正である二つのベクトル $\boldsymbol{x} \in \mathbb{R}_+^n, \boldsymbol{y} \in \mathbb{R}_+^m$ であって，

$$\mathrm{Diag}(\boldsymbol{x}) \boldsymbol{A} \mathrm{Diag}(\boldsymbol{y}) \mathbb{1}_m = \boldsymbol{a} \tag{3.35}$$

$$\mathbb{1}_n^\top \mathrm{Diag}(\boldsymbol{x}) \boldsymbol{A} \mathrm{Diag}(\boldsymbol{y}) = \boldsymbol{b}^\top \tag{3.36}$$

が成り立つものを探すことです．すなわち，$\boldsymbol{A}$ の各行・列を定数倍することによって，行和・列和を $\boldsymbol{a}, \boldsymbol{b}$ に揃えるということです．この問題は，しばしば一般化行列スケーリング問題とも呼ばれ，単に行列スケーリング問題というと入力を $\boldsymbol{a} = \boldsymbol{b} = \mathbb{1}_n$ に限った問題を指す場合もあることに注意してください．本書では一般の場合を単に行列スケーリング問題ということにします．

この問題を解く一般的な手法がシンクホーンアルゴリズムです．シンクホーンアルゴリズムは式 (3.35) が満たされるように

$$\boldsymbol{x} \leftarrow \frac{\boldsymbol{a}}{\boldsymbol{A}\boldsymbol{y}} \tag{3.37}$$

と $\boldsymbol{x}$ を更新するステップと，式 (3.36) が満たされるように

$$\boldsymbol{y} \leftarrow \frac{\boldsymbol{b}}{\boldsymbol{A}^\top \boldsymbol{x}} \tag{3.38}$$

と $\boldsymbol{y}$ を更新するステップを交互に繰り返します．シンクホーンアルゴリズムの疑似コードをアルゴリズム 3.3 に示します．

アルゴリズム 3.3 行列スケーリングのためのシンクホーンアルゴリズム

入力：正ベクトル $\boldsymbol{a} \in \mathbb{R}^n_+, \boldsymbol{b} \in \mathbb{R}^m_+$, 正行列 $\boldsymbol{A} \in \mathbb{R}^{n \times m}_+$
出力：式 (3.35) と式 (3.36) をともに満たすベクトル $(\boldsymbol{x}, \boldsymbol{y})$

$\boldsymbol{x}^{(0)} \leftarrow \mathbb{1}_n$
$\boldsymbol{y}^{(0)} \leftarrow \frac{1}{\|\boldsymbol{A}\|_1} \mathbb{1}_m$　　// $\|\boldsymbol{A}\|_1$ は成分の絶対値の総和
for $k = 1, 2, \ldots$ **do**
　$\boldsymbol{x}^{(k)} \leftarrow \frac{\boldsymbol{a}}{\boldsymbol{A}\boldsymbol{y}^{(k-1)}}$
　$\boldsymbol{y}^{(k)} \leftarrow \frac{\boldsymbol{b}}{\boldsymbol{A}^\top \boldsymbol{x}^{(k)}}$
end
Return $(\boldsymbol{x}^{(k)}, \boldsymbol{y}^{(k)})$

エントロピー正則化つき最適輸送問題を解くアルゴリズムと同一の名前で

あり，アルゴリズムも類似していますが，対応関係は以下の定理より明らかになります．

定理 3.4（行列スケーリングとの等価性）

$\boldsymbol{K} \in \mathbb{R}^{n\times m}$ をギブスカーネル行列とする．行列 $\boldsymbol{P} \in \mathbb{R}_+^{n\times m}$ は，

$$\boldsymbol{P} = \mathrm{Diag}(\boldsymbol{x})\boldsymbol{K}\mathrm{Diag}(\boldsymbol{y}) \tag{3.39}$$

$$\mathrm{Diag}(\boldsymbol{x})\boldsymbol{K}\mathrm{Diag}(\boldsymbol{y})\mathbb{1}_m = \boldsymbol{a} \tag{3.40}$$

$$\mathbb{1}_n^\top \mathrm{Diag}(\boldsymbol{x})\boldsymbol{K}\mathrm{Diag}(\boldsymbol{y}) = \boldsymbol{b}^\top \tag{3.41}$$

となる $\boldsymbol{x} \in \mathbb{R}_+^n, \boldsymbol{y} \in \mathbb{R}_+^m$ が存在するときかつそのときのみ，エントロピー正則化つき最適輸送問題の最適解となる．

証明

必要条件 $\Rightarrow$：$\boldsymbol{x} \in \mathbb{R}_+^n, \boldsymbol{y} \in \mathbb{R}_+^m$ について $\boldsymbol{P} = \mathrm{Diag}(\boldsymbol{x})\boldsymbol{K}\mathrm{Diag}(\boldsymbol{y}) \in \mathcal{U}(\boldsymbol{a}, \boldsymbol{b})$ とする．$\boldsymbol{f} = \varepsilon \log \boldsymbol{x}, \boldsymbol{g} = \varepsilon \log \boldsymbol{y}$ とおく．ただし，対数関数は成分ごとに適用する．このとき，$\boldsymbol{P}_{ij} = \exp((\boldsymbol{f}_i + \boldsymbol{g}_j - \boldsymbol{C}_{ij})/\varepsilon)$ となり，式 (3.17) より，エントロピー正則化つき最適輸送問題のラグランジュ関数 L について，

$$\frac{\partial L(\boldsymbol{P}, \boldsymbol{f}, \boldsymbol{g})}{\partial \boldsymbol{P}_{ij}} = 0 \tag{3.42}$$

となる．$\boldsymbol{P} \in \mathcal{U}(\boldsymbol{a}, \boldsymbol{b})$ より実行可能であるので，$(\boldsymbol{P}, \boldsymbol{f}, \boldsymbol{g})$ は KKT 条件を満たし，最適解となる．

十分条件 $\Leftarrow$：$\boldsymbol{P}^*$ をエントロピー正則化つき最適輸送問題の最適解とする．KKT 条件より，ラグランジュ関数 L について，

$$\frac{\partial L(\boldsymbol{P}, \boldsymbol{f}, \boldsymbol{g})}{\partial \boldsymbol{P}_{ij}} = \boldsymbol{C}_{ij} + \varepsilon \log \boldsymbol{P}_{ij} - \boldsymbol{f}_i - \boldsymbol{g}_j = 0 \tag{3.43}$$

となる．ゆえに，

$$\boldsymbol{P}^*_{ij} = \exp((\boldsymbol{f}_i + \boldsymbol{g}_j - \boldsymbol{C}_{ij})/\varepsilon) \tag{3.44}$$

となる．$\boldsymbol{x} = \exp(\boldsymbol{f}/\varepsilon), \boldsymbol{y} = \exp(\boldsymbol{g}/\varepsilon)$ とおくと，$\boldsymbol{x} \in \mathbb{R}_+^n, \boldsymbol{y} \in \mathbb{R}_+^m$ であり，$\boldsymbol{P} = \mathrm{Diag}(\boldsymbol{x})\boldsymbol{K}\mathrm{Diag}(\boldsymbol{y})$ と表せる． □

以上の定理より，ギブスカーネル行列 $\boldsymbol{K}$ および $\boldsymbol{a}, \boldsymbol{b}$ に対する行列スケーリング問題を解き，$\boldsymbol{P} = \mathrm{Diag}(\boldsymbol{x})\boldsymbol{K}\mathrm{Diag}(\boldsymbol{y})$ を計算することでエントロピー正則化つき最適輸送問題を解くことができます．実際，ギブスカーネル行列 $\boldsymbol{K}$ の行列スケーリング問題にシンクホーンアルゴリズムを適用することは，エントロピー正則化つき最適輸送問題に対するシンクホーンアルゴリズムと同一となります．

歴史的には，シンクホーンの元々の研究は行列スケーリング問題についてであり，エントロピー正則化つき最適輸送問題に対する解法は後にシンクホーンの名前を借りた形になっています．

3.3.3 GPU を用いた高速化

エントロピー正則化つき最適輸送コスト OT_ε はニューラルネットワークの損失関数として用いられることも多いため，GPU で効率よく計算できることが求められます．シンクホーンアルゴリズムの反復式 (3.33), (3.34) はベクトル行列積とベクトルの割り算でのみ構成されるので，GPU 上で効率よく実装できます．

また，コスト行列を固定して複数のヒストグラム対について最適輸送コストを計算したい場面もしばしばあります．すなわち，$\boldsymbol{C}$ を固定し，入力 $(\boldsymbol{a}^{(1)}, \boldsymbol{b}^{(1)}), (\boldsymbol{a}^{(2)}, \boldsymbol{b}^{(2)}), \ldots, (\boldsymbol{a}^{(K)}, \boldsymbol{b}^{(K)})$ について，$\mathrm{OT}_\varepsilon(\boldsymbol{a}^{(1)}, \boldsymbol{b}^{(1)}, \boldsymbol{C}), \ldots, \mathrm{OT}_\varepsilon(\boldsymbol{a}^{(K)}, \boldsymbol{b}^{(K)}, \boldsymbol{C})$ を計算する場合です．たとえば，ラベル混同コスト行列を固定してバッチ内のラベル分布を一度に比較する場面が一例です．入力ヒストグラムを $\boldsymbol{A} = [\boldsymbol{a}^{(1)}, \ldots, \boldsymbol{a}^{(K)}] \in \mathbb{R}^{n \times K}, \boldsymbol{B} = [\boldsymbol{b}^{(1)}, \ldots, \boldsymbol{b}^{(K)}] \in \mathbb{R}^{m \times K}$，双対変数を並べた行列を $\boldsymbol{U} = [\boldsymbol{u}^{(1)}, \ldots, \boldsymbol{u}^{(K)}] \in \mathbb{R}^{n \times K}, \boldsymbol{V} = [\boldsymbol{v}^{(1)}, \ldots, \boldsymbol{v}^{(K)}] \in \mathbb{R}^{m \times K}$ とまとめて表記すると，シンクホーンアルゴリズムの反復は

$$\boldsymbol{U} \leftarrow \frac{\boldsymbol{A}}{\boldsymbol{K}\boldsymbol{V}} \tag{3.45}$$

$$V \leftarrow \frac{B}{K^\top U} \tag{3.46}$$

と表せます．ここで，行列の割り算 $\frac{\circ}{\circ}$ は成分ごとの割り算とします．これにより，複数の問題の最適化を並列化して GPU 上で計算でき，計算効率がさらに向上します．

3.3.4 高速な畳み込みによる高速化

コスト関数がユークリッド距離の二乗 $C(x, y) = \|x - y\|_2^2$ であり，入力点群 $\{x_1, \ldots, x_n\}$ がグリッド上に規則的に並んでいるとします．このとき，コスト関数の定義よりギブスカーネルはガウスカーネルとなり，シンクホーンアルゴリズムの反復における $\boldsymbol{Kv}$ はガウシアンフィルタの畳み込みとなります．よって，この行列ベクトル積は高速な畳み込みアルゴリズムにより高速化できます．この手法を規則的なグリッドから一般のメッシュに拡張し，ガウシアンカーネルの代わりに熱拡散カーネルを用いることで高速に計算を行う手法も提案されています [66]．

3.4 シンクホーンアルゴリズムにより得た近似解を主問題の解に変換する

シンクホーンアルゴリズムにより，双対問題の解と目的関数の値を得ることができますが，主問題の解，すなわち輸送行列を得たい場合もしばしばあります．無限回の反復の後，双対解は厳密解となり，式 (3.18) を用いて主問題の解を得ることができますが，現実的には反復は有限回で打ち止めることになるため，そのままでは主問題の解を得ることはできません．本節では，厳密解ではない双対解を式 (3.18) により変換した後に，輸送行列にうまく丸める方法 [3] を紹介します．疑似コードをアルゴリズム 3.4 に示します．

アルゴリズム 3.4 任意の正行列を輸送行列に丸める

入力：成分がすべて正である行列 $\boldsymbol{A} \in \mathbb{R}_+^{n \times m}$,
　　　確率ベクトル $\boldsymbol{a} \in \Sigma_n, \boldsymbol{b} \in \Sigma_m$
出力：輸送行列 $\boldsymbol{P} \in \mathcal{U}(\boldsymbol{a}, \boldsymbol{b})$

1 $\boldsymbol{x} \leftarrow \min(\mathbb{1}_n, \frac{\boldsymbol{a}}{\boldsymbol{A}\mathbb{1}_m})$
2 $\boldsymbol{A}' \leftarrow \mathrm{Diag}(\boldsymbol{x})\boldsymbol{A}$
3 $\boldsymbol{y} \leftarrow \min(\mathbb{1}_m, \frac{\boldsymbol{b}}{\boldsymbol{A}'^\top \mathbb{1}_n})$
4 $\boldsymbol{A}'' \leftarrow \boldsymbol{A}'\mathrm{Diag}(\boldsymbol{y})$
5 $\boldsymbol{\delta}_a = \boldsymbol{a} - \boldsymbol{A}''\mathbb{1}_m$
6 $\boldsymbol{\delta}_b = \boldsymbol{b} - \boldsymbol{A}''^\top \mathbb{1}_n$
7 $\boldsymbol{P} \leftarrow \boldsymbol{A}'' + \frac{\boldsymbol{\delta}_a \boldsymbol{\delta}_b^\top}{\|\boldsymbol{\delta}_a\|_1}$
8 **Return** $\boldsymbol{P}$

直観的には，1〜4 行目において，$\boldsymbol{A}$ の行和・列和と $\boldsymbol{a}, \boldsymbol{b}$ の比を各行・列とかけ合わせることで補正します．ただし，比が大きい箇所については誤差の増大を防ぐためにそのままとします．続いて 5〜7 行目において，残った違反分を加法的に修正します．このアルゴリズムの正当性は以下の定理により示されます．

定理 3.5（解の丸めによる誤差 [3]）

アルゴリズム 3.4 の出力 $\boldsymbol{P}$ は輸送多面体 $\mathcal{U}(\boldsymbol{a}, \boldsymbol{b})$ に含まれ，入力行列との誤差は

$$\|\boldsymbol{P} - \boldsymbol{A}\|_1 \leq 2\left(\|\boldsymbol{A}\mathbb{1}_m - \boldsymbol{a}\|_1 + \|\boldsymbol{A}^\top \mathbb{1}_n - \boldsymbol{b}\|_1\right) \tag{3.47}$$

となる．

証明

まず，$\boldsymbol{P} \in \mathcal{U}(\boldsymbol{a}, \boldsymbol{b})$ となることを示す．構成法より，$\boldsymbol{P}_{ij} \geq 0$ である．また，アルゴリズム 3.4 中の $\boldsymbol{\delta}_a, \boldsymbol{\delta}_b, \boldsymbol{A}''$ について，

$$\begin{aligned}
\|\boldsymbol{\delta}_a\|_1 &\overset{\text{(a)}}{=} \boldsymbol{\delta}_a^\top \mathbb{1}_n \\
&= \boldsymbol{a}^\top \mathbb{1}_n - \|\boldsymbol{A}''\|_1 \\
&= 1 - \|\boldsymbol{A}''\|_1 \\
&= \boldsymbol{b}^\top \mathbb{1}_n - \|\boldsymbol{A}''\|_1 \\
&= \boldsymbol{\delta}_b^\top \mathbb{1}_m \\
&\overset{\text{(b)}}{=} \|\boldsymbol{\delta}_b\|_1
\end{aligned} \tag{3.48}$$

であることを用いると，

$$\begin{aligned}
\boldsymbol{P}\mathbb{1}_m &= \boldsymbol{A}''\mathbb{1}_m + \frac{\boldsymbol{\delta}_a \boldsymbol{\delta}_b^\top \mathbb{1}_m}{\boldsymbol{\delta}_a^\top \mathbb{1}_n} \\
&= \boldsymbol{A}''\mathbb{1}_m + \boldsymbol{\delta}_a \\
&= \boldsymbol{A}''\mathbb{1}_m + \boldsymbol{a} - \boldsymbol{A}''\mathbb{1}_m \\
&= \boldsymbol{a},
\end{aligned} \tag{3.49}$$

$$\begin{aligned}
\boldsymbol{P}^\top\mathbb{1}_n &= \boldsymbol{A}''^\top\mathbb{1}_n + \frac{\boldsymbol{\delta}_b \boldsymbol{\delta}_a^\top \mathbb{1}_n}{\boldsymbol{\delta}_a^\top \mathbb{1}_n} \\
&= \boldsymbol{A}''^\top\mathbb{1}_n + \boldsymbol{\delta}_b \\
&= \boldsymbol{A}''^\top\mathbb{1}_n + \boldsymbol{b} - \boldsymbol{A}''^\top\mathbb{1}_n \\
&= \boldsymbol{b}
\end{aligned} \tag{3.50}$$

である．ここで，$\|\boldsymbol{A}\|_1$ は $\boldsymbol{A}$ をベクトルとして見たときの ℓ_1 ノルムであり，作用素ノルムではないことに注意する．(a) と (b) は $\boldsymbol{A}''$ の各成分は $\boldsymbol{A}$ よりも小さいため，定義式より $\boldsymbol{\delta}_a$ と $\boldsymbol{\delta}_b$ の各成分が非負であることより従う．ゆえに $\boldsymbol{P} \in \mathcal{U}(\boldsymbol{a}, \boldsymbol{b})$．次に，$\boldsymbol{P}$ と $\boldsymbol{A}$ の距離を上から抑える．まず，$\boldsymbol{A}$ から $\boldsymbol{A}''$ へは各成分が減少するのみ

であるので，$\|\boldsymbol{A}-\boldsymbol{A}''\|_1 = \|\boldsymbol{A}\|_1 - \|\boldsymbol{A}''\|_1$ である．また，$\boldsymbol{A}$ から $\boldsymbol{A}'$ へは，成分の総和が $\boldsymbol{a}$ を超えた行について総和が $\boldsymbol{a}$ となるようスケーリングされ，それ以外の行の成分は変化しない．同様に，$\boldsymbol{A}'$ から $\boldsymbol{A}''$ へは成分の総和が $\boldsymbol{b}$ を超えた列について総和が $\boldsymbol{b}$ となるようスケーリングされ，それ以外の列の成分は変化しない．よって，

$$\begin{aligned}\|\boldsymbol{A}\|_1 - \|\boldsymbol{A}''\|_1 &= (\|\boldsymbol{A}\|_1 - \|\boldsymbol{A}'\|_1) + (\|\boldsymbol{A}'\|_1 - \|\boldsymbol{A}''\|_1) \\ &= \sum_i \left(\sum_j \boldsymbol{A}_{ij} - \boldsymbol{a}_i\right)_+ + \sum_j \left(\sum_i \boldsymbol{A}'_{ij} - \boldsymbol{b}_j\right)_+ \end{aligned} \tag{3.51}$$

である．ここで，

$$(x)_+ = \begin{cases} x & (x \geq 0) \\ 0 & (x < 0) \end{cases} \tag{3.52}$$

である．$(x)_+ = \frac{1}{2}(|x| + x)$ と書けることに注意すると，

$$\begin{aligned}\sum_i \left(\sum_j \boldsymbol{A}_{ij} - \boldsymbol{a}_i\right)_+ &= \frac{1}{2}\left(\sum_i \left|\sum_j \boldsymbol{A}_{ij} - \boldsymbol{a}_i\right| + \sum_i \sum_j \boldsymbol{A}_{ij} - \boldsymbol{a}_i\right) \\ &= \frac{1}{2}\left(\|\boldsymbol{A}\mathbb{1}_m - \boldsymbol{a}\|_1 + \|\boldsymbol{A}\|_1 - 1\right) \end{aligned} \tag{3.53}$$

また，$\boldsymbol{A}$ は $\boldsymbol{A}'$ よりも各成分が大きいことを用いると，

$$\begin{aligned}\sum_j (\sum_i \boldsymbol{A}'_{ij} - \boldsymbol{b}_j)_+ &\leq \sum_j (\sum_i \boldsymbol{A}_{ij} - \boldsymbol{b}_j)_+ \\ &\leq \|\boldsymbol{A}^\top \mathbb{1}_n - \boldsymbol{b}\|_1 \end{aligned} \tag{3.54}$$

となる．これらを合わせると，

$$\|\boldsymbol{P} - \boldsymbol{A}\|_1 \overset{\text{(a)}}{\leq} \|\boldsymbol{A} - \boldsymbol{A}''\|_1 + \frac{\|\boldsymbol{\delta}_a \boldsymbol{\delta}_b^\top\|_1}{\boldsymbol{\delta}_a^\top \mathbb{1}_n}$$

$$
\begin{aligned}
&= \|\boldsymbol{A}\|_1 - \|\boldsymbol{A}''\|_1 + \frac{\|\boldsymbol{\delta}_a\boldsymbol{\delta}_b^\top\|_1}{\boldsymbol{\delta}_a^\top \mathbb{1}_n} \\
&= \|\boldsymbol{A}\|_1 - \|\boldsymbol{A}''\|_1 + \frac{\mathbb{1}_n^\top\boldsymbol{\delta}_a\boldsymbol{\delta}_b^\top\mathbb{1}_m}{\boldsymbol{\delta}_a^\top \mathbb{1}_n} \\
&= \|\boldsymbol{A}\|_1 - \|\boldsymbol{A}''\|_1 + \mathbb{1}_m^\top\boldsymbol{\delta}_b \\
&\overset{\text{(b)}}{=} \|\boldsymbol{A}\|_1 - \|\boldsymbol{A}''\|_1 + 1 - \|\boldsymbol{A}''\|_1 \\
&= 2(\|\boldsymbol{A}\|_1 - \|\boldsymbol{A}''\|_1) + 1 - \|\boldsymbol{A}\|_1 \\
&\overset{\text{(c)}}{\leq} (\|\boldsymbol{A}\mathbb{1}_m - \boldsymbol{a}\|_1 + \|\boldsymbol{A}\|_1 - 1) \\
&\quad + 2\|\boldsymbol{A}^\top\mathbb{1}_n - \boldsymbol{b}\|_1 + 1 - \|\boldsymbol{A}\|_1 \\
&= \|\boldsymbol{A}\mathbb{1}_m - \boldsymbol{a}\|_1 + 2\|\boldsymbol{A}^\top\mathbb{1}_n - \boldsymbol{b}\|_1 \\
&\leq 2(\|\boldsymbol{A}\mathbb{1}_m - \boldsymbol{a}\|_1 + \|\boldsymbol{A}^\top\mathbb{1}_n - \boldsymbol{b}\|_1)
\end{aligned} \tag{3.55}
$$

ただし，(a) はアルゴリズム 3.4 の 7 行目と三角不等式より，(b) は式 (3.48) より，(c) は式 (3.51)，(3.53)，(3.54) より従う． □

ゆえに，実行可能とは限らない主問題の解 $\boldsymbol{A}$ があったとき，$\boldsymbol{A}$ の目的関数値が小さく，かつ $\boldsymbol{A}$ の行和・列和が $\boldsymbol{a}, \boldsymbol{b}$ に十分近ければ，アルゴリズム 3.4 によって実行可能かつ目的関数値が小さい解を計算できます．たとえば，シンクホーンアルゴリズムの反復途中の $\boldsymbol{u}^{(k)}, \boldsymbol{v}^{(k)}$ を用いて，式 (3.18) により $\boldsymbol{A} = \mathrm{Diag}(\boldsymbol{u}^{(k)})\boldsymbol{K}\mathrm{Diag}(\boldsymbol{v}^{(k)})$ と変換した行列を $\boldsymbol{A}$ として用いることができます．以降で解析するように，シンクホーンアルゴリズムにより得られる解は目的関数値が最適値に近く（定理 3.9 ），$\boldsymbol{A}$ の行和・列和が $\boldsymbol{a}, \boldsymbol{b}$ に近い（定理 3.11）ことが保証されるので，丸めの結果もよい輸送行列となります．シンクホーンアルゴリズムの出力を丸める手法は次節における計算量の議論でも使用します．

3.5 シンクホーンアルゴリズムの大域収束性*

本節では，シンクホーンアルゴリズムの収束性について議論します．

3.5.1 大域収束性

エントロピー正則化つきの最適輸送問題の双対問題の目的関数を，指数領域での変数 $\boldsymbol{u} = \exp(\boldsymbol{f}/\varepsilon)$ と $\boldsymbol{v} = \exp(\boldsymbol{g}/\varepsilon)$ について書き表すと，

$$L_D(\boldsymbol{u}, \boldsymbol{v}) \stackrel{\text{def}}{=} \boldsymbol{a}^\top(\varepsilon \log \boldsymbol{u}) + \boldsymbol{b}^\top(\varepsilon \log \boldsymbol{v}) - \varepsilon \sum_{ij} \boldsymbol{u}_i K_{ij} \boldsymbol{v}_j \tag{3.56}$$

となります．

2.3.5 節で述べたように通常の最適輸送問題では双対問題の変数に定数成分の自由度があります．これはエントロピー正則化つき問題についても同様です．すなわち，$\boldsymbol{u} \in \mathbb{R}^n, \boldsymbol{v} \in \mathbb{R}^m$ を双対問題の解とすると，定数 $c \in \mathbb{R}_+$ について，$\boldsymbol{u}' = c\boldsymbol{u}, \boldsymbol{v}' = \frac{1}{c}\boldsymbol{v}$ は，

$$\begin{aligned} L_D(\boldsymbol{u}', \boldsymbol{v}') &= \boldsymbol{a}^\top (\varepsilon \log(c\boldsymbol{u})) + \boldsymbol{b}^\top \left(\varepsilon \log\left(\frac{1}{c}\boldsymbol{v}\right)\right) - \varepsilon \sum_{ij} (c\boldsymbol{u}_i) K_{ij} \left(\frac{1}{c}\boldsymbol{v}_j\right) \\ &= \boldsymbol{a}^\top(\varepsilon \log \boldsymbol{u}) + \varepsilon \log c + \boldsymbol{b}^\top(\varepsilon \log \boldsymbol{v}) - \varepsilon \log c - \varepsilon \sum_{ij} \boldsymbol{u}_i K_{ij} \boldsymbol{v}_j \\ &= L_D(\boldsymbol{u}, \boldsymbol{v}) \end{aligned} \tag{3.57}$$

となるため，$(\boldsymbol{u}, \boldsymbol{v})$ と $(\boldsymbol{u}', \boldsymbol{v}')$ は目的関数値が同じとなり，等価な解とみなせます*4．このような，定数成分の違いを吸収できる正ベクトルの距離として，以下で定義される**ヒルベルト距離**があります．

*4 ここでは指数領域の変数を考えているため，定数倍の解が等価となります．2.3.5 節と同様に対数領域で考えると定数和の解が等価となります．

定義 3.6（ヒルベルト距離）

正ベクトル $\boldsymbol{u}, \boldsymbol{u}' \in \mathbb{R}_+^n$ について，

$$d_H(\boldsymbol{u}, \boldsymbol{u}') \overset{\text{def}}{=} \log\left[\left(\max_i \frac{\boldsymbol{u}_i}{\boldsymbol{u}'_i}\right)\left(\max_j \frac{\boldsymbol{u}'_j}{\boldsymbol{u}_j}\right)\right] \tag{3.58}$$

をヒルベルト距離という．

定義より，d_H は対称であり，$\boldsymbol{u}' = c\boldsymbol{u}$ であるときかつそのときのみ $d_H(\boldsymbol{u}, \boldsymbol{u}') = 0$ となります．また，

$$d_H(\boldsymbol{a}, \boldsymbol{c}) = \log\left[\frac{\boldsymbol{a}_{i^*}}{\boldsymbol{c}_{i^*}}\frac{\boldsymbol{c}_{j^*}}{\boldsymbol{a}_{j^*}}\right] \tag{3.59}$$

とすると，

$$\begin{aligned}
&d_H(\boldsymbol{a}, \boldsymbol{b}) + d_H(\boldsymbol{b}, \boldsymbol{c}) \\
&= \log\left[\left(\max_i \frac{\boldsymbol{a}_i}{\boldsymbol{b}_i}\right)\left(\max_j \frac{\boldsymbol{b}_j}{\boldsymbol{a}_j}\right)\right] + \log\left[\left(\max_k \frac{\boldsymbol{b}_k}{\boldsymbol{c}_k}\right)\left(\max_\ell \frac{\boldsymbol{c}_\ell}{\boldsymbol{b}_\ell}\right)\right] \\
&= \log\left[\left(\max_i \frac{\boldsymbol{a}_i}{\boldsymbol{b}_i}\right)\left(\max_j \frac{\boldsymbol{b}_j}{\boldsymbol{a}_j}\right)\left(\max_k \frac{\boldsymbol{b}_k}{\boldsymbol{c}_k}\right)\left(\max_\ell \frac{\boldsymbol{c}_\ell}{\boldsymbol{b}_\ell}\right)\right] \\
&\geq \log\left[\frac{\boldsymbol{a}_{i^*}}{\boldsymbol{b}_{i^*}}\frac{\boldsymbol{b}_{j^*}}{\boldsymbol{a}_{j^*}}\frac{\boldsymbol{b}_{i^*}}{\boldsymbol{c}_{i^*}}\frac{\boldsymbol{c}_{j^*}}{\boldsymbol{b}_{j^*}}\right] \\
&= \log\left[\frac{\boldsymbol{a}_{i^*}}{\boldsymbol{c}_{i^*}}\frac{\boldsymbol{c}_{j^*}}{\boldsymbol{a}_{j^*}}\right] \\
&= d_H(\boldsymbol{a}, \boldsymbol{c})
\end{aligned} \tag{3.60}$$

となるので，三角不等式も従います．

定義からただちに導かれるヒルベルト距離の重要な性質として，d_H の両引数に任意の正ベクトル $\boldsymbol{c} \in \mathbb{R}^n$ を成分ごとにかけ合わせても値は変化しないことがあります．たとえば，両引数に $\frac{1}{\boldsymbol{u} \odot \boldsymbol{u}'}$（$\odot$ は成分ごとのかけ算．$\frac{1}{\cdot}$ は成分ごとの逆数）をかけ合わせると，$d_H(\boldsymbol{u}, \boldsymbol{u}') = d_H(\frac{1}{\boldsymbol{u}}, \frac{1}{\boldsymbol{u}'})$ であることが分かります．

また，以下の命題より，ヒルベルト距離を上から抑えることができれば，

ℓ_1 距離も上から抑えられることが分かります．有限次元のノルムの等価性より，他のノルムについても同様に上から抑えられることが分かります．

命題 3.7（ℓ_1 距離のヒルベルト距離による上界）

確率ベクトル $\boldsymbol{a}, \boldsymbol{b} \in \Sigma_n$ について，

$$\|\boldsymbol{a} - \boldsymbol{b}\|_1^2 \leq 2 d_H(\boldsymbol{a}, \boldsymbol{b}) \tag{3.61}$$

が成り立つ．

証明

$$\begin{aligned}
\|\boldsymbol{a} - \boldsymbol{b}\|_1^2 &\overset{\text{(a)}}{\leq} 2\mathrm{KL}(\boldsymbol{a} \parallel \boldsymbol{b}) \\
&= 2\sum_{i=1}^{n} \boldsymbol{a}_i \log \frac{\boldsymbol{a}_i}{\boldsymbol{b}_i} \\
&\overset{\text{(b)}}{\leq} 2\sum_{i=1}^{n} \boldsymbol{a}_i \log \left[\left(\max_k \frac{\boldsymbol{a}_k}{\boldsymbol{b}_k} \right) \left(\max_j \frac{\boldsymbol{b}_j}{\boldsymbol{a}_j} \right) \right] \\
&= 2\sum_{i=1}^{n} \boldsymbol{a}_i d_H(\boldsymbol{a}, \boldsymbol{b}) \\
&\overset{\text{(c)}}{=} 2 d_H(\boldsymbol{a}, \boldsymbol{b})
\end{aligned} \tag{3.62}$$

となる．ただし，(a) はピンスカーの不等式 [65, Theorem 2.4] より，(b) は $\boldsymbol{a}, \boldsymbol{b} \in \Sigma_n$ から少なくとも 1 つのインデックス j で $\frac{\boldsymbol{b}_j}{\boldsymbol{a}_j} \geq 1$ となることより，(c) は $\boldsymbol{a} \in \Sigma_n$ より従う． □

シンクホーンアルゴリズムの収束性を示すためのヒルベルト距離の重要な性質として，以下が知られています．

定理 3.8（正行列によるヒルベルト距離の収縮）

すべての成分が正である任意の行列 $\boldsymbol{A} \in \mathbb{R}_{+}^{n \times m}$ と任意の正ベクトル $\boldsymbol{v}, \boldsymbol{v}' \in \mathbb{R}_{+}^{m}$ について，

$$\gamma(\boldsymbol{A}) \stackrel{\text{def}}{=} \max_{ijk\ell} \frac{\boldsymbol{A}_{ik}\boldsymbol{A}_{j\ell}}{\boldsymbol{A}_{jk}\boldsymbol{A}_{i\ell}} \tag{3.63}$$

$$\lambda(\boldsymbol{A}) \stackrel{\text{def}}{=} \frac{\sqrt{\gamma(\boldsymbol{A})} - 1}{\sqrt{\gamma(\boldsymbol{A})} + 1} \tag{3.64}$$

とすると，$\lambda(\boldsymbol{A}) < 1$ であり，

$$d_H(\boldsymbol{A}\boldsymbol{v}, \boldsymbol{A}\boldsymbol{v}') \leq \lambda(\boldsymbol{A}) d_H(\boldsymbol{v}, \boldsymbol{v}') \tag{3.65}$$

が成り立つ．

すなわち，正行列をかけ合わせることにより，d_H は一定割合減少します．この収縮現象は，直観的には，ゼロベクトルでない**非負**ベクトル $\boldsymbol{v} \in \mathbb{R}_{\geq 0}^{m}$ について，$\boldsymbol{A}\boldsymbol{v}$ はすべての成分が**真に正**であること，すなわち非負ベクトル集合の $\boldsymbol{A}$ による像は原点を除くと正ベクトル集合の真部分集合となること

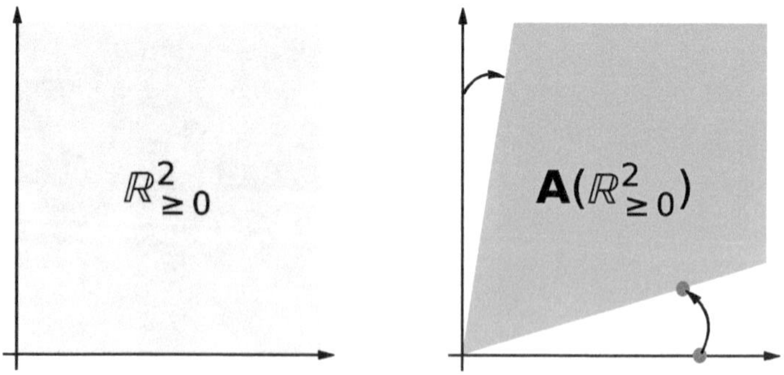

図 3.3 正行列による収縮現象．ゼロ成分を含むような軸に乗ったベクトル（赤点）も正行列によりすべての成分が正である点に写像される．[58, Figure 4.7] を参考に作成．

から理解できます（図 3.3）．定理 3.8 の証明については Birkhoff[12] を参照してください．

この定理により，シンクホーンアルゴリズムの大域収束性が証明できます．

定理 3.9（シンクホーンアルゴリズムの大域収束）

シンクホーンアルゴリズム（アルゴリズム 3.2）の k 番目の反復における解を $(\boldsymbol{u}^{(k)}, \boldsymbol{v}^{(k)})$ とし，$(\boldsymbol{u}^*, \boldsymbol{v}^*)$ を双対問題の最適解とすると，

$$d_H(\boldsymbol{u}^{(k)}, \boldsymbol{u}^*) \leq \lambda(\boldsymbol{K})^{2k-1} d_H(\boldsymbol{v}^{(0)}, \boldsymbol{v}^*) \tag{3.66}$$

$$d_H(\boldsymbol{v}^{(k)}, \boldsymbol{v}^*) \leq \lambda(\boldsymbol{K})^{2k} d_H(\boldsymbol{v}^{(0)}, \boldsymbol{v}^*) \tag{3.67}$$

が成り立つ．

証明

双対問題の最適解は，式 (3.18) より，$\mathrm{Diag}(\boldsymbol{u}^*)\boldsymbol{K}\mathrm{Diag}(\boldsymbol{v}^*) \in \mathcal{U}(\boldsymbol{a}, \boldsymbol{b})$ が成り立つので，

$$\boldsymbol{u}^* \odot (\boldsymbol{K}\boldsymbol{v}^*) = \mathrm{Diag}(\boldsymbol{u}^*)\boldsymbol{K}\mathrm{Diag}(\boldsymbol{v}^*)\mathbb{1}_m = \boldsymbol{a} \tag{3.68}$$

$$\boldsymbol{u}^* = \frac{\boldsymbol{a}}{\boldsymbol{K}\boldsymbol{v}^*} \tag{3.69}$$

となる．よって，

$$\begin{aligned} d_H(\boldsymbol{u}^{(k)}, \boldsymbol{u}^*) &\overset{\text{(a)}}{=} d_H\left(\frac{\boldsymbol{a}}{\boldsymbol{K}\boldsymbol{v}^{(k-1)}}, \frac{\boldsymbol{a}}{\boldsymbol{K}\boldsymbol{v}^*}\right) \\ &\overset{\text{(b)}}{=} d_H(\boldsymbol{K}\boldsymbol{v}^{(k-1)}, \boldsymbol{K}\boldsymbol{v}^*) \\ &\overset{\text{(c)}}{\leq} \lambda(\boldsymbol{K}) d_H(\boldsymbol{v}^{(k-1)}, \boldsymbol{v}^*) \end{aligned} \tag{3.70}$$

となる．ただし，(a) ではシンクホーンアルゴリズムの反復の定義式を，(b) ではヒルベルト距離の両引数にベクトルをかけ合わせることと逆数をとることにより値が変化しないことを，(c) では定理 3.8 を用いた．$\boldsymbol{v}^{(k)}$ と $\boldsymbol{v}^*$ についても同様に，

$$
\begin{aligned}
d_H(\boldsymbol{v}^{(k)}, \boldsymbol{v}^*) &= d_H\left(\frac{\boldsymbol{b}}{\boldsymbol{K}\boldsymbol{u}^{(k)}}, \frac{\boldsymbol{b}}{\boldsymbol{K}\boldsymbol{u}^*}\right) \\
&\leq \lambda(\boldsymbol{K}) d_H(\boldsymbol{u}^{(k)}, \boldsymbol{u}^*)
\end{aligned}
\tag{3.71}
$$

となる．よって，帰納法により所望の式が得られる． □

一般に，距離関数 d について $\limsup_{k\to\infty} \frac{d(\boldsymbol{x}_{k+1}, \boldsymbol{x}^*)}{d(\boldsymbol{x}_k, \boldsymbol{x}^*)} < 1$ が成り立つとき，点列 $\{\boldsymbol{x}_i\}$ は一次収束するといいます*5．式 (3.70)，(3.71) はシンクホーンアルゴリズム（が生成する解の列）がヒルベルト距離について一次収束することを示しています．

また，反復途中の輸送行列の周辺分布と入力周辺分布との距離によって最適解までの距離を上から抑えることができます．以下の式 (3.72) の右辺は反復途中の情報のみから計算できるので，解のよさに関する見積もりや，反復の終了条件に用いることができます．

定理 3.10（最適解との距離を周辺分布の差を用いて上から抑える）

シンクホーンアルゴリズムの反復途中の解 $(\boldsymbol{u}^{(k)}, \boldsymbol{v}^{(k)})$ を式 (3.18) により変換した行列を $\boldsymbol{P}^{(k)} = \mathrm{Diag}(\boldsymbol{u}^{(k)})\boldsymbol{K}\mathrm{Diag}(\boldsymbol{v}^{(k)})$ とする．このとき，

$$
d_H(\boldsymbol{u}^{(k)}, \boldsymbol{u}^*) \leq \frac{d_H(\boldsymbol{a}, \boldsymbol{P}^{(k)}\mathbb{1}_m)}{1 - \lambda(\boldsymbol{K})^2} \tag{3.72}
$$

$$
d_H(\boldsymbol{v}^{(k)}, \boldsymbol{v}^*) \leq \frac{d_H(\boldsymbol{b}, \boldsymbol{P}^{(k)\top}\mathbb{1}_n)}{1 - \lambda(\boldsymbol{K})^2} \tag{3.73}
$$

が成り立つ．

証明

$$
d_H(\boldsymbol{u}^{(k)}, \boldsymbol{u}^*) \overset{\text{(a)}}{\leq} d_H(\boldsymbol{u}^{(k+1)}, \boldsymbol{u}^{(k)}) + d_H(\boldsymbol{u}^{(k+1)}, \boldsymbol{u}^*)
$$

*5 多くの場合，距離関数 d としてはノルムが用いられます．

$$\overset{\text{(b)}}{\leq} d_H(\boldsymbol{u}^{(k+1)}, \boldsymbol{u}^{(k)}) + \lambda(\boldsymbol{K})^2 d_H(\boldsymbol{u}^{(k)}, \boldsymbol{u}^*)$$
$$\overset{\text{(c)}}{=} d_H\left(\frac{\boldsymbol{a}}{\boldsymbol{K}\boldsymbol{v}^{(k)}}, \boldsymbol{u}^{(k)}\right) + \lambda(\boldsymbol{K})^2 d_H(\boldsymbol{u}^{(k)}, \boldsymbol{u}^*)$$
$$= d_H(\boldsymbol{a}, \boldsymbol{u}^{(k)} \odot (\boldsymbol{K}\boldsymbol{v}^{(k)})) + \lambda(\boldsymbol{K})^2 d_H(\boldsymbol{u}^{(k)}, \boldsymbol{u}^*)$$
$$= d_H(\boldsymbol{a}, \boldsymbol{P}^{(k)} \mathbb{1}_m) + \lambda(\boldsymbol{K})^2 d_H(\boldsymbol{u}^{(k)}, \boldsymbol{u}^*) \qquad (3.74)$$

となる．ただし，(a) は三角不等式より，(b) は式 (3.70)，(3.71) より，(c) はシンクホーンアルゴリズムの更新式より従う．式 (3.73) についても同様である． □

この定理は，シンクホーンアルゴリズムにより得られた双対解 $(\boldsymbol{u}^{(k)}, \boldsymbol{v}^{(k)})$ を主解 $\boldsymbol{P}^{(k)}$ に変換したとき，$\boldsymbol{P}^{(k)}$ が $\mathcal{U}(\boldsymbol{a}, \boldsymbol{b})$ に近ければ $(\boldsymbol{u}^{(k)}, \boldsymbol{v}^{(k)})$ は最適解に近いことを示しています．

また，三角不等式の方向を逆転させることで，シンクホーンアルゴリズムにより得られる主解 $\boldsymbol{P}^{(k)}$ の周辺分布と入力周辺分布の距離も指数的に減少することが示せます．つまり，シンクホーンアルゴリズムの反復途中の主解 $\boldsymbol{P}^{(k)}$ は輸送多面体 $\mathcal{U}(\boldsymbol{a}, \boldsymbol{b})$ に急激に近づいていくということです．

定理 3.11（周辺分布の一次収束）

シンクホーンアルゴリズムの反復途中の解 $(\boldsymbol{u}^{(k)}, \boldsymbol{v}^{(k)})$ を式 (3.18) により変換した行列を $\boldsymbol{P}^{(k)} = \mathrm{Diag}(\boldsymbol{u}^{(k)})\boldsymbol{K}\mathrm{Diag}(\boldsymbol{v}^{(k)})$ とする．このとき，

$$d_H(\boldsymbol{a}, \boldsymbol{P}^{(k)} \mathbb{1}_m) \leq \lambda(\boldsymbol{K})^{2k-1}(1 + \lambda(\boldsymbol{K})^2) d_H(\boldsymbol{v}^{(0)}, \boldsymbol{v}^*) \qquad (3.75)$$
$$d_H(\boldsymbol{b}, \boldsymbol{P}^{(k)\top} \mathbb{1}_n) \leq \lambda(\boldsymbol{K})^{2k}(1 + \lambda(\boldsymbol{K})^2) d_H(\boldsymbol{v}^{(0)}, \boldsymbol{v}^*) \qquad (3.76)$$

が成り立つ．

証明

$$d_H(\boldsymbol{a}, \boldsymbol{P}^{(k)} \mathbb{1}_m) \overset{\text{(a)}}{=} d_H(\boldsymbol{u}^{(k+1)}, \boldsymbol{u}^{(k)})$$

$$
\begin{aligned}
&\overset{\text{(b)}}{\leq} d_H(\boldsymbol{u}^{(k)}, \boldsymbol{u}^*) + d_H(\boldsymbol{u}^{(k+1)}, \boldsymbol{u}^*) \\
&\overset{\text{(c)}}{\leq} \lambda(\boldsymbol{K})^{2k-1} d_H(\boldsymbol{v}^{(0)}, \boldsymbol{v}^*) + \lambda(\boldsymbol{K})^{2k+1} d_H(\boldsymbol{v}^{(0)}, \boldsymbol{v}^*) \\
&= \lambda(\boldsymbol{K})^{2k-1}(1 + \lambda(\boldsymbol{K})^2) d_H(\boldsymbol{v}^{(0)}, \boldsymbol{v}^*) \qquad (3.77)
\end{aligned}
$$

となる．ただし，(a) は定理 3.10 の証明より，(b) は三角不等式より，(c) は定理 3.9 より従う．式 (3.76) についても同様である． □

命題 3.7 より，種々の一次収束は他のノルムについても同様に成り立つことも系として得られます．

数値例

数値例により，シンクホーンアルゴリズムの一次収束を確認します．$n = m = 100$ とし，コスト行列 $\boldsymbol{C}$ は標準正規分布より生成し，周辺分布 $\boldsymbol{a}, \boldsymbol{b}$ は一様とします．最適解 $\boldsymbol{u}^*$ は解析的に求まらないため，シンクホーンアルゴリズムの反復の前後で $d_H(\boldsymbol{u}^{(k)}, \boldsymbol{u}^{(k+1)}) < 10^{-36}$ が初めて成立した時点での $\boldsymbol{u}^{(k)}$ を $\boldsymbol{u}^*$ の代替値として用いることとします．図 3.4 に，同じ $\boldsymbol{C}$ に対して正則化係数 ε を変えたときの反復回数と解の収束についてのプロットを示します．横軸が線形スケールであるのに対し，縦軸が対数スケールであることに注意してください．ここから，最適解までの距離は反復回数について指数的に減少することが見てとれます．ただし，ε を小さくとると，$\lambda(\boldsymbol{K})$ が 1 に非常に近くなるため，その速度は遅くなってしまいます．

3.5.2 計算量

3.5.1 節ではシンクホーンアルゴリズムが大域解に収束することを見ました．本節では，通常の，すなわちエントロピー正則化のない最適輸送を解くにあたってのシンクホーンアルゴリズムの計算量について議論します．つまり，どれほど ε を小さく設定し，どれほどシンクホーンの反復を繰り返すと，通常の最適輸送問題の最適解に近い輸送行列が得られるでしょうか．この疑問についての定量的な結果を得ることが本節の目標です．本節では，特に ε が小さい場合を扱います．定理 3.9 では $\lambda(\boldsymbol{K})$ を底とする指数関数で最適解

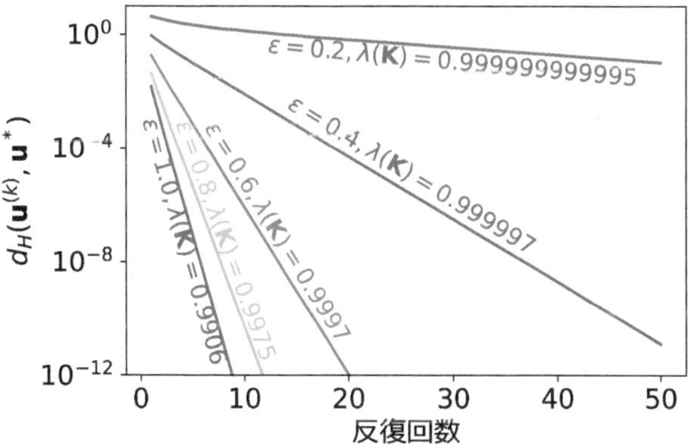

図 3.4 シンクホーンアルゴリズムの収束速度．同じ距離行列に対して正則化係数 ε を変えたときの $\lambda(\boldsymbol{K})$ と最適解までの距離が示されている．横軸が線形スケールであるのに対し，縦軸が対数スケールであることに注意．最適解までの距離は反復回数に対して指数的に減少している．

との距離を上から抑えましたが，$-\log^{-1}\lambda(\boldsymbol{K})$ は $1/\varepsilon$ について指数的に大きくなるので，ε が小さい領域ではこの上界は役に立たず，新たな解析手法が必要となります．

まず，シンクホーンアルゴリズムの 1 回の反復でどれほど目的関数値が増加するかを考えます．$\boldsymbol{u}$ の更新と $\boldsymbol{v}$ の更新を一度に考えるのは煩雑なので，片方の更新ごとに添字を付与することとし，

$$\boldsymbol{u}^{(2\ell+1)} = \frac{\boldsymbol{a}}{\boldsymbol{K}\boldsymbol{v}^{(2\ell)}} \tag{3.78}$$

$$\boldsymbol{v}^{(2\ell+1)} = \boldsymbol{v}^{(2\ell)} \tag{3.79}$$

$$\boldsymbol{u}^{(2\ell+2)} = \boldsymbol{u}^{(2\ell+1)} \tag{3.80}$$

$$\boldsymbol{v}^{(2\ell+2)} = \frac{\boldsymbol{b}}{\boldsymbol{K}^\top\boldsymbol{u}^{(2\ell+1)}} \tag{3.81}$$

と定義します．また，$(\boldsymbol{u}^{(k)}, \boldsymbol{v}^{(k)})$ を式 (3.18) により変換した行列を $\boldsymbol{P}^{(k)} = \mathrm{Diag}(\boldsymbol{u}^{(k)})\boldsymbol{K}\mathrm{Diag}(\boldsymbol{v}^{(k)})$ とします．$\boldsymbol{v}^{(k)}$ と $\boldsymbol{u}^{(k)}$ が最適解であれば，$\boldsymbol{P}^{(k)}$ は主問題の最適解ということになります．まず，$\boldsymbol{P}^{(k)}$ は常に確率シンプレックスに含まれることを示します．

補題 3.12

$k \geq 0$ について，$\sum_{ij} \boldsymbol{P}_{ij}^{(k)} = 1$ である．

証明

(i) $k = 0$ のとき，

$$\begin{aligned}\sum_{ij} \boldsymbol{P}_{ij}^{(k)} &= \sum_{ij} \boldsymbol{u}_i^{(0)} \boldsymbol{K}_{ij} \boldsymbol{v}_j^{(0)} \\ &= \sum_{ij} 1 \cdot \boldsymbol{K}_{ij} \cdot \frac{1}{\|\boldsymbol{K}\|_1} \\ &= 1 \end{aligned} \tag{3.82}$$

(ii) $k > 0$ が奇数のとき，

$$\begin{aligned}\sum_{ij} \boldsymbol{P}_{ij}^{(k)} &= \boldsymbol{u}^{(k)\top} \boldsymbol{K} \boldsymbol{v}^{(k)} \\ &= \left(\frac{\boldsymbol{a}}{\boldsymbol{K}\boldsymbol{v}^{(k-1)}}\right)^\top \boldsymbol{K}\boldsymbol{v}^{(k-1)} \\ &= \boldsymbol{a}^\top \mathbb{1}_n \\ &= 1 \end{aligned} \tag{3.83}$$

(iii) $k > 0$ が偶数のとき，

$$\begin{aligned}\sum_{ij} \boldsymbol{P}_{ij}^{(k)} &= \boldsymbol{u}^{(k)\top} \boldsymbol{K} \boldsymbol{v}^{(k)} \\ &= \boldsymbol{u}^{(k-1)\top} \boldsymbol{K} \left(\frac{\boldsymbol{b}}{\boldsymbol{K}^\top \boldsymbol{u}^{(k-1)}}\right) \\ &= \left(\boldsymbol{K}^\top \boldsymbol{u}^{(k-1)}\right)^\top \left(\frac{\boldsymbol{b}}{\boldsymbol{K}^\top \boldsymbol{u}^{(k-1)}}\right) \\ &= \mathbb{1}_m^\top \boldsymbol{b} \\ &= 1 \end{aligned} \tag{3.84}$$

□

続いて，1 回の反復で目的関数がどれほど増加するかを示します．

補題 3.13（1 回の反復による目的関数の増加 [3]）

$k \geq 2$ について，

$$\begin{aligned} &L_D(\boldsymbol{u}^{(k)}, \boldsymbol{v}^{(k)}) - L_D(\boldsymbol{u}^{(k-1)}, \boldsymbol{v}^{(k-1)}) \\ &= \varepsilon \mathrm{KL}(\boldsymbol{a} \parallel \boldsymbol{P}^{(k-1)} \mathbb{1}_m) + \varepsilon \mathrm{KL}(\boldsymbol{b} \parallel \boldsymbol{P}^{(k-1)\top} \mathbb{1}_n) \end{aligned} \tag{3.85}$$

となる．

証明

k が偶数のとき，

$$\begin{aligned} &L_D(\boldsymbol{u}^{(k)}, \boldsymbol{v}^{(k)}) - L_D(\boldsymbol{u}^{(k-1)}, \boldsymbol{v}^{(k-1)}) \\ &\overset{\text{(a)}}{=} \varepsilon \boldsymbol{a}^\top (\log \boldsymbol{u}^{(k)}) + \varepsilon \boldsymbol{b}^\top (\log \boldsymbol{v}^{(k)}) - \varepsilon \|\boldsymbol{P}^{(k)}\|_1 \\ &\qquad - \varepsilon \boldsymbol{a}^\top (\log \boldsymbol{u}^{(k-1)}) - \varepsilon \boldsymbol{b}^\top (\log \boldsymbol{v}^{(k-1)}) + \varepsilon \|\boldsymbol{P}^{(k-1)}\|_1 \\ &\overset{\text{(b)}}{=} \varepsilon \boldsymbol{a}^\top (\log \boldsymbol{u}^{(k)}) + \varepsilon \boldsymbol{b}^\top (\log \boldsymbol{v}^{(k)}) \\ &\qquad - \varepsilon \boldsymbol{a}^\top (\log \boldsymbol{u}^{(k-1)}) - \varepsilon \boldsymbol{b}^\top (\log \boldsymbol{v}^{(k-1)}) \\ &\overset{\text{(c)}}{=} \varepsilon \boldsymbol{b}^\top (\log \boldsymbol{v}^{(k)}) - \varepsilon \boldsymbol{b}^\top (\log \boldsymbol{v}^{(k-1)}) \\ &= \varepsilon \boldsymbol{b}^\top \left(\log \frac{\boldsymbol{v}^{(k)}}{\boldsymbol{v}^{(k-1)}} \right) \\ &\overset{\text{(d)}}{=} \varepsilon \boldsymbol{b}^\top \left(\log \frac{\boldsymbol{b}}{(\boldsymbol{K}^\top \boldsymbol{u}^{(k-1)}) \odot \boldsymbol{v}^{(k-1)}} \right) \\ &\overset{\text{(e)}}{=} \varepsilon \boldsymbol{b}^\top \left(\log \frac{\boldsymbol{b}}{\boldsymbol{P}^{(k-1)\top} \mathbb{1}_n} \right) \\ &\overset{\text{(f)}}{=} \varepsilon \mathrm{KL}(\boldsymbol{b} \parallel \boldsymbol{P}^{(k-1)\top} \mathbb{1}_n) \end{aligned} \tag{3.86}$$

ただし，(a) は目的関数 L_D と $\boldsymbol{P}^{(k)}$ の定義より，(b) は $\|\boldsymbol{P}^{(k)}\|_1 = \|\boldsymbol{P}^{(k-1)}\|_1 = 1$ より，(c) は k が偶数であることと $\boldsymbol{u}^{(k)} = \boldsymbol{u}^{(k-1)}$ より，(d) は反復更新の定義式より従う．ここで $\odot$ は成分ごとの積

である．(e) は $\boldsymbol{P}^{(k-1)}$ の定義より，(f) は KL ダイバージェンスの定義より従う．また，

$$\begin{aligned}
\boldsymbol{P}^{(k-1)}\mathbb{1}_m &= \mathrm{Diag}(\boldsymbol{u}^{(k-1)})\boldsymbol{K}^\top \mathrm{Diag}(\boldsymbol{v}^{(k-1)})\mathbb{1}_m \\
&= \mathrm{Diag}(\boldsymbol{u}^{(k-1)})\boldsymbol{K}^\top \boldsymbol{v}^{(k-1)} \\
&= \mathrm{Diag}(\boldsymbol{u}^{(k-1)})\boldsymbol{K}^\top \boldsymbol{v}^{(k-2)} \\
&\overset{\text{(g)}}{=} \mathrm{Diag}(\boldsymbol{u}^{(k-1)})\left(\frac{\boldsymbol{a}}{\boldsymbol{u}^{(k-1)}}\right) \\
&= \boldsymbol{a}
\end{aligned} \tag{3.87}$$

となる．ただし (g) は反復更新の定義式より従う．ゆえに $\mathrm{KL}(\boldsymbol{a} \| \boldsymbol{P}^{(k-1)}\mathbb{1}_m) = 0$ であり，所望の式が得られる．k が奇数の場合も同様である． □

次に，初期値における目的関数値と最適値の差を上から抑えます．

補題 3.14（初期値における目的関数値と最適値の差 [3]）

$\boldsymbol{K}$ の最小成分を $\ell \overset{\text{def}}{=} \min_{ij} \boldsymbol{K}_{ij}$ とし，総和を $\|\boldsymbol{K}\|_1 = \sum_{ij} \boldsymbol{K}_{ij}$ とすると，

$$\left(\sup_{\boldsymbol{u},\boldsymbol{v}} L_D(\boldsymbol{u},\boldsymbol{v})\right) - L_D(\boldsymbol{u}^{(0)},\boldsymbol{v}^{(0)}) \le \varepsilon \log \frac{\|\boldsymbol{K}\|_1}{\ell} \tag{3.88}$$

が成り立つ．

証明

主問題の最適化領域のコンパクト性により主問題の最適解が存在することと，定理 3.4 により双対変数の最適解に変換できることから，最適解は存在する．最適解を $\boldsymbol{u}^*, \boldsymbol{v}^*$ とおくと，

$$L_D(\boldsymbol{u}^*,\boldsymbol{v}^*) - L_D(\boldsymbol{u}^{(0)},\boldsymbol{v}^{(0)})$$

$$\begin{aligned}
&\overset{\text{(a)}}{=} L_D(\boldsymbol{u}^*, \boldsymbol{v}^*) - L_D\left(\mathbb{1}_n, \frac{\mathbb{1}_m}{\|\boldsymbol{K}\|_1}\right) \\
&\overset{\text{(b)}}{=} \varepsilon \boldsymbol{a}^\top \log \boldsymbol{u}^* + \varepsilon \boldsymbol{b}^\top \log \boldsymbol{v}^* - \varepsilon \boldsymbol{u}^{*\top} \boldsymbol{K} \boldsymbol{v}^* \\
&\qquad - \varepsilon \boldsymbol{a}^\top \log \mathbb{1}_n - \varepsilon \boldsymbol{b}^\top \log \frac{\mathbb{1}_m}{\|\boldsymbol{K}\|_1} + \varepsilon \mathbb{1}_n^\top \boldsymbol{K} \frac{\mathbb{1}_m}{\|\boldsymbol{K}\|_1} \\
&\overset{\text{(c)}}{=} \varepsilon \boldsymbol{a}^\top \log \boldsymbol{u}^* + \varepsilon \boldsymbol{b}^\top \log \boldsymbol{v}^* - \varepsilon \boldsymbol{u}^{*\top} \boldsymbol{K} \boldsymbol{v}^* \\
&\qquad + \varepsilon \log \|\boldsymbol{K}\|_1 + \varepsilon \\
&\overset{\text{(d)}}{=} \varepsilon \boldsymbol{a}^\top \log \boldsymbol{u}^* + \varepsilon \boldsymbol{b}^\top \log \boldsymbol{v}^* - \varepsilon + \varepsilon \log \|\boldsymbol{K}\|_1 + \varepsilon \\
&= \varepsilon \boldsymbol{a}^\top \log \boldsymbol{u}^* + \varepsilon \boldsymbol{b}^\top \log \boldsymbol{v}^* + \varepsilon \log \|\boldsymbol{K}\|_1
\end{aligned} \tag{3.89}$$

となる．ただし，(a) は初期値の定義から，(b) は目的関数 L_D の定義から，(c) は $\log 1 = 0$ および $\|\boldsymbol{b}\|_1 = 1$ および $\mathbb{1}_n^\top \boldsymbol{K} \mathbb{1}_m = \|\boldsymbol{K}\|_1$ から，(d) は補題 3.12 より $\boldsymbol{P}^* = \mathrm{Diag}(\boldsymbol{u}^*)\boldsymbol{K}\mathrm{Diag}(\boldsymbol{v}^*)$ の成分和が 1 であることから従う．ここで，任意の i, j について

$$\boldsymbol{u}_i^* \boldsymbol{K}_{ij} \boldsymbol{v}_j^* \le \sum_{ij} \boldsymbol{u}_i^* \boldsymbol{K}_{ij} \boldsymbol{v}_j^* = 1 \tag{3.90}$$

であるため，

$$\boldsymbol{u}_i^* \boldsymbol{v}_j^* \le \frac{1}{\boldsymbol{K}_{ij}} \le \frac{1}{\ell} \tag{3.91}$$

$$\log \boldsymbol{u}_i^* + \log \boldsymbol{v}_j^* \le \log \frac{1}{\ell} \tag{3.92}$$

である．$\|\boldsymbol{a}\|_1 = \|\boldsymbol{b}\|_1 = 1$ であるため，

$$\boldsymbol{a}^\top \log \boldsymbol{u}^* + \boldsymbol{b}^\top \log \boldsymbol{v}^* \le \log \frac{1}{\ell} \tag{3.93}$$

であり，式 (3.89)，(3.93) を合わせると

$$L_D(\boldsymbol{u}^*, \boldsymbol{v}^*) - L_D(\boldsymbol{u}^{(0)}, \boldsymbol{v}^{(0)}) \le \varepsilon \log \frac{\|\boldsymbol{K}\|_1}{\ell} \tag{3.94}$$

が得られる． □

1 回の反復での減少量と，減少できる最大値が分かったので，最大の反復数が計算できます．以下の定理より，停止条件として δ を十分小さい値に設定すれば，最適解に十分近い実行可能解が得られること，またそのときに必要な反復数が分かります．また具体的な上界の形から，ギブスカーネル行列の総和 $\|\boldsymbol{K}\|_1$ と最小値 l の比が小さいほど必要な反復数が少なく済むことが分かります．これはつまり，正則化係数 ε が大きいほど反復数が少なく済むことを示しています．

定理 3.15（シンクホーンアルゴリズムの反復回数 [3]）

$\boldsymbol{K}$ の最小成分を $\ell \stackrel{\text{def}}{=} \min_{ij} \boldsymbol{K}_{ij}$ とし，総和を $\|\boldsymbol{K}\|_1 = \sum_{ij} \boldsymbol{K}_{ij}$ とする．シンクホーンアルゴリズムの反復を

$$\|\boldsymbol{P}^{(k)}\mathbb{1}_m - \boldsymbol{a}\|_1 + \|\boldsymbol{P}^{(k)\top}\mathbb{1}_n - \boldsymbol{b}\|_1 \leq \delta \tag{3.95}$$

の停止条件で停止させるとすると，必要なシンクホーンアルゴリズムの反復回数は高々 $k \leq 1 + 4\delta^{-2} \log \frac{\|\boldsymbol{K}\|_1}{\ell}$ である．

証明
k^* を

$$\|\boldsymbol{P}^{(k)}\mathbb{1}_m - \boldsymbol{a}\|_1 + \|\boldsymbol{P}^{(k)\top}\mathbb{1}_n - \boldsymbol{b}\|_1 \leq \delta \tag{3.96}$$

が成り立つ最小の k であるとする．このとき，任意の $k < k^*$ について

$$\begin{aligned}
\delta^2 &< (\|\boldsymbol{P}^{(k)}\mathbb{1}_m - \boldsymbol{a}\|_1 + \|\boldsymbol{P}^{(k)\top}\mathbb{1}_n - \boldsymbol{b}\|_1)^2 \\
&\stackrel{\text{(a)}}{\leq} 2(\|\boldsymbol{P}^{(k)}\mathbb{1}_m - \boldsymbol{a}\|_1^2 + \|\boldsymbol{P}^{(k)\top}\mathbb{1}_n - \boldsymbol{b}\|_1^2) \\
&\stackrel{\text{(b)}}{\leq} 4(\mathrm{KL}(\boldsymbol{a} \parallel \boldsymbol{P}^{(k)}\mathbb{1}_m) + \mathrm{KL}(\boldsymbol{b} \parallel \boldsymbol{P}^{(k)\top}\mathbb{1}_n))
\end{aligned} \tag{3.97}$$

が成り立つ．ここで (a) は恒等式 $(x+y)^2 + (x-y)^2 = 2x^2 + 2y^2$ より，一般に $(x+y)^2 \leq 2x^2 + 2y^2$ という不等式が成り立つことから，(b) はピンスカーの不等式 [65, Theorem 2.4] より従う．よっ

て，補題 3.13 より，$k = 1, 2, \ldots, k^* - 1$ のすべての反復で目的関数は少なくとも $\frac{\varepsilon\delta^2}{4}$ 減少する．補題 3.14 より，減少量の総和は高々 $\varepsilon \log \frac{\|\boldsymbol{K}\|_1}{\ell}$ であるので，$k^* - 1 \leq 4\delta^{-2} \log \frac{\|\boldsymbol{K}\|_1}{\ell}$ である． □

最後に，δ を十分小さく設定すれば，通常の最適輸送問題の最適値に近い解が得られることを示します．

定理 3.16（シンクホーンアルゴリズムの正則化なし問題に対する計算量 [3]）

コスト行列 $\boldsymbol{C}$ のすべての成分を非負であると仮定する．任意の $\delta > 0$ について，エントロピー正則化係数を $\varepsilon = \frac{\delta}{2 \log nm}$ と設定し，シンクホーンアルゴリズムの反復を

$$\|\boldsymbol{P}^{(k)} \mathbb{1}_m - \boldsymbol{a}\|_1 + \|\boldsymbol{P}^{(k)\top} \mathbb{1}_n - \boldsymbol{b}\|_1 \leq \frac{\delta}{8\|\boldsymbol{C}\|_\infty} \tag{3.98}$$

の停止条件で停止させる．アルゴリズム 3.4 を用いて $\boldsymbol{P}^{(k)}$ を丸めた輸送行列を $\hat{\boldsymbol{P}}$ とすると，正則化なし問題に対する目的関数値は

$$\langle \boldsymbol{C}, \hat{\boldsymbol{P}} \rangle \leq \min_{\boldsymbol{P} \in \mathcal{U}(\boldsymbol{a}, \boldsymbol{b})} \langle \boldsymbol{C}, \boldsymbol{P} \rangle + \delta \tag{3.99}$$

となる．全体の計算量は $O(nm\|\boldsymbol{C}\|_\infty^3 \delta^{-3} \log nm)$ である．

この定理ではコスト行列 $\boldsymbol{C}$ のすべての成分が非負であると仮定していますが，コスト行列に一様な定数を加えることで一般性を失うことなく，この仮定をおけます．ただし，その場合には上界式中に現れる $\|\boldsymbol{C}\|_\infty$ も増加することになります．

証明

目的関数値：

$$\hat{\boldsymbol{a}} \stackrel{\text{def}}{=} \boldsymbol{P}^{(k)} \mathbb{1}_m \tag{3.100}$$

$$\hat{\boldsymbol{b}} \stackrel{\text{def}}{=} \boldsymbol{P}^{(k)\top} \mathbb{1}_n \tag{3.101}$$

とすると，$\boldsymbol{P}^{(k)} \in \mathcal{U}(\hat{\boldsymbol{a}}, \hat{\boldsymbol{b}})$ であり，定義より $\boldsymbol{P}^{(k)} = \mathrm{Diag}(\boldsymbol{u}^{(k)})\boldsymbol{K}\mathrm{Diag}(\boldsymbol{v}^{(k)})$ である．したがって，定理 3.4 より $\boldsymbol{P}^{(k)}$ は入力 $\hat{\boldsymbol{a}}, \hat{\boldsymbol{b}}, \boldsymbol{C}, \varepsilon$ に対するエントロピー正則化つきの最適輸送問題の最適解である．

ここで，

$$\boldsymbol{P}^* \in \underset{\boldsymbol{P} \in \mathcal{U}(\boldsymbol{a}, \boldsymbol{b})}{\operatorname{argmin}} \langle \boldsymbol{C}, \boldsymbol{P} \rangle \tag{3.102}$$

を正則化なしの最適輸送問題の最適解とし，$\hat{\boldsymbol{P}}^*$ をアルゴリズム 3.4 を用いて $\boldsymbol{P}^*$ を $\mathcal{U}(\hat{\boldsymbol{a}}, \hat{\boldsymbol{b}})$ に丸めた解とする．定理 3.5 より

$$\|\hat{\boldsymbol{P}}^* - \boldsymbol{P}^*\|_1 \le 2(\|\hat{\boldsymbol{a}} - \boldsymbol{a}\|_1 + \|\hat{\boldsymbol{b}} - \boldsymbol{b}\|_1) \tag{3.103}$$

が成り立ち，ヘルダーの不等式を用いると，

$$\langle \boldsymbol{C}, \hat{\boldsymbol{P}}^* \rangle - \langle \boldsymbol{C}, \boldsymbol{P}^* \rangle \le 2(\|\hat{\boldsymbol{a}} - \boldsymbol{a}\|_1 + \|\hat{\boldsymbol{b}} - \boldsymbol{b}\|_1)\|\boldsymbol{C}\|_\infty \tag{3.104}$$

となる．

$\hat{\boldsymbol{P}}^* \in \mathcal{U}(\hat{\boldsymbol{a}}, \hat{\boldsymbol{b}})$ であるので，入力 $\hat{\boldsymbol{a}}, \hat{\boldsymbol{b}}, \boldsymbol{C}, \varepsilon$ に対するエントロピー正則化つきの最適輸送問題の実行可能解であり，目的関数値としては $\hat{\boldsymbol{a}}, \hat{\boldsymbol{b}}, \boldsymbol{C}, \varepsilon$ に対する最適解である $\boldsymbol{P}^{(k)}$ より悪い．ゆえに

$$\langle \boldsymbol{C}, \boldsymbol{P}^{(k)} \rangle - \varepsilon H(\boldsymbol{P}^{(k)}) \le \langle \boldsymbol{C}, \hat{\boldsymbol{P}}^* \rangle - \varepsilon H(\hat{\boldsymbol{P}}^*) \tag{3.105}$$

であり，

$$\begin{aligned}\langle \boldsymbol{C}, \boldsymbol{P}^{(k)} \rangle - \langle \boldsymbol{C}, \hat{\boldsymbol{P}}^* \rangle &\le \varepsilon H(\boldsymbol{P}^{(k)}) - \varepsilon H(\hat{\boldsymbol{P}}^*) \\ &\le \varepsilon \log nm \end{aligned} \tag{3.106}$$

が成り立つ．ただし最後の行では，補題 3.12 より $\boldsymbol{P}^{(k)} \in \Sigma_{[n]\times[m]}$ であり，$\hat{\boldsymbol{P}}^* \in \mathcal{U}(\hat{\boldsymbol{a}}, \hat{\boldsymbol{b}})$ より $\hat{\boldsymbol{P}}^* \in \Sigma_{[n]\times[m]}$ であることと，輸送が一様のとき（例 3.1）にエントロピーが最大であり $\forall \boldsymbol{P} \in \Sigma_{[n]\times[m]}, 1 \le H(\boldsymbol{P}) \le 1 + \log nm$ が成り立つことを用いた．

$\boldsymbol{P}^{(k)}$ の $\mathcal{U}(\boldsymbol{a}, \boldsymbol{b})$ への丸めによる誤差は定理 3.5 より

$$\|\hat{\boldsymbol{P}} - \boldsymbol{P}^{(k)}\|_1 \le 2(\|\hat{\boldsymbol{a}} - \boldsymbol{a}\|_1 + \|\hat{\boldsymbol{b}} - \boldsymbol{b}\|_1) \tag{3.107}$$

が成り立ち，ヘルダーの不等式を用いると，

$$\langle \boldsymbol{C}, \hat{\boldsymbol{P}} \rangle - \langle \boldsymbol{C}, \boldsymbol{P}^{(k)} \rangle \le 2(\|\hat{\boldsymbol{a}} - \boldsymbol{a}\|_1 + \|\hat{\boldsymbol{b}} - \boldsymbol{b}\|_1)\|\boldsymbol{C}\|_\infty \tag{3.108}$$

となる．
式 (3.104)，(3.106)，(3.108) と反復の停止条件

$$\|\hat{\boldsymbol{a}} - \boldsymbol{a}\|_1 + \|\hat{\boldsymbol{b}} - \boldsymbol{b}\|_1 \le \frac{\delta}{8\|\boldsymbol{C}\|_\infty} \tag{3.109}$$

をすべて合わせると，

$$\begin{aligned}\langle \boldsymbol{C}, \hat{\boldsymbol{P}} \rangle &\le \langle \boldsymbol{C}, \boldsymbol{P}^* \rangle + 4(\|\hat{\boldsymbol{a}} - \boldsymbol{a}\|_1 + \|\hat{\boldsymbol{b}} - \boldsymbol{b}\|_1)\|\boldsymbol{C}\|_\infty + \varepsilon \log nm \\ &\le \langle \boldsymbol{C}, \boldsymbol{P}^* \rangle + \delta \end{aligned} \tag{3.110}$$

となる．
計算量：
$\boldsymbol{C}$ の非負性より，$\boldsymbol{K}_{ij} \le 1$ であり，$\|\boldsymbol{K}\|_1 \le nm$ と抑えられる．また，$\boldsymbol{K}$ の最小値は $\exp(-\|\boldsymbol{C}\|_\infty/\varepsilon)$ である．よって，定理 3.15 より，必要なシンクホーンアルゴリズムの反復回数は高々

$$\begin{aligned}&1 + 4\left(\frac{\delta}{8\|\boldsymbol{C}\|_\infty}\right)^{-2} \log \frac{\|\boldsymbol{K}\|_1}{\ell} \\ &= 1 + 256\|\boldsymbol{C}\|_\infty^2 \delta^{-2} \left(\log \|\boldsymbol{K}\|_1 \ + \frac{\|\boldsymbol{C}\|_\infty}{\varepsilon}\right) \\ &\le 1 + 256\|\boldsymbol{C}\|_\infty^2 \delta^{-2} \left(\log nm + \frac{\|\boldsymbol{C}\|_\infty}{\varepsilon}\right) \\ &= 1 + 256\|\boldsymbol{C}\|_\infty^2 \delta^{-2} (\log nm + 2\|\boldsymbol{C}\|_\infty \delta^{-1} \log nm) \end{aligned} \tag{3.111}$$

である．シンクホーンアルゴリズムの 1 回の反復は $O(nm)$ 時間で終了し，アルゴリズム 3.4 による解の丸めも $O(nm)$ 時間で終了するので，計算量は合計 $O(nm\|\boldsymbol{C}\|_\infty^3 \delta^{-3} \log nm)$ 時間である． □

Dvurechensky ら [27] は洗練された解析により，これよりもよい計算量の

上界を導出しています．また，Dvurechensky ら[27] や Lahn ら[46] は，シンクホーンアルゴリズムとは異なるアルゴリズムを用いてよりよい計算量を達成しています．

3.6 微分可能最適輸送：最適値を最適化する

ここまでは，いかにして OT_ε を計算するかということを議論してきました．しかし，機械学習の多くのタスクにおいては，OT_ε を一度計算して終わりではなく，OT_ε を損失関数として用い，OT_ε の値自体を最小化することがしばしばあります．このとき，最適化としては以下のような入れ子構造になります．

$$\underbrace{\min_{\theta}}_{\text{外側の最適化}} \underbrace{\min_{\boldsymbol{P} \in \mathcal{U}(\boldsymbol{a}(\theta), \boldsymbol{b})} \langle \boldsymbol{C}(\theta), \boldsymbol{P} \rangle - \varepsilon H(\boldsymbol{P})}_{\text{この値の計算方法を考えてきた}} \tag{3.112}$$

本節では，この外側の最適化を解くための手段をいくつか見ていきます．

3.6.1 狭義凸性

まずはエントロピー正則化つきの最適輸送問題の最適値を入力 $\boldsymbol{a}, \boldsymbol{b}$ の関数と見たとき，狭義凸関数であることを示し，外側の最適化が扱いやすいことを示します．

定理 3.17（狭義凸性）

$\mathrm{OT}_\varepsilon(\boldsymbol{a}, \boldsymbol{b}, \boldsymbol{C})$ は $(\boldsymbol{a}, \boldsymbol{b})$ について狭義凸である．

証明

$(\boldsymbol{a}, \boldsymbol{b}) \in \Sigma_n \times \Sigma_m$ と $(\boldsymbol{a}', \boldsymbol{b}') \in \Sigma_n \times \Sigma_m$ を任意の入力例とする．ただし，この二つの入力例は異なる，つまり $(\boldsymbol{a}, \boldsymbol{b}) \neq (\boldsymbol{a}', \boldsymbol{b}')$ とする．$\boldsymbol{P}, \boldsymbol{P}'$ をそれぞれ $(\boldsymbol{a}, \boldsymbol{b})$ と $(\boldsymbol{a}', \boldsymbol{b}')$ についての最適解とする．$\lambda \in (0, 1)$ について，

$$\boldsymbol{a}'' = \lambda \boldsymbol{a} + (1-\lambda)\boldsymbol{a}' \tag{3.113}$$

$$\boldsymbol{b}'' = \lambda \boldsymbol{b} + (1-\lambda)\boldsymbol{b}' \tag{3.114}$$

$$\boldsymbol{P}'' = \lambda \boldsymbol{P} + (1-\lambda)\boldsymbol{P}' \tag{3.115}$$

とすると，$\boldsymbol{P}'' \in \mathcal{U}(\boldsymbol{a}'', \boldsymbol{b}'')$ であり，目的関数 L_P の狭義凸性より

$$\begin{aligned} \mathrm{OT}_\varepsilon(\boldsymbol{a}'', \boldsymbol{b}'', \boldsymbol{C}) &\le L_P(\boldsymbol{P}'') \\ &< \lambda L_P(\boldsymbol{P}) + (1-\lambda) L_P(\boldsymbol{P}') \\ &= \lambda \mathrm{OT}_\varepsilon(\boldsymbol{a}, \boldsymbol{b}, \boldsymbol{C}) + (1-\lambda)\mathrm{OT}_\varepsilon(\boldsymbol{a}', \boldsymbol{b}', \boldsymbol{C}) \end{aligned} \tag{3.116}$$

となる. □

この定理により，コスト行列が固定で，教師信号を表すヒストグラム $\boldsymbol{b}$ が与えられたとき，最適化対象のヒストグラム $\boldsymbol{a}$ を教師 $\boldsymbol{b}$ に近づけるという種類の最適化が，扱いやすい凸最適化であることが分かります.

OT_ε が $(\boldsymbol{a}, \boldsymbol{b})$ については凸である一方，$\boldsymbol{C}$ については凸ではありません. たとえば，点群の位置をパラメータとして持ち，教師点群に近づけていくという種類の最適化は，点群の位置を通してコスト行列を操作していることになるため非凸であり，局所最適解に陥る可能性があります.

3.6.2 勾配の利用

$\mathrm{OT}_\varepsilon(\boldsymbol{a}, \boldsymbol{b}, \boldsymbol{C})$ は微分可能であり，勾配は最適解を用いて表されることを示します. これは，エントロピー正則化のない最適輸送コストが一般に微分可能ではなく，劣勾配しか得られなかったこととは対照的です.

定理 3.18（エントロピー正則化つき最適輸送コストの勾配）

入力 $\boldsymbol{a}, \boldsymbol{b}, \boldsymbol{C}$ についての主問題の最適解を $\boldsymbol{P}^*$，双対問題の最適解を $(\boldsymbol{f}^*, \boldsymbol{g}^*)$ とする．$\mathrm{OT}_\varepsilon(\boldsymbol{a}, \boldsymbol{b}, \boldsymbol{C})$ は $(\boldsymbol{a}, \boldsymbol{b}, \boldsymbol{C})$ について微分可能であり，

$$\frac{\partial \mathrm{OT}_\varepsilon}{\partial \boldsymbol{C}_{ij}} = \boldsymbol{P}^*_{ij} \tag{3.117}$$

$$d\mathrm{OT}_\varepsilon = \sum_{i=1}^{n} \boldsymbol{f}^*_i d\boldsymbol{a}_i + \sum_{j=1}^{m} \boldsymbol{g}^*_j d\boldsymbol{b}_j \tag{3.118}$$

である．

この定理は Danskin の定理など，ラグランジュ関数の感度分析の理論からただちに従います．以下では理解を深めるために，素朴な議論により，この定理を証明します．

証明

$\boldsymbol{P}$ について：

$L_P(\boldsymbol{P}; \boldsymbol{C}) \stackrel{\mathrm{def}}{=} \langle \boldsymbol{C}, \boldsymbol{P} \rangle - \varepsilon H(\boldsymbol{P})$ を，コスト行列として $\boldsymbol{C}$ を用いたときの $\boldsymbol{P}$ の目的関数値とする．(i, j) 成分に対する大きさ $h \in \mathbb{R}$ の摂動 $h\boldsymbol{e}^{(i,j)} \in \mathbb{R}^{n \times m}$ を考える．ここで $\boldsymbol{e}^{(i,j)} \in \mathbb{R}^{n \times m}$ は (i, j) 成分のみが 1 でそれ以外が 0 となる行列である．入力を $(\boldsymbol{C} + h\boldsymbol{e}^{(i,j)})$ としたとき，$\boldsymbol{P}^*$ はこの入力例の最適とは限らない実行可能解であるので，

$$\begin{aligned} \mathrm{OT}_\varepsilon(\boldsymbol{a}, \boldsymbol{b}, \boldsymbol{C} + h\boldsymbol{e}^{(i,j)}) &\leq L_P(\boldsymbol{P}^*; \boldsymbol{C} + h\boldsymbol{e}^{(i,j)}) \\ &= L_P(\boldsymbol{P}^*; \boldsymbol{C}) + h\boldsymbol{P}^*_{ij} \\ &= \mathrm{OT}_\varepsilon(\boldsymbol{a}, \boldsymbol{b}, \boldsymbol{C}) + h\boldsymbol{P}^*_{ij} \end{aligned} \tag{3.119}$$

となる．入力を $(\boldsymbol{C}+h\boldsymbol{e}^{(i,j)})$ としたときの最適解を $\hat{\boldsymbol{P}}^*$ とする．$\hat{\boldsymbol{P}}^*$ は入力 $\boldsymbol{C}$ に対しては最適とは限らない実行可能解であるので，

$$\begin{aligned}\mathrm{OT}_\varepsilon(\boldsymbol{a},\boldsymbol{b},\boldsymbol{C}) &\le L_P(\hat{\boldsymbol{P}}^*;\boldsymbol{C}) \\ &= L_P(\hat{\boldsymbol{P}}^*;\boldsymbol{C}+h\boldsymbol{e}^{(i,j)}) - h\hat{\boldsymbol{P}}^*_{ij} \\ &= \mathrm{OT}_\varepsilon(\boldsymbol{a},\boldsymbol{b},\boldsymbol{C}+h\boldsymbol{e}^{(i,j)}) - h\hat{\boldsymbol{P}}^*_{ij} \qquad (3.120)\end{aligned}$$

となる．これらを合わせると，

$$\hat{\boldsymbol{P}}^*_{ij} \le \frac{\mathrm{OT}_\varepsilon(\boldsymbol{a},\boldsymbol{b},\boldsymbol{C}+h\boldsymbol{e}^{(i,j)}) - \mathrm{OT}_\varepsilon(\boldsymbol{a},\boldsymbol{b},\boldsymbol{C})}{h} \le \boldsymbol{P}^*_{ij} \qquad (3.121)$$

となる．目的関数の連続性と最適解の一意性と最適化領域のコンパクト性より，$\hat{\boldsymbol{P}}^*_{ij} \xrightarrow{h\to 0} \boldsymbol{P}^*_{ij}$ となる[*6]ので，$h \to 0$ の極限をとることで所望の式が得られる．

$\boldsymbol{a},\boldsymbol{b}$ について：

$\boldsymbol{a},\boldsymbol{b}$ に対する摂動 $\boldsymbol{\delta}_a \in \mathbb{R}^n, \boldsymbol{\delta}_b \in \mathbb{R}^m$ およびその大きさ $h \in \mathbb{R}$ を任意にとる．$(\boldsymbol{f}^*,\boldsymbol{g}^*)$ が双対問題の最適解であり，OT_ε は $(\boldsymbol{f}^*,\boldsymbol{g}^*)$ を係数として用いたときのラグランジュ緩和問題の最適値であることを利用すると，任意の $\boldsymbol{Q} \in \mathcal{U}(\boldsymbol{a}+h\boldsymbol{\delta}_a, \boldsymbol{b}+h\boldsymbol{\delta}_b)$ に対して，

$$\begin{aligned}\mathrm{OT}_\varepsilon(\boldsymbol{a},\boldsymbol{b},\boldsymbol{C}) &= \min_{\boldsymbol{P}\in\mathbb{R}_+^{n\times m}} \langle \boldsymbol{C},\boldsymbol{P}\rangle - \varepsilon H(\boldsymbol{P}) + \boldsymbol{f}^{*\top}(\boldsymbol{a}-\boldsymbol{P}\mathbb{1}_m) \\ &\quad + \boldsymbol{g}^{*\top}(\boldsymbol{b}-\boldsymbol{P}^\top\mathbb{1}_n) \\ &\le \langle \boldsymbol{C},\boldsymbol{Q}\rangle - \varepsilon H(\boldsymbol{Q}) + \boldsymbol{f}^{*\top}(\boldsymbol{a}-\boldsymbol{Q}\mathbb{1}_m) \\ &\quad + \boldsymbol{g}^{*\top}(\boldsymbol{b}-\boldsymbol{Q}^\top\mathbb{1}_n) \\ &= L_P(\boldsymbol{Q}) + \boldsymbol{f}^{*\top}(\boldsymbol{a}-\boldsymbol{Q}\mathbb{1}_m) + \boldsymbol{g}^{*\top}(\boldsymbol{b}-\boldsymbol{Q}^\top\mathbb{1}_n) \\ &= L_P(\boldsymbol{Q}) - h\boldsymbol{f}^{*\top}\boldsymbol{\delta}_a - h\boldsymbol{g}^{*\top}\boldsymbol{\delta}_b \qquad (3.122)\end{aligned}$$

となる．よって，

$$\begin{aligned}\mathrm{OT}_\varepsilon(\boldsymbol{a}+h\boldsymbol{\delta}_a,\boldsymbol{b}+h\boldsymbol{\delta}_b,\boldsymbol{C}) &= \min_{\boldsymbol{Q}\in\mathcal{U}(\boldsymbol{a}+h\boldsymbol{\delta}_a,\boldsymbol{b}+h\boldsymbol{\delta}_b)} L_P(\boldsymbol{Q}) \\ &\ge \mathrm{OT}_\varepsilon(\boldsymbol{a},\boldsymbol{b},\boldsymbol{C}) + h\boldsymbol{f}^{*\top}\boldsymbol{\delta}_a + h\boldsymbol{g}^{*\top}\boldsymbol{\delta}_b \\ &\qquad (3.123)\end{aligned}$$

である．$(\boldsymbol{a}+h\boldsymbol{\delta}_a, \boldsymbol{b}+h\boldsymbol{\delta}_b)$ を入力としたときの主問題の最適解を

$\hat{\boldsymbol{P}}^*_{ij}$, 双対問題の最適解を $(\hat{\boldsymbol{f}}^*, \hat{\boldsymbol{g}}^*)$ とおくと，上記と同様の変形により

$$\mathrm{OT}_\varepsilon(\boldsymbol{a}, \boldsymbol{b}, \boldsymbol{C}) \geq \mathrm{OT}_\varepsilon(\boldsymbol{a} + h\boldsymbol{\delta}_a, \boldsymbol{b} + h\boldsymbol{\delta}_b, \boldsymbol{C}) - h\hat{\boldsymbol{f}}^{*\top}\boldsymbol{\delta}_a - h\hat{\boldsymbol{g}}^{*\top}\boldsymbol{\delta}_b \tag{3.124}$$

となる．これらを組み合わせると

$$\begin{aligned} \boldsymbol{f}^{*\top}\boldsymbol{\delta}_a + \boldsymbol{g}^{*\top}\boldsymbol{\delta}_b &\leq \frac{\mathrm{OT}_\varepsilon(\boldsymbol{a} + h\boldsymbol{\delta}_a, \boldsymbol{b} + h\boldsymbol{\delta}_b, \boldsymbol{C}) - \mathrm{OT}_\varepsilon(\boldsymbol{a}, \boldsymbol{b}, \boldsymbol{C})}{h} \\ &\leq \hat{\boldsymbol{f}}^{*\top}\boldsymbol{\delta}_a + \hat{\boldsymbol{g}}^{*\top}\boldsymbol{\delta}_b \end{aligned} \tag{3.125}$$

となる．ここで，目的関数の連続性と最適解の一意性と最適化領域のコンパクト性より，$\hat{\boldsymbol{P}}^* \xrightarrow{h \to 0} \boldsymbol{P}^*$ となり，定理 3.4 の証明より，定数成分を除いて $(\hat{\boldsymbol{f}}^*, \hat{\boldsymbol{g}}^*) \xrightarrow{h \to 0} (\boldsymbol{f}^*, \boldsymbol{g}^*)$ となる．よって，式 (3.125) において $h \to 0$ の極限をとることで所望の式が得られる． □

これらの勾配情報を用いることにより，勾配法やその変種の最適化アルゴリズムを用いて OT_ε を最適化できるようになります．

ここで，定理 3.18 において記号と用語を多少濫用したことを指摘しておきます．厳密には，OT_ε は $\boldsymbol{a}, \boldsymbol{b}$ について偏微分できません．なぜなら，$\boldsymbol{a} + h\boldsymbol{e}_i$ と一成分だけ摂動すると，摂動後には Σ_n に含まれなくなり，OT_ε は定義できなくなるからです．ゆえに，定理 3.18 を用いて一次近似する際には，摂動ベクトル $\boldsymbol{\delta}_a$ と $\boldsymbol{\delta}_b$ は総和がゼロになるように限定して設定する必要があります．ここで，

$$(\boldsymbol{f} + c\mathbb{1}_n)^\top\boldsymbol{\delta}_a + (\boldsymbol{g} + c\mathbb{1}_m)^\top\boldsymbol{\delta}_b$$

---

*6 $h = \frac{1}{k}$ のときの最適解を $\boldsymbol{P}^{(k)}$ とする．最適化領域のコンパクト性より点列 $\boldsymbol{P}^{(k)}$ は集積点を持つ．集積点の一つを $\tilde{\boldsymbol{P}}$ とし，$\tilde{\boldsymbol{P}}$ に収束する部分列 $\boldsymbol{P}^{(k_1)}, \boldsymbol{P}^{(k_2)}, \ldots$ をとる．$(\boldsymbol{P}^{(k_l)}, \boldsymbol{C} + \frac{1}{k_l}\boldsymbol{e}^{(i,j)})$ は $(\tilde{\boldsymbol{P}}, \boldsymbol{C})$ に収束する点列である．目的関数の連続性より，$L_P(\boldsymbol{P}^{(k_l)}; \boldsymbol{C} + \frac{1}{k_l}\boldsymbol{e}^{(i,j)})$ は $L_P(\tilde{\boldsymbol{P}}, \boldsymbol{C})$ に収束する．もし $\tilde{\boldsymbol{P}} \neq \boldsymbol{P}^*$ であれば，$\boldsymbol{P}^*$ の最適性と最適解の一意性から，ある $\Delta > 0$ について $L_P(\tilde{\boldsymbol{P}}, \boldsymbol{C}) > L_P(\boldsymbol{P}^*, \boldsymbol{C}) + \Delta$ となるが，これは任意に小さい $h (= \frac{1}{k_l})$ について $L_P(\boldsymbol{P}^*, \boldsymbol{C}) + \Delta < L_P(\boldsymbol{P}^{(k_l)}; \boldsymbol{C} + \frac{1}{k_l}\boldsymbol{e}^{(i,j)}) = \min_{\boldsymbol{P}} L_P(\boldsymbol{P}; \boldsymbol{C} + h\boldsymbol{e}^{(i,j)}) \leq L_P(\boldsymbol{P}^*; \boldsymbol{C} + h\boldsymbol{e}^{(i,j)})$ となり，L_P の連続性に反する．ゆえに $\boldsymbol{P}^*$ が唯一の集積点であり，最適化領域のコンパクト性より $\boldsymbol{P}^{(k)}$ は $\boldsymbol{P}^*$ に収束する．

$$
\begin{aligned}
&= \boldsymbol{f}^\top \boldsymbol{\delta}_a + c\mathbb{1}_n^\top \boldsymbol{\delta}_a + \boldsymbol{g}^\top \boldsymbol{\delta}_b + c\mathbb{1}_m^\top \boldsymbol{\delta}_b \\
&= \boldsymbol{f}^\top \boldsymbol{\delta}_a + \boldsymbol{g}^\top \boldsymbol{\delta}_b
\end{aligned} \tag{3.126}
$$

となるため，摂動の総和が 0 であれば式 (3.125) の両辺は双対変数の定数成分によらず同一になり，摂動の総和が 0 である必要があるという議論は $\boldsymbol{f}, \boldsymbol{g}$ に定数の自由度があることとも整合性があります．定理 3.18 を $\boldsymbol{a}$ についての最急降下法に応用する際には，$\sum_i \boldsymbol{f}_i^* = 0$ となるように双対変数の定数成分を定めておくと $\boldsymbol{f}^*$ の総和が 0 となり

$$
\boldsymbol{a} \leftarrow \boldsymbol{a} - \gamma \boldsymbol{f}^* \tag{3.127}
$$

と更新しても $\boldsymbol{a}$ の総和が 1 に保たれるため，$\boldsymbol{f}$ 自身が最急降下方向として使えます．ただし $\boldsymbol{a}$ の各成分が非負であることを保つのに気をつける必要があります．

3.6.3 微分可能プログラミングとの親和性

微分可能プログラミングとは，プログラムの基本演算としてすべて微分可能なもの，たとえば和・積・指数関数などを用いることでプログラム全体を微分可能とすることです．各構成要素が微分可能であり，勾配が計算できるのであれば，それらをつなぎ合わせた関数も微分可能であり，合成関数の微分則を用いて勾配を計算できます．微分可能プログラミングにより，さまざまな関数を，勾配法を基本とした最適化アルゴリズムにより最適化できるようになります．

微分可能プログラミングの最も成功した適用例が深層ニューラルネットワークです．深層ニューラルネットワークの普及に伴い，TensorFlow や PyTorch などの微分可能プログラミングライブラリ・自動微分ライブラリも一挙に普及しました．これらのライブラリを用いれば，線形変換や微分可能な活性化関数，畳み込み演算，注意機構など，さまざまな微分可能な構成要素を組み合わせて多機能なニューラルネットワークを構築し，勾配法による最適化を適用することが簡単に行えます．

シンクホーンアルゴリズムの最大の利点であり，機械学習コミュニティに普及した要因の一つが，微分可能プログラミングとの親和性が高いことです．アルゴリズム 3.3 から分かるように，シンクホーンアルゴリズムの構成要素

は行列積・割り算・指数関数など，微分可能なものだけです．よって，自動微分ライブラリを用いることで，シンクホーンアルゴリズムの出力値や計算途中の輸送行列に対する入力 $\boldsymbol{a}, \boldsymbol{b}, \boldsymbol{C}$ についての勾配が自動で計算できます．また，これはシンクホーンアルゴリズムを微分可能プログラミングの構成要素として用いることができることを意味します．たとえば，ニューラルネットワークのモデルの損失関数として利用したり，シンクホーンアルゴリズムで得られた輸送行列 $\boldsymbol{P}^{(K)}$ を別のニューラルネットワークに入力したりできるようになります．シンクホーンアルゴリズムと自動微分を組み合わせた際の最大の利点は，なんといっても実装が単純に済むということです．シンクホーンアルゴリズム自体が単純であり，かつ勾配の計算は自動で行えるため追加の実装コストはかかりません．OT_ε だけを最適化する場合には定理 3.18 などを用いれば十分ですが，他の構成要素と組み合わせて用いる場合などでは勾配を明示的に計算するのは煩雑になるため，微分可能プログラミングによる実装の簡単化が効果的です．

一つ気をつけなければいけないのは，収束判定は微分可能でないということです．よって，実装上はヒューリスティックに，定数 T で打ち止めると先に決めてしまい，そのときのシンクホーンの出力値を近似的に用いることが多いです．このとき T はハイパーパラメータとなり，典型的には $T = 1, 2, \ldots, 10$ 程度の小さな値が用いられます [17,35]．

3.6.4 応用例：サイズ制約つきクラスタリング

エントロピー正則化つきの最適輸送問題の微分可能性の簡単な応用例として，サイズ制約つきクラスタリングを紹介します．入力として n 本の d 次元ベクトル $\boldsymbol{X} = [\boldsymbol{x}_1, \ldots, \boldsymbol{x}_n]^\top \in \mathbb{R}^{n \times d}$，クラスタ数 $K \in \mathbb{Z}_+$，クラスタのサイズ割合 $\boldsymbol{a} \in \Sigma_K$ が与えられます．$\boldsymbol{a}_i$ はクラスタ i に属すべきデータの割合を示します．出力すべきは，各ベクトル $\boldsymbol{x}_i$ がどのクラスタに属するかの割り当てです．たとえば，各クラスタの大きさは等分であることが分かっている場合であっても，k 平均法を用いると，巨大なクラスタ 1 つとそれ以外の小さなクラスタという結果が得られるかもしれません．そのような結果を避けるため，ユーザーがクラスタ割合を指定するというのが，この問題の動機です．

クラスタ k の中心を $\boldsymbol{\mu}_k \in \mathbb{R}^d$ と表し，$\boldsymbol{M}$ をクラスタ中心を並べた行列

$\boldsymbol{M} \stackrel{\text{def}}{=} [\boldsymbol{\mu}_1, \ldots, \boldsymbol{\mu}_K]^\top \in \mathbb{R}^{K\times d}$ とし，ベクトル $\boldsymbol{x}_i$ とクラスタ中心 $\boldsymbol{\mu}_k$ の二乗距離をまとめた行列を $\boldsymbol{C}^{\boldsymbol{M}} \in \mathbb{R}^{n\times K}, \boldsymbol{C}^{\boldsymbol{M}}_{ik} \stackrel{\text{def}}{=} \|\boldsymbol{x}_i - \boldsymbol{\mu}_k\|_2^2$ とします．最小化すべき目的関数は，割り当てられたクラスタ中心への平均二乗距離と定義します．割り当て行列 $\boldsymbol{P} \in \mathbb{R}^{n\times K}$ の (i,j) 成分を，ベクトル $\boldsymbol{x}_i$ がクラスタ j に割り当てられたとき $\frac{1}{n}$，それ以外だと 0 とすると，最適化問題は以下で定式化できます．

$$\begin{aligned}
\underset{\boldsymbol{M}\in\mathbb{R}^{K\times d}}{\text{minimize}} \quad & \min_{\boldsymbol{P}\in\mathbb{R}^{n\times K}} \sum_{i=1}^{n}\sum_{j=1}^{m} \boldsymbol{C}^{\boldsymbol{M}}_{ij}\boldsymbol{P}_{ij} \\
\text{subject to} \quad & \boldsymbol{P}\mathbb{1}_K = \frac{1}{n}\mathbb{1}_n \\
& \boldsymbol{P}^\top \mathbb{1}_n = \boldsymbol{a} \\
& \boldsymbol{P}_{ij} \in \left\{0, \frac{1}{n}\right\} \qquad (\forall i \in [n], \forall j \in [K])
\end{aligned} \tag{3.128}$$

ここで，$\boldsymbol{P}\mathbb{1}_K = \frac{1}{n}\mathbb{1}_n$ はただ一つのクラスタに割り当てられること，$\boldsymbol{P}^\top\mathbb{1}_n = \boldsymbol{a}$ はクラスタ割合が $\boldsymbol{a}$ であることを表します．この最適化問題の $\text{minimize}_{\boldsymbol{M}\in\mathbb{R}^{K\times d}}$ の対象が入力ベクトルの点群 $\{\boldsymbol{x}_i\}$ からクラスタ中心の点群 $\{\boldsymbol{\mu}_k\}$ への最適輸送コストに似ていることが見てとれます．ただし，エントロピー正則化がないことと，$\boldsymbol{P}_{ij}$ が $0, \frac{1}{n}$ のどちらかに制約されているため，外側の最適化が困難です．本節で述べた手法を使うべく，エントロピー正則化を導入し，$\boldsymbol{P}$ の制約を緩和する近似を考えます．すなわち，正則化係数 $\varepsilon \in \mathbb{R}_+$ を導入し，

$$\begin{aligned}
&\min_{\boldsymbol{M}\in\mathbb{R}^{K\times d}, \boldsymbol{P}\in\mathcal{U}(\frac{\mathbb{1}_n}{n}, \boldsymbol{a})} \langle \boldsymbol{C}^{\boldsymbol{M}}, \boldsymbol{P}\rangle - \varepsilon H(\boldsymbol{P}) \\
&= \min_{\boldsymbol{M}\in\mathbb{R}^{K\times d}} \mathrm{OT}_\varepsilon\left(\frac{\mathbb{1}}{n}, \boldsymbol{a}, \boldsymbol{C}^{\boldsymbol{M}}\right)
\end{aligned} \tag{3.129}$$

という問題を考えます．$\boldsymbol{M}$ についての「外側の最適化」は本節でこれまで述べてきた勾配を用いた方法で解くことができます．具体的には，3.6.2 節で述べた $\boldsymbol{P}^*$ を $\boldsymbol{C}$ についての勾配として用いるアプローチと，シンクホーンアルゴリズムを直接微分するアプローチが使えるでしょう．$\boldsymbol{P}^*$ を $\boldsymbol{C}$ についての勾配として用いる場合は，

$$\frac{\partial \boldsymbol{C}_{ik}}{\partial \boldsymbol{\mu}_k} = 2(\boldsymbol{\mu}_k - \boldsymbol{x}_i) \tag{3.130}$$

$$\frac{\partial \boldsymbol{C}_{ij}}{\partial \boldsymbol{\mu}_k} = 0 \ (j \neq k) \tag{3.131}$$

であることと合成関数の微分則を利用すると，

$$\begin{aligned}
\frac{\partial \mathrm{OT}_\varepsilon}{\partial \boldsymbol{\mu}_k} &= \sum_{i=1}^{n} \frac{\partial \boldsymbol{C}_{ik}}{\partial \boldsymbol{\mu}_k} \frac{\partial \mathrm{OT}_\varepsilon}{\partial \boldsymbol{C}_{ik}} \\
&= \sum_{i=1}^{n} \frac{\partial \boldsymbol{C}_{ik}}{\partial \boldsymbol{\mu}_k} \boldsymbol{P}^*_{ik} \\
&= \sum_{i=1}^{n} 2(\boldsymbol{\mu}_k - \boldsymbol{x}_i) \boldsymbol{P}^*_{ik} \\
&= 2\boldsymbol{a}_k \boldsymbol{\mu}_k - 2\boldsymbol{X}^\top \boldsymbol{P}^*_{:k}
\end{aligned} \tag{3.132}$$

となります．これを勾配法において使うことができるほか，$\boldsymbol{P}^*$ を定数とみなす近似を行い，式 (3.132) をゼロとおくと，

$$\boldsymbol{M} \leftarrow \mathrm{Diag}\left(\frac{1}{\boldsymbol{a}}\right) \boldsymbol{P}^{*\top} \boldsymbol{X} \tag{3.133}$$

という更新が得られます（アルゴリズム 3.5）．

アルゴリズム 3.5 解析的な勾配を用いたサイズ制約つきクラスタリングの最適化 [21]

入力：ベクトル $\boldsymbol{x}_1, \ldots, \boldsymbol{x}_n \in \mathbb{R}^d$，クラスタ数 $K \in \mathbb{Z}_+$，クラスタのサイズ割合 $\boldsymbol{a} \in \Sigma_K$，エントロピー正則化係数 $\varepsilon \in \mathbb{R}_+$

出力：クラスタ割り当て $\boldsymbol{P} \in \mathbb{R}^{n \times K}$，クラスタ中心 $\{\boldsymbol{\mu}_k\}_{k=1}^K$

$\boldsymbol{M} = [\mu_1, \ldots, \mu_K]^\top$ をランダムに初期化する．
for $t = 1, 2, \ldots$ **do**
　現在のクラスタ中心を用いてコスト行列 $C_{ik}^{\boldsymbol{M}} \overset{\text{def}}{=} \|\boldsymbol{x}_i - \boldsymbol{\mu}_k\|_2^2$ を計算する．
　入力 $(\frac{\mathbb{1}_n}{n}, \boldsymbol{a}, \boldsymbol{C}^{\boldsymbol{M}})$ についてエントロピー正則化つき最適輸送を解き，最適主解 $\boldsymbol{P}^*$ を得る．
　$\boldsymbol{M} \leftarrow \mathrm{Diag}\left(\frac{1}{\boldsymbol{a}}\right) \boldsymbol{P}^{*\top} \boldsymbol{X}$
end
必要であれば $\boldsymbol{P}^*$ を離散化し，ハードなクラスタ割り当てを得る．
Return $(\boldsymbol{P}^*, \boldsymbol{M})$

一方，シンクホーンアルゴリズムを直接微分するアプローチでは，$\mathrm{SinkhornCost}(\frac{\mathbb{1}}{n}, \boldsymbol{a}, \boldsymbol{C}^{\boldsymbol{M}}; T, \varepsilon)$ を，シンクホーンアルゴリズムを $k = T$ 回の反復で止めたときの解で目的関数 L_D を評価した値とし，

$$\min_{\boldsymbol{M} \in \mathbb{R}^{K \times d}} \mathrm{SinkhornCost}\left(\frac{\mathbb{1}}{n}, \boldsymbol{a}, \boldsymbol{C}^{\boldsymbol{M}}; T, \varepsilon\right) \tag{3.134}$$

を解くことで，クラスタ割り当て $\boldsymbol{P}$ とクラスタ中心 $\boldsymbol{M} \in \mathbb{R}^{K \times d}$ を得ます．SinkhornCost の $\boldsymbol{M}$ についての微分は自動微分を用いて計算できるので，この最適化はアルゴリズム 3.6 のように勾配法をベースに行うことができます．

アルゴリズム 3.6 自動微分を用いたサイズ制約つきクラスタリングの最適化

入力: ベクトル $\boldsymbol{x}_1, \ldots, \boldsymbol{x}_n \in \mathbb{R}^d$，クラスタ数 $K \in \mathbb{Z}_+$，クラスタのサイズ割合 $\boldsymbol{a} \in \Sigma_K$，エントロピー正則化係数 $\varepsilon \in \mathbb{R}_+$，シンクホーンの反復回数 $T \in \mathbb{Z}_+$，学習率 $\gamma \in \mathbb{R}_+$

出力: クラスタ割り当て $\boldsymbol{P} \in \mathbb{R}^{n \times K}$，クラスタ中心 $\{\boldsymbol{\mu}_k\}_{k=1}^K$

$\boldsymbol{M} = [\mu_1, \ldots, \mu_K]^\top$ をランダムに初期化する.

for $t = 1, 2, \ldots$ **do**

　自動微分を用いて勾配を計算し，クラスタ中心を

$$\boldsymbol{M} \leftarrow \boldsymbol{M} - \gamma \nabla_{\boldsymbol{M}} \mathrm{SinkhornCost}\left(\frac{\mathbb{1}}{n}, \boldsymbol{a}, \boldsymbol{C}^{\boldsymbol{M}}; T, \varepsilon\right)$$

　と更新する.

end

現在のクラスタ中心を用いて最適主解 $\boldsymbol{P}^*$ を計算し，必要であれば $\boldsymbol{P}^*$ を離散化してハードなクラスタ割り当てを得る.

Return $(\boldsymbol{P}^*, \boldsymbol{M})$

二つのアプローチを比較すると，アルゴリズム 3.5 では正確な勾配値が求まることと，解析的な更新式が得られるため計算効率が高く，最適化の収束も速いことが利点です．また，設定すべきハイパーパラメータが少ないことも魅力的です．こちらのアプローチが利用できる場合にはこちらを利用するのがよいでしょう．一方，アルゴリズム 3.6 では，勾配の計算が完全に自動となっており，実装や導出の手間が省けます．よって，複雑な微分可能プログラムのパイプラインに組み込む場合や，ほかに計算のボトルネックが存在する場合などは，簡便なこちらのアプローチを用いるとよいでしょう．

数値例

混合比 $(0.5, 0.2, 0.3)$ の混合ガウスモデルから二次元の点群をサンプリングし $\boldsymbol{X}$ とします．入力するクラスタ数 K とクラスタサイズ $\boldsymbol{a}$ としては真の $K = 3, \boldsymbol{a} = (0.5, 0.2, 0.3)^\top$ を用います．クラスタの最適化としてアルゴリズム 3.5 を用いたときの実験結果を図 3.5 に示します．赤の点群が入力である $\boldsymbol{X}$ を表し，青の点群がクラスタ中心 $\{\boldsymbol{\mu}_k\}$ を表します．クラスタ中心については，点の大きさがクラスタサイズ $\boldsymbol{a}_i$ を表しています．また，補助的に $\boldsymbol{P}^*_{ik}$ が閾値以上の値を持つ組 (i, j) について灰色の線を図示していま

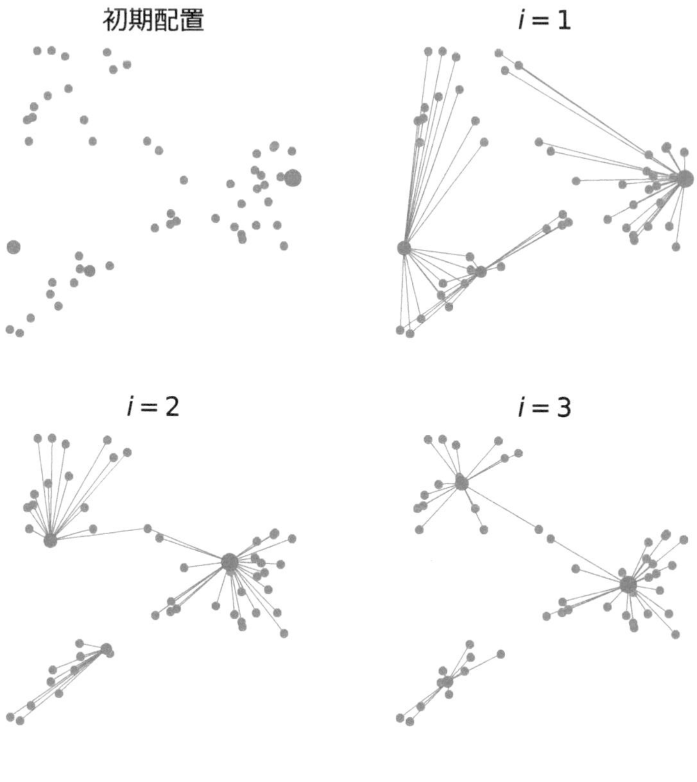

図 3.5　クラスタリングの数値例．赤の点群が入力点群を表し，青の点群がクラスタ中心を表す．わずか 2 回の反復で最適解に収束している．

す．初期配置においてはコストの大きいデタラメな割り当てがなされていますが，急速に最適解に収束することが見てとれます．

3.7 シンクホーンダイバージェンス

エントロピー正則化つきの最適輸送コスト OT_ε は最適化問題としてはよい性質を持つのですが，確率分布の距離尺度としてはいくつか欠点を持っています．まず一般に，$\boldsymbol{a} \in \mathbb{R}^n, \boldsymbol{C} \in \mathbb{R}^{n \times n}$ に対して，

$$\mathrm{OT}_\varepsilon(\boldsymbol{a}, \boldsymbol{a}, \boldsymbol{C}) \neq 0 \tag{3.135}$$

となります．すなわち，自分自身との「距離」はゼロではありません．また，一般に，$\boldsymbol{a} \in \mathbb{R}^n, \boldsymbol{C} \in \mathbb{R}^{n \times n}$ に対して，

$$\operatorname*{argmin}_{\boldsymbol{b}} \mathrm{OT}_\varepsilon(\boldsymbol{a}, \boldsymbol{b}, \boldsymbol{C}) \neq \boldsymbol{a} \tag{3.136}$$

となります．すなわち，最も近い分布は自分自身ではありません．これらの性質は距離の定義としては不適当でしょう．

図 3.6 において，左端の赤の点群 α は適当な分布から生成した点群を表し，中央の青の点群は $\operatorname{argmin}_\beta \mathrm{OT}_\varepsilon(\alpha, \beta)$ を表します．明らかに，青の点群は赤の点群とは一致していません．α に「最も近い」点群が α 自身ではないことは不合理です．直観的には，ε が大きいとき，最適解 $\boldsymbol{P}^*$ は一様に

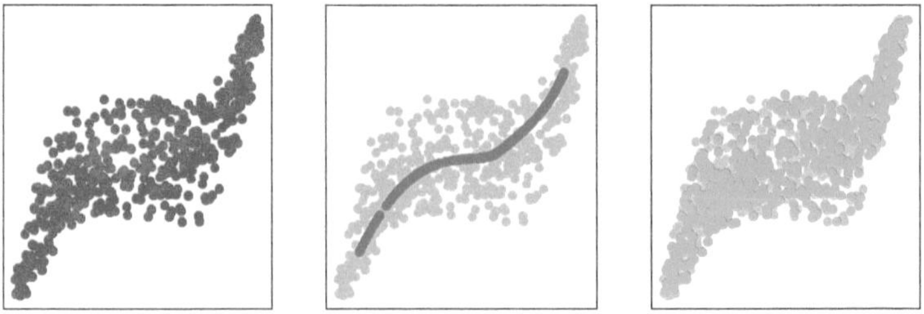

図 3.6 エントロピー正則化つきの最適輸送の中心化バイアス．左：赤の点群 α は適当な分布からサンプリングした点群．中央：青の点群は $\operatorname{argmin}_\beta \mathrm{OT}_\varepsilon(\alpha, \beta)$ を表す．すなわち，OT_ε の観点で赤の点群に最も近い点群である．右：緑の点群は $\operatorname{argmin}_\beta \mathrm{SD}_\varepsilon(\alpha, \beta)$ を表す．すなわち，SD_ε の観点で赤の点群に最も近い点群である．[29, Figure 1] を参考に作成．

近い輸送行列となり，このとき各点から他のすべての点に輸送が発生するため，α の平均値の周りに点群が集まり，「中央によった分布」が最もコストが低くなります．この例では例示のため ε はやや大きめに設定しており，もちろん，ε を非常に小さくとれば OT_ε は OT に近づき，この問題は解消されていきます．しかし，ε が非常に小さい場合 $\exp(\boldsymbol{C}/\varepsilon)$ の値が非常に大きくなりシンクホーンアルゴリズムが数値的に不安定になることと，3.5 節で見たように，ε が小さいときにシンクホーンアルゴリズムの収束が非常に遅くなるため，ε を小さくすればよいというわけでもありません．また，いくら小さな ε を用いたとしても，正である限りはこの問題は完全には解消されません．この中心化バイアスを取り除き，分布間の距離として直観的な振る舞いをするように修正したものが本節で紹介する**シンクホーンダイバージェンス**です．

上記の事実により，OT_ε は距離の公理やダイバージェンスの公理を満たしません．また，式 (3.136) より，教師データとモデルの出力した確率分布の間の OT_ε を最小化しても，教師データに近づかない場合があります．

これを解決するために考案されたのが，以下で定義されるシンクホーンダイバージェンスです．

定義 3.19（シンクホーンダイバージェンス）

$$\mathrm{SD}_\varepsilon(\boldsymbol{a},\boldsymbol{b},\boldsymbol{C}) \stackrel{\mathrm{def}}{=} \mathrm{OT}_\varepsilon(\boldsymbol{a},\boldsymbol{b},\boldsymbol{C}) - \frac{1}{2}\mathrm{OT}_\varepsilon(\boldsymbol{a},\boldsymbol{a},\boldsymbol{C}) - \frac{1}{2}\mathrm{OT}_\varepsilon(\boldsymbol{b},\boldsymbol{b},\boldsymbol{C}) \tag{3.137}$$

これは各項はエントロピー正則化つきの最適輸送コストなので，シンクホーンアルゴリズムを 3 回実行することで求めることができます．また，各項での距離行列は共通しているので，3.3.3 節で紹介した並列化により計算できます．

シンクホーンダイバージェンスはダイバージェンスの公理を満たすことが示せます．まずはダイバージェンスとその基本的な話題について紹介します．

定義 3.20（ダイバージェンス）

関数 $f\colon \mathcal{X} \times \mathcal{X} \to \mathbb{R}$ は，

- $\forall x, y \in \mathcal{X}, f(x, y) \geq 0$
- $x = y \Longleftrightarrow f(x, y) = 0$

を満たすときダイバージェンスという．

定義 3.21（ブレグマンダイバージェンス）

連続微分可能な狭義凸関数 $\phi\colon \mathcal{X} \to \mathbb{R}$ に対して，$\mathcal{D}_\phi(x, y) = \phi(x) - \phi(y) - (x - y)^\top \nabla\phi(y)$ を ϕ に付随するブレグマンダイバージェンスという．

たとえば，$\phi(x) = \|x\|_2^2$ とおくと $\mathcal{D}_\phi(x, y) = \|x - y\|_2^2$ となり，$\phi(x) = \sum_i x_i \log x_i$ とおくと $\mathcal{D}_\phi$ は KL ダイバージェンスになります．ブレグマンダイバージェンスは ϕ 自身と y における ϕ の接平面の差を表しており，ϕ は狭義凸なので $x \neq y$ でブレグマンダイバージェンスは正となります（図

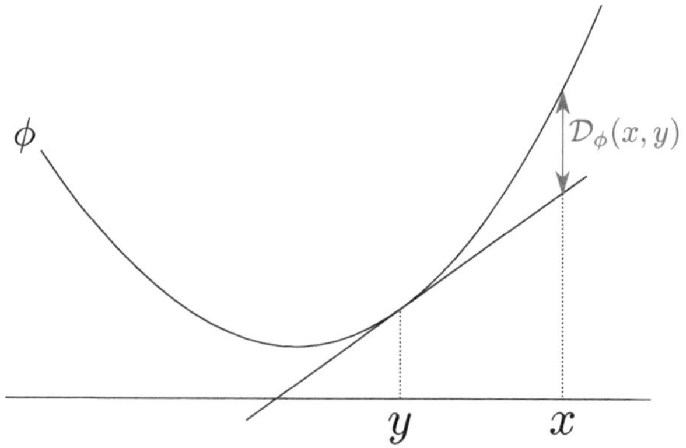

図 3.7 ブレグマンダイバージェンスの図示．

3.7)．よって，ブレグマンダイバージェンスはダイバージェンスの公理を満たします．この事実を用いて，シンクホーンダイバージェンスについての定理を示すことができます．

定理 3.22（シンクホーンダイバージェンスのダイバージェンス性）

任意の $\boldsymbol{a}, \boldsymbol{b} \in \mathbb{R}^n$ と対称行列 $\boldsymbol{C} \in \mathbb{R}^{n \times n}$ に対して，$\mathrm{SD}_\varepsilon(\boldsymbol{a}, \boldsymbol{b}, \boldsymbol{C}) \geq 0$ であり，$\boldsymbol{a} = \boldsymbol{b}$ であるときかつそのときのみ $\mathrm{SD}_\varepsilon(\boldsymbol{a}, \boldsymbol{b}, \boldsymbol{C}) = 0$ である．すなわち，コスト関数が対称のとき，シンクホーンダイバージェンスはダイバージェンスの公理を満たす．

証明

同じ引数のときゼロになることについて：

$$\begin{aligned}&\mathrm{SD}_\varepsilon(\boldsymbol{a}, \boldsymbol{a}, \boldsymbol{C})\\&= \mathrm{OT}_\varepsilon(\boldsymbol{a}, \boldsymbol{a}, \boldsymbol{C}) - \frac{1}{2}\mathrm{OT}_\varepsilon(\boldsymbol{a}, \boldsymbol{a}, \boldsymbol{C}) - \frac{1}{2}\mathrm{OT}_\varepsilon(\boldsymbol{a}, \boldsymbol{a}, \boldsymbol{C}) = 0.\end{aligned} \tag{3.138}$$

ϕ の性質について：

$$\phi(\boldsymbol{a}) \stackrel{\mathrm{def}}{=} -\frac{1}{2}\mathrm{OT}_\varepsilon(\boldsymbol{a}, \boldsymbol{a}, \boldsymbol{C}) - \varepsilon H(\boldsymbol{a}) \tag{3.139}$$

と定義する．ϕ は狭義凸関数であることが示せる [29, Proposition 4]．$\nabla_{\boldsymbol{a}}\phi(\boldsymbol{a}) = -\nabla_1 \mathrm{OT}_\varepsilon(\boldsymbol{a}, \boldsymbol{a}, \boldsymbol{C}) - \varepsilon \nabla_{\boldsymbol{a}} H(\boldsymbol{a})$ であることを示す．ここで ∇_1 は第一引数についてのみの勾配である．まず，対称ではない $\boldsymbol{P} \in \mathcal{U}(\boldsymbol{a}, \boldsymbol{a})$ について，$\bar{\boldsymbol{P}} = \frac{\boldsymbol{P}+\boldsymbol{P}^\top}{2}$ と「対称化」した輸送行列も実行可能であり，$\boldsymbol{C}$ の対称性より $\langle \boldsymbol{P}, \boldsymbol{C} \rangle = \langle \bar{\boldsymbol{P}}, \boldsymbol{C} \rangle$ であり，H の狭義凹性より $H(\boldsymbol{P}) < H(\bar{\boldsymbol{P}})$ となる．よって，$L_P(\bar{\boldsymbol{P}}) < L_P(\boldsymbol{P})$ となり，$\mathrm{OT}_\varepsilon(\boldsymbol{a}, \boldsymbol{a}, \boldsymbol{C})$ の最適主解 $\boldsymbol{P}^*$ は対称である[*7]．定理 3.4 の証明より，最適双対解 $(\boldsymbol{u}, \boldsymbol{v})$ においては

$$\boldsymbol{u} \propto \boldsymbol{K}_{:,1} / \boldsymbol{P}^*_{:,1} \tag{3.140}$$

---

*7 そうでなければ「対称化」によって目的関数を下げることができる．

$$\boldsymbol{v} \propto \boldsymbol{K}_{1,:}/\boldsymbol{P}^*_{1,:} \tag{3.141}$$

である．ここで $\propto$ はベクトルの比例関係を表す．$\boldsymbol{K}$ と $\boldsymbol{P}^*$ の対称性より $\boldsymbol{u} \propto \boldsymbol{v}$ となる．双対変数の定数倍の自由度より，$\boldsymbol{u}^* = \boldsymbol{v}^*$ なる最適解が存在する．$\boldsymbol{f}^* = \boldsymbol{g}^*$ なる最適双対解をとる．定理 3.18 より，$\nabla_1 \mathrm{OT}_\varepsilon(\boldsymbol{a}, \boldsymbol{a}, \boldsymbol{C}) = \boldsymbol{f}^*$ であり，$\nabla_{\boldsymbol{a}} \phi(\boldsymbol{a}) = -\frac{1}{2}(\boldsymbol{f}^* + \boldsymbol{g}^*) - \varepsilon \nabla_{\boldsymbol{a}} H(\boldsymbol{a}) = -\boldsymbol{f}^* - \varepsilon \nabla_{\boldsymbol{a}} H(\boldsymbol{a})$ である．よって，$\nabla_{\boldsymbol{a}} \phi(\boldsymbol{a}) = -\nabla_1 \mathrm{OT}_\varepsilon(\boldsymbol{a}, \boldsymbol{a}, \boldsymbol{C}) - \varepsilon \nabla_{\boldsymbol{a}} H(\boldsymbol{a})$ が示された．

シンクホーンダイバージェンスとブレグマンダイバージェンスの関係について：

$\mathrm{OT}_\varepsilon(\boldsymbol{a}, \boldsymbol{b}, \boldsymbol{C}) + \varepsilon H(\boldsymbol{a})$ は $\boldsymbol{a}$ について凸であることが示せる [29]．勾配を用いた接平面との値の比較により

$$\begin{aligned} \mathrm{OT}_\varepsilon(\boldsymbol{b}, \boldsymbol{b}, \boldsymbol{C}) + \varepsilon H(\boldsymbol{b}) + (\boldsymbol{a} - \boldsymbol{b})^\top (\nabla_1 \mathrm{OT}_\varepsilon(\boldsymbol{b}, \boldsymbol{b}, \boldsymbol{C}) + \varepsilon \nabla_{\boldsymbol{b}} H(\boldsymbol{b})) \\ \le \mathrm{OT}_\varepsilon(\boldsymbol{a}, \boldsymbol{b}, \boldsymbol{C}) + \varepsilon H(\boldsymbol{a}) \end{aligned} \tag{3.142}$$

となる．両辺から $\frac{1}{2}\mathrm{OT}_\varepsilon(\boldsymbol{a}, \boldsymbol{a}, \boldsymbol{C}) + \frac{1}{2}\mathrm{OT}_\varepsilon(\boldsymbol{b}, \boldsymbol{b}, \boldsymbol{C}) + \varepsilon H(\boldsymbol{a})$ を引くと，

$$\phi(\boldsymbol{a}) - \phi(\boldsymbol{b}) - (\boldsymbol{a} - \boldsymbol{b})^\top \nabla \phi(\boldsymbol{b}) \le \mathrm{SD}_\varepsilon(\boldsymbol{a}, \boldsymbol{b}, \boldsymbol{C}) \tag{3.143}$$

となる．左辺は ϕ に付随するブレグマンダイバージェンス $\mathcal{D}_\phi(\boldsymbol{a}, \boldsymbol{b})$ であり，これはダイバージェンスの公理を満たすので，$\mathcal{D}_\phi(\boldsymbol{a}, \boldsymbol{b}) \ge 0$ であり，$\boldsymbol{a} \neq \boldsymbol{b}$ であれば $\mathcal{D}_\phi(\boldsymbol{a}, \boldsymbol{b}) > 0$ となる．ゆえに，$\mathrm{SD}_\varepsilon(\boldsymbol{a}, \boldsymbol{b}, \boldsymbol{C}) \ge 0$ であり，$\boldsymbol{a} \neq \boldsymbol{b}$ であれば $\mathrm{SD}_\varepsilon(\boldsymbol{a}, \boldsymbol{b}, \boldsymbol{C}) > 0$ となる． □

以上はヒストグラムの場合の証明ですが，一般の測度についても同様の方法により同様の定理が示せます．詳細については Feydy ら [29] を参照してください．

例 3.3 (シンクホーンダイバージェンスの最小化)

本節の冒頭の図 3.6 の右端に示される緑色の点群は $\mathrm{argmin}_{\beta}\, \mathrm{SD}_{\varepsilon}(\alpha, \beta)$ を表します．$\mathrm{OT}_{\varepsilon}$ を直接用いた場合と異なり，赤の点群に重なるような分布が得られています．

3.8 エントロピー正則化なし問題への利用

本章のここまでは，エントロピー正則化つきの最適輸送問題を見てきました．前節のシンクホーンダイバージェンスはエントロピー正則化のいくつかの欠点が解消されるものの，第 2 章で見たエントロピー正則化のない，通常の最適輸送コストやワッサースタイン距離を計算したい場合もしばしばあります．そのような場合には，エントロピー正則化つきの最適輸送問題のソルバー，たとえばシンクホーンアルゴリズムなどをサブルーチンとして用いて**近接点アルゴリズム**を適用することで，通常の最適輸送コストを求めることができます．

まず，近接点アルゴリズムについて簡単におさらいしておきます．近接点アルゴリズムにおいては，現在の反復における解 $\boldsymbol{P}^{(k)}$ との距離 $\mathcal{D}$ をペナルティに加えて目的関数を最小化することを繰り返します．近接点アルゴリズムについてのさらなる詳細については『機械学習のための連続最適化』[76, 12.2.7 節] などを参照してください．通常の最適輸送に対して近接点アルゴリズムを適用すると，通常の最適輸送問題の目的関数は $\langle \boldsymbol{C}, \boldsymbol{P} \rangle$ であるので，

$$\boldsymbol{P}^{(k+1)} \leftarrow \mathop{\mathrm{argmin}}_{\boldsymbol{P} \in \mathcal{U}(\boldsymbol{a}, \boldsymbol{b})} \langle \boldsymbol{C}, \boldsymbol{P} \rangle + \lambda \mathcal{D}(\boldsymbol{P}, \boldsymbol{P}^{(k)}) \tag{3.144}$$

という更新を繰り返します．ここで，距離 $\mathcal{D}$ として KL ダイバージェンスを用いると，式 (3.144) は

$$\begin{aligned} \boldsymbol{P}^{(k+1)} &\leftarrow \mathop{\mathrm{argmin}}_{\boldsymbol{P} \in \mathcal{U}(\boldsymbol{a}, \boldsymbol{b})} \langle \boldsymbol{C}, \boldsymbol{P} \rangle - \lambda \sum_{ij} \boldsymbol{P}_{ij} \log \frac{\boldsymbol{P}_{ij}^{(k)}}{\boldsymbol{P}_{ij}} - \boldsymbol{P}_{ij} + \boldsymbol{P}_{ij}^{(k)} \\ &= \mathop{\mathrm{argmin}}_{\boldsymbol{P} \in \mathcal{U}(\boldsymbol{a}, \boldsymbol{b})} \langle \boldsymbol{C} - \lambda \log \boldsymbol{P}^{(k)}, \boldsymbol{P} \rangle - \lambda H(\boldsymbol{P}) \end{aligned} \tag{3.145}$$

となります．これは $\boldsymbol{C} - \lambda \log \boldsymbol{P}^{(k)}$ をコスト行列としたエントロピー正則化つきの最適輸送問題にほかなりません．よって，通常の最適輸送問題に対する近接点アルゴリズムの各反復はシンクホーンアルゴリズムによって計算することができます．言い換えると，通常の最適輸送はエントロピー正則化つきの最適輸送問題を繰り返し解くことで求められるということです．このとき，コスト行列の構造は各反復でほとんど同一のため，前回の反復の最適解を初期解とすることで 2 回目以降のシンクホーンアルゴリズムの収束を速めることができます．また，近接点アルゴリズムの各反復を正確に解くことが最終目的ではなく，あくまで最終結果が正確であればよいので，各反復におけるシンクホーンアルゴリズムは数回または 1 回の不正確なものに留め，外側の反復回数をその分増やすことで効率よく求める手法も提案されています [73]．特に，初期値としてすべての成分が 1 である行列 $\boldsymbol{P}^{(0)} = \mathbb{1}_{n \times m}$ を用いた場合，k 回目の反復での解を $\boldsymbol{u}^{(k)}, \boldsymbol{v}^{(k)}$ とすると，

$$
\begin{aligned}
\boldsymbol{P}^{(k)} &= \mathrm{Diag}(\boldsymbol{u}^{(k)}) \exp(-(\boldsymbol{C} - \lambda \log \boldsymbol{P}^{(k-1)})/\lambda) \mathrm{Diag}(\boldsymbol{v}^{(k)}) \\
&= \mathrm{Diag}(\boldsymbol{u}^{(k)})(\boldsymbol{K} \odot \boldsymbol{P}^{(k-1)}) \mathrm{Diag}(\boldsymbol{v}^{(k)}) \\
&= \mathrm{Diag}(\boldsymbol{u}^{(k)}) \mathrm{Diag}(\boldsymbol{u}^{(k-1)})(\boldsymbol{K} \odot \boldsymbol{K} \odot \boldsymbol{P}^{(k-2)}) \mathrm{Diag}(\boldsymbol{v}^{(k-1)}) \mathrm{Diag}(\boldsymbol{v}^{(k)}) \\
&= \mathrm{Diag}(\boldsymbol{u}^{(k)} \odot \ldots \odot \boldsymbol{u}^{(1)})(\exp(-k\boldsymbol{C}/\lambda) \odot \boldsymbol{P}^{(0)}) \mathrm{Diag}(\boldsymbol{v}^{(1)} \odot \ldots \odot \boldsymbol{v}^{(k)}) \\
&= \mathrm{Diag}(\boldsymbol{u}^{(k)} \odot \ldots \odot \boldsymbol{u}^{(1)}) \exp(-k\boldsymbol{C}/\lambda) \mathrm{Diag}(\boldsymbol{v}^{(1)} \odot \ldots \odot \boldsymbol{v}^{(k)})
\end{aligned}
\tag{3.146}
$$

となります．ここで $\odot$ は成分ごとの積を表します．式 (3.146) は，係数 $\frac{\lambda}{k}$ のギブスカーネル行列をスケーリングしたものが $\boldsymbol{P}^{(k)}$ であることを示しています．つまり，近接点アルゴリズムは正則化係数を $\frac{\lambda}{k}$ と減少させながらシンクホーンアルゴリズムを適用していると解釈できます．$k \to \infty$ で $\frac{\lambda}{k} \to 0$ となるので，正則化なしの解に収束することがここからも理解できます．エントロピー正則化なしの最適輸送問題を近接点アルゴリズムとシンクホーンアルゴリズムで解く疑似コードをアルゴリズム 3.7 に示します．

アルゴリズム 3.7　近接点アルゴリズムによる正則化なしの最適輸送コストの計算

入力: 確率ベクトル $a \in \Sigma_n, b \in \Sigma_m$,
　　　コスト行列 $C \in \mathbb{R}^{n \times m}$, ステップサイズ $\lambda > 0$
出力: エントロピー正則化なしの最適輸送問題についての解 P^*

1　$K \leftarrow \exp(-C/\lambda)$
2　$P^{(0)} = \mathbb{1}_{n \times m}$
3　$v = \mathbb{1}_m$
4　**for** $k = 1, 2, \ldots$ **do**
5　　$L^{(k)} \leftarrow K \odot P^{(k-1)}$
6　　**for** $\ell = 1, 2, \ldots$ **do**
　　　　// シンクホーンアルゴリズム. 典型的には 1 回の反
　　　　復で終える.
7　　　　$u \leftarrow \frac{a}{L^{(k)}v}$
8　　　　$v \leftarrow \frac{b}{L^{(k)\top}u}$
　　end
9　　$P^{(k)} \leftarrow \mathrm{Diag}(u)L^{(k)}\mathrm{Diag}(v)$
　end
10　**Return** $P^{(k)}$

Chapter 4

敵対的ネットワーク

第 2 章と第 3 章では主にヒストグラムどうし，あるいは点群どうしの比較について考えました．本章では，連続分布どうしの最適輸送問題を解く敵対的ネットワークを用いたアプローチを紹介します．具体的な応用例として，生成モデル（敵対的生成ネットワーク; GAN）のほか，オートエンコーダやドメイン適応についても紹介します．

4.1 敵対的ネットワークとは何か

理想的な点群 $\alpha = \{\boldsymbol{x}_1, \ldots, \boldsymbol{x}_n\} \subset \mathcal{X}$ と人工的に生成した点群 $\beta = \{\boldsymbol{y}_1, \ldots, \boldsymbol{y}_n\} \subset \mathcal{X}$ があり，β を α に近づけていくことを考えます．たとえば, $\boldsymbol{x}_1, \ldots, \boldsymbol{x}_n$ の一つ一つは現実世界で撮った風景の写真であり, $\boldsymbol{y}_1, \ldots, \boldsymbol{y}_n$ は画像生成モデルの出力といった応用が考えられます．二つの点群を近づけていくには，まずそれらの距離を定量的に測る必要があります．もちろん，第 2, 3 章で定式化した最適輸送コストを用いることもできますが，ここでは別の角度から距離を測ることを考えます．敵対的な定式化では，データ点が α の点か β の点かを判定する分類モデル $f\colon \mathcal{X} \to \mathbb{R}$ を用意します．f は α の点であれば高い値を，β の点であれば低い値を出すことを目指して最適化がなされます．この f がハッキリと β の点であると断定できる点があれば，その点はまだ理想的な点群から遠いということであり，改善の余地があります．一方，よく訓練された f が α の点と β の点の区別できなければ，二つの点群は見分けがつかないほど似ているということになり，距離が近いと結論づけられます．我々は α と β を近づけようとしているのに対し，f はできるだけ似ていない点を見つけるという意地悪な粗探しを行っていることから，f は**敵対的ネットワーク** (adversarial network) と呼ばれます．

ここで，2.3.2 節での議論と問題 (2.79) を思い返してみると，最適輸送の双対問題も，α の点に対して高い値を，β の点に対して低い値を設定する問題であり，敵対的な定式化と非常に似ています．大きな違いの一つは，最適輸送の双対問題では単一の分類モデル f を用いず，α と β のそれぞれについて $\boldsymbol{f}, \boldsymbol{g}$ という 2 種類の値を用いていることです．しかし，実はコスト関数が距離の公理を満たす場合，$\boldsymbol{f}, \boldsymbol{g}$ が一つの関数に統合でき，敵対的な定式化の枠組みとみなせることを 4.2 節で証明します．本章の主眼は，最適輸送の双対問題が敵対的な定式化として使えることを示すことにあります．

敵対的ネットワークの最も成功した応用例は 4.4.2 節で述べる**敵対的生成ネットワーク** (generative adversarial networks; GAN) でしょう．GAN は上の例で述べたように，α として真のデータ分布，β として生成モデルの分布を扱い，敵対的ネットワークを用いて距離を推定しながら α と β を近づけることで自然なデータを生成するモデルを訓練する枠組みです．最適輸送の双対問題はこの枠組みにもうまく適合し，4.4.4 節で述べるワッサースタイン GAN という手法に結実します．

敵対的ネットワークのその他の応用例としては，敵対的ネットワークによりソース分布とターゲット分布が見分けられなくなるようにすることでドメイン適応を実現する敵対的ドメイン適応などが挙げられます．

4.2 コスト関数が距離の場合の最適輸送問題の双対問題

コスト関数が距離の公理を満たす場合，双対問題がよい性質を持つことを示します．距離コストを用いた場合の最適輸送コストとは，つまり 1-ワッサースタイン距離のことです．

本章では主に連続分布の最適輸送問題を考えます．コスト関数が距離の公理を満たすことを強調するため，ここではコスト関数を C ではなく $d \colon \mathcal{X} \times \mathcal{X} \to \mathbb{R}$ と表します．また 2.3.4 節で紹介した 4 種類の等価な定式化のうち，g にのみ負号をつけた $f - g$ 型の双対問題 (2.77) を考えます．

連続分布に対する最適輸送問題は

$$\begin{array}{lll} \underset{\pi \in \mathcal{P}(\mathcal{X} \times \mathcal{X})}{\text{minimize}} & \int_{\mathcal{X} \times \mathcal{X}} d(\boldsymbol{x}, \boldsymbol{y}) d\pi(\boldsymbol{x}, \boldsymbol{y}) & \\ \text{subject to} & \pi(\mathcal{A} \times \mathcal{B}) \geq 0 & (\forall \mathcal{A}, \mathcal{B} \in \mathcal{F}(\mathcal{X})) \\ & \pi(\mathcal{A} \times \mathcal{X}) = \alpha(\mathcal{A}) & (\forall \mathcal{A} \in \mathcal{F}(\mathcal{X})) \\ & \pi(\mathcal{X} \times \mathcal{B}) = \beta(\mathcal{B}) & (\forall \mathcal{B} \in \mathcal{F}(\mathcal{X})) \end{array} \tag{4.1}$$

双対問題は

$$\begin{array}{lll} \underset{f, g \in \mathcal{C}_b(\mathcal{X})}{\text{maximize}} & \int_{\mathcal{X}} f(\boldsymbol{x}) d\alpha(\boldsymbol{x}) - \int_{\mathcal{X}} g(\boldsymbol{y}) d\beta(\boldsymbol{y}) & \\ \text{subject to} & f(\boldsymbol{x}) - g(\boldsymbol{y}) \leq d(\boldsymbol{x}, \boldsymbol{y}) & (\forall \boldsymbol{x}, \boldsymbol{y} \in \mathcal{X}) \end{array} \tag{4.2}$$

と表されることは 2.1.3 節および 2.3.8 節で紹介しました．ここで $\mathcal{C}_b(\mathcal{X})$ は $\mathcal{X}$ から $\mathbb{R}$ への有界連続関数全体の集合です．

連続分布の場合であっても，離散分布の場合と同様に，最適解が存在するほか，強双対性が成り立ち，主問題と双対問題の最適値は一致します．考え方としては離散分布の場合と同様であり，厳密な証明には細やかな測度論の議論が必要なのでここでは省略します．証明は Villani [71, Section 4, 5] を参照してください．

コスト関数が距離の公理を満たすとき，以下の定理が成り立ちます．

定理 4.1（ポテンシャルの一致）

コスト関数 d が距離の公理を満たすとき，式 (4.2) には $f = g$ となる最適解が存在する．

証明

(f^*, g^*) を最適解の一つとし，$\hat{f}^* \colon \mathcal{X} \to \mathbb{R}$ を

$$\hat{f}^*(\boldsymbol{x}) = \inf_{\boldsymbol{y} \in \mathcal{X}} d(\boldsymbol{x}, \boldsymbol{y}) + g^*(\boldsymbol{y}) \tag{4.3}$$

とおく．定義より

$$\hat{f}^*(\boldsymbol{x}) \leq d(\boldsymbol{x}, \boldsymbol{y}) + g^*(\boldsymbol{y}) \qquad (\forall \boldsymbol{x}, \boldsymbol{y} \in \mathcal{X}) \tag{4.4}$$

が成り立つため，$(\hat{f}^*, g^*)$ は実行可能である．また，(f^*, g^*) に対する制約条件より

$$f^*(\boldsymbol{x}) \leq d(\boldsymbol{x}, \boldsymbol{y}) + g^*(\boldsymbol{y}) \qquad (\forall \boldsymbol{x}, \boldsymbol{y} \in \mathcal{X}) \tag{4.5}$$

$$f^*(\boldsymbol{x}) \leq \inf_{\boldsymbol{y} \in \mathcal{X}} d(\boldsymbol{x}, \boldsymbol{y}) + g^*(\boldsymbol{y}) = \hat{f}^*(\boldsymbol{x}) \quad (\forall \boldsymbol{x} \in \mathcal{X}) \tag{4.6}$$

が成立する．つまり，$\hat{f}^*$ の値は各点で f^* 以上であるため，$(\hat{f}^*, g^*)$ の目的関数値は (f^*, g^*) 以上である．(f^*, g^*) は最適解であるので $(\hat{f}^*, g^*)$ も最適解であることを意味する．また，

$$\begin{aligned}
\hat{f}^*(\boldsymbol{x}_1) - \hat{f}^*(\boldsymbol{x}_2) &= \inf_{\boldsymbol{y} \in \mathcal{X}} (d(\boldsymbol{x}_1, \boldsymbol{y}) + g^*(\boldsymbol{y})) - \inf_{\boldsymbol{y} \in \mathcal{X}} (d(\boldsymbol{x}_2, \boldsymbol{y}) + g^*(\boldsymbol{y})) \\
&= \inf_{\boldsymbol{y} \in \mathcal{X}} (d(\boldsymbol{x}_1, \boldsymbol{y}) + g^*(\boldsymbol{y})) + \sup_{\boldsymbol{y} \in \mathcal{X}} (-d(\boldsymbol{x}_2, \boldsymbol{y}) - g^*(\boldsymbol{y})) \\
&\leq \sup_{\boldsymbol{y} \in \mathcal{X}} (d(\boldsymbol{x}_1, \boldsymbol{y}) + g^*(\boldsymbol{y}) - d(\boldsymbol{x}_2, \boldsymbol{y}) - g^*(\boldsymbol{y})) \\
&= \sup_{y \in \mathcal{X}} (d(\boldsymbol{x}_1, \boldsymbol{y}) - d(\boldsymbol{x}_2, \boldsymbol{y})) \\
&\overset{\text{(a)}}{\leq} d(\boldsymbol{x}_1, \boldsymbol{x}_2)
\end{aligned} \tag{4.7}$$

が成立する．ここで，(a) は三角不等式より従う．これはすなわち，$(\hat{f}^*, \hat{f}^*)$ は制約条件を満たすことを意味する．また，制約条件より，

$$\hat{f}^*(\boldsymbol{x}) - g^*(\boldsymbol{x}) \leq d(\boldsymbol{x}, \boldsymbol{x}) = 0 \qquad (\forall \boldsymbol{x} \in \mathcal{X}) \tag{4.8}$$

となり，$\hat{f}^*(\boldsymbol{x}) \leq g^*(\boldsymbol{x})$ が成り立つ．つまり，$\hat{f}^*$ の値は各点で g^* 以下であり，$(\hat{f}^*, \hat{f}^*)$ の目的関数値は $(\hat{f}^*, g^*)$ 以上である．$(\hat{f}^*, g^*)$ は最適解であるので $(\hat{f}^*, \hat{f}^*)$ も最適解であることを意味する． □

この定理により，最適化の決定変数から g を取り除き，f のみとすることができます．すなわち，問題 (4.2) は以下の問題と等価です．

$$\begin{aligned} &\underset{f \in \mathcal{C}_b(\mathcal{X})}{\text{maximize}} && \int_{\mathcal{X}} f(\boldsymbol{x}) d\alpha(\boldsymbol{x}) - \int_{\mathcal{X}} f(\boldsymbol{y}) d\beta(\boldsymbol{y}) \\ &\text{subject to} && f(\boldsymbol{x}) - f(\boldsymbol{y}) \leq d(\boldsymbol{x}, \boldsymbol{y}) \qquad (\forall \boldsymbol{x}, \boldsymbol{y} \in \mathcal{X}) \end{aligned} \tag{4.9}$$

また，制約条件 $f(\boldsymbol{x}) - f(\boldsymbol{y}) \leq d(\boldsymbol{x}, \boldsymbol{y})$ $(\forall \boldsymbol{x}, \boldsymbol{y} \in \mathcal{X})$ は，f が 1-リプシッツ関数であることと等価です．これは言い換えにすぎませんが，$f(\boldsymbol{x}) - f(\boldsymbol{y}) \leq d(\boldsymbol{x}, \boldsymbol{y})$ はあらゆる点対 $(\boldsymbol{x}, \boldsymbol{y})$ についての制約であるのに対し，1-リプシッツ性は点ごとの評価で制約できるため，より扱いやすい制約となります．たとえば，以下で見るように f が微分可能なときには，1-リプシッツ性は各点で勾配のノルムが 1 以下であると言い換えることができます（定理 4.3）．また，確率分布 α, β についての積分は期待値で書き換えることができるので，問題 (4.9) は以下のように書き換えることができます．

$$\begin{aligned} &\underset{f \in \mathcal{C}_b(\mathcal{X})}{\text{maximize}} && \mathbb{E}_{\boldsymbol{x} \sim \alpha}[f(\boldsymbol{x})] - \mathbb{E}_{\boldsymbol{x} \sim \beta}[f(\boldsymbol{x})] \\ &\text{subject to} && f \text{ is 1 Lipschitz} \end{aligned} \tag{4.10}$$

問題 (4.10) においては，分布 α からのサンプルにおける f の値が大きいほど，分布 β からのサンプルにおける f の値が小さいほど，目的関数が大きくなります．これは，α を正例分布，β を負例分布，$\mathbb{E}_{\boldsymbol{x} \sim \beta}[f(\boldsymbol{x}; \theta)] - \mathbb{E}_{\boldsymbol{x} \sim \alpha}[f(\boldsymbol{x}; \theta)]$ を損失関数，1-リプシッツ性を制約条件とする二値分類問題と見ることもできます（図 4.1）．

2.3.2 節では，感度分析の議論より，最適輸送の双対問題を解けば，どの点のせいで最適輸送コストが大きくなっているかを具体的な値として得ることができ，最適双対解の値が大きい点を修正することでより二つの点群を近づけることが可能になると述べました．この見方は分類問題の見地に立つとより明瞭になります．分類モデルが非常に大きな値を出している点では，高い確信度を持って α の点であることが分かるということであり，この点は β と明らかに見分けがつくような点であると解釈できます．

2.3.9 節では赤玉，青玉，糸を用いた最適輸送の双対問題の物理的な解釈について紹介しました．この解釈に基づくと，本章で扱う連続空間上の問題においては，無限にある点のすべてが糸でつながっていると考えられます．こ

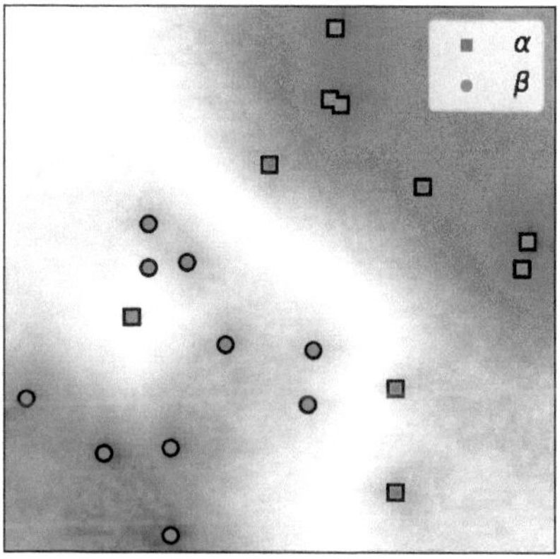

図 4.1　連続空間における双対問題の最適解 f の例．α は赤点上の一様分布，β は青点上の一様分布とする．色が赤い地点ほど f の値が大きく，色が青い地点ほど f の値が小さいことを表す．赤点の付近では f の値が大きく，青点の付近では f の値が小さくなっており，1-リプシッツ性のために色が急激に変化しないようになっている．f は，白の付近を分類境界とした α と β の二値分類器と見ることもできる．離散変数を用いた別の例である図 2.9 も参照．

れは，一定以上伸びることができない布が空間内に張られているとも捉えられます．つまりこの問題は，一定以上伸びることができない布を，α が抽出される点ではできるだけ引き上げ，β が抽出される点ではできるだけ引き下げる問題と解釈ができます．この考え方に基づくと，図 4.1 の色は各点の布の高さを表していると解釈できます．

4.3　パラメータ化された関数を用いた解法

4.3.1　パラメータ化された関数を用いた定式化

問題 (4.10) の最適化領域はあらゆる 1-リプシッツ関数なので，これを直接解くことは困難です．そこで，関数のクラスをパラメータ化されたクラスに限定して解くことを考えます．$f(\cdot;\theta)\colon \mathcal{X} \to \mathbb{R}$ を $\theta \in \mathbb{R}^D$ によりパラメータ化された関数，たとえばニューラルネットワークとします．最適化領域をこの関数クラスに制限すると，問題 (4.10) は以下のようなベクトルの最適化問題になります.

$$\begin{aligned} \underset{\theta \in \mathbb{R}^D}{\text{maximize}} \quad & \mathbb{E}_{\boldsymbol{x} \sim \alpha}[f(\boldsymbol{x}; \theta)] - \mathbb{E}_{\boldsymbol{x} \sim \beta}[f(\boldsymbol{x}; \theta)] \\ \text{subject to} \quad & f(\cdot; \theta) \text{ is 1 Lipschitz} \end{aligned} \tag{4.11}$$

この問題は，分布 α からのサンプルと分布 β からのサンプルを用いて確率的勾配上昇法やミニバッチ確率的勾配上昇法などで通常の分類問題と同様に解くことができます．最適なパラメータ θ^* についての $\mathbb{E}_{\boldsymbol{x} \sim \alpha}[f(\boldsymbol{x}; \theta^*)] - \mathbb{E}_{\boldsymbol{x} \sim \beta}[f(\boldsymbol{x}; \theta^*)]$ の値が分布 α と分布 β の 1-ワッサースタイン距離の推定値となります．ただし，$f(\cdot; \theta)$ が表現できる関数クラスが小さい場合や，厳密な最適解 θ^* が得られなかった場合は距離の値を過小評価してしまうことに注意してください．

実際上の問題として，f としてニューラルネットワークを用いる場合，f が 1-リプシッツ連続であるという制約条件を厳密に課すことは困難です．ここではリプシッツ条件を近似的に課すためによく用いられるヒューリスティクスを 2 つ紹介します．

4.3.2 重み切り捨て法

重み切り捨て法 (weight clipping) は，問題 (4.11) を勾配法などの反復解法により解く際に用いられる最も単純なヒューリスティクスです．この手法では，ハイパーパラメータとして $\tau \in \mathbb{R}$ を設定し，パラメータの更新を行うたびに，絶対値が τ を上回ったパラメータについては絶対値が τ となるように切り捨てます．これにより，各反復の後のパラメータの ℓ_∞ ノルムは τ 以下となります．パラメータのノルムが制限されているとニューラルネットワークは一定以上の急激な変化を表せなくなるので，重み切り捨て法を適用して得られるニューラルネットワークは何らかの $\kappa_\tau \in \mathbb{R}$ について κ_τ-リプシッツとなります．κ_τ の値は一般に知ることができませんが，τ を定めれば，関数クラスのリプシッツ係数が有界となることが重要です．$\kappa_\tau > 1$ となる場合もありますが，その場合でも，最適値が κ_τ 倍となるだけなので，得られる値の大小の順序は保たれます．以下で見るように，ワッサースタイン距離を最小化する分布を得ることが目的の場合，定数倍されている距離を最小化することも等価であるので，定数倍されることは問題になりません．ただし，重み切り捨て法により κ_τ-リプシッツの関数すべてを表現できるわけではないということには注意が必要です．最適な κ_τ-リプシッツ関数が重み切り捨て法により表現できる関数のクラスに含まれない場合，推定されるワッサースタイン距離は過小評価されてしまいます．重み切り捨て法においては距離関数 d の情報を最適化領域の定義に用いられておらず，ニューラルネットワークにより表現できる関数クラス $\mathcal{C} = \{f(\cdot;\theta)\}$ により間接的に推定値が定義されているため，どのような距離関数についてのワッサースタイン距離であるかという解釈が難しくなってしまうことは問題点の一つです．

確率的勾配上昇法に対する重み切り捨て法の疑似コードをアルゴリズム 4.1 に示します．ここでは簡単のため確率的勾配上昇法を用いていますが，ミニバッチ確率的勾配上昇法へ拡張したり，他の最適化手法を用いたりすることも可能です．

アルゴリズム 4.1 重み切り捨て法を用いたワッサースタイン距離の推定

入力: 分布 α, β, 学習率 $\gamma > 0$, 切り捨ての閾値 $\tau > 0$
出力: $W_1(\alpha, \beta)$ の推定値

```
ニューラルネットワーク f(·;θ): X → R をランダムに初期化する.
for k = 1, 2, ... do
    x ~ α と y ~ β をサンプリングする.
    L = f(x;θ) − f(y;θ) を計算する.
    θ ← θ + γ∇_θ L    // 確率的勾配上昇法によるパラメータの更新
    θ_i ← min(τ, max(−τ, θ_i)) ∀i ∈ [D]    // 切り捨て
end
Return E_{x~α}[f(x;θ)] − E_{x~β}[f(x;θ)] をモンテカルロサンプリングなどで推定する.
```

4.3.3 勾配ペナルティ法

勾配ペナルティ法 (gradient penalty) は，重み切り捨て法よりも直接的にリプシッツ性を課す手法です．微分可能な関数は 1-リプシッツであるときかつそのときのみ勾配ノルムが各点で 1 以下となります．まずはこの事実を証明しましょう．

定義 4.2（双対ノルム）

ノルム $\|\cdot\|\colon \mathbb{R}^n \to \mathbb{R}$ について，

$$\|\boldsymbol{x}\|_* \overset{\text{def}}{=} \sup_{\boldsymbol{y}\colon \|\boldsymbol{y}\| \le 1} \boldsymbol{x}^\top \boldsymbol{y} \tag{4.12}$$

を双対ノルムという．

たとえば，$\|\cdot\|_2$ についての双対ノルムは $\|\cdot\|_2$ 自身であり，$\|\cdot\|_1$ についての双対ノルムは $\|\cdot\|_\infty$ となります．

定理 4.3（リプシッツ定数と勾配のノルム）

ユークリッド空間上の微分可能な関数 f はノルム $\|\cdot\|$ について 1-リプシッツであるときかつそのときのみ，勾配の $\|\cdot\|_*$ ノルムが各点で 1 以下となる．

証明

必要条件 ⇒：f はノルム $\|\cdot\|$ について 1-リプシッツであるとする．$\|\boldsymbol{v}\| \le 1$ なるベクトル $\boldsymbol{v}$ を任意にとる．微分の定義より，係数 $h \in \mathbb{R}_+$ について

$$f(\boldsymbol{x} + h\boldsymbol{v}) - f(\boldsymbol{x}) - h\nabla f(\boldsymbol{x})^\top \boldsymbol{v} = o(h) \tag{4.13}$$

が成り立つ．ここで，o はランダウのスモールオー・オーダー記法である．このとき，

$$\begin{aligned} h\nabla f(\boldsymbol{x})^\top \boldsymbol{v} &= f(\boldsymbol{x} + h\boldsymbol{v}) - f(\boldsymbol{x}) + o(h) \\ &\overset{\text{(a)}}{\le} h + o(h) \end{aligned} \tag{4.14}$$

となる．ただし，(a) は f の 1-リプシッツ性より従う．両辺を h で割ると，

$$\nabla f(\boldsymbol{x})^\top \boldsymbol{v} \le 1 + o(1) \tag{4.15}$$

となり，$h \to 0$ の極限をとると

$$\nabla f(\boldsymbol{x})^\top \boldsymbol{v} \le 1 \tag{4.16}$$

が得られ，$\|\nabla f(\boldsymbol{x})\|_* \le 1$ となる．
十分条件 $\Leftarrow$：f の勾配の $\|\cdot\|_*$ ノルムが各点で 1 以下であるとする．$\boldsymbol{x}, \boldsymbol{y}$ を任意にとり，$\phi(t) = f(t\boldsymbol{x} + (1-t)\boldsymbol{y})$ とする．ϕ についての平均値の定理より，ある $t_0 \in (0,1)$ が存在し，

$$\begin{aligned} f(\boldsymbol{x}) - f(\boldsymbol{y}) &\overset{\text{(a)}}{=} \frac{\phi(1) - \phi(0)}{1-0} \\ &\overset{\text{(b)}}{=} \frac{d\phi}{dt}(t_0) \\ &\overset{\text{(c)}}{=} \nabla f(t_0\boldsymbol{x} + (1-t_0)\boldsymbol{y})^\top (\boldsymbol{x} - \boldsymbol{y}) \\ &\overset{\text{(d)}}{\le} \|\boldsymbol{x} - \boldsymbol{y}\| \end{aligned} \tag{4.17}$$

となる．ここで, (a) は ϕ の定義より, (b) は平均値の定理より, (c) は ϕ の定義と合成関数の微分則より, (d) は $\|\nabla f(t_0\boldsymbol{x}+(1-t_0)\boldsymbol{y})\|_* \le 1$ より従う． □

また，最適輸送問題の最適解 f^* においてはこれよりも強く，ほとんどの点で勾配ノルムがちょうど 1 であることがいえます．2.3.6 節では，離散の場合に相補性が成り立ち，最適解において輸送が発生している $\boldsymbol{P}_{ij} > 0$ なる組については $\boldsymbol{f}_i - \boldsymbol{f}_j = \boldsymbol{C}_{ij}$ が成り立つ必要があることを示しました．連続の場合でもこれは成り立ち，$f(\boldsymbol{x}) - f(\boldsymbol{y}) = d(\boldsymbol{x}, \boldsymbol{y})$ が成り立つ必要があります．勾配は高々 1 であるので，どこか途中に勾配が 1 より緩やかな箇所があると，$f(\boldsymbol{x})$ と $f(\boldsymbol{y})$ の差が $d(\boldsymbol{x}, \boldsymbol{y})$ より小さくなってしまいます．よって，$f(\boldsymbol{x}) - f(\boldsymbol{y}) = d(\boldsymbol{x}, \boldsymbol{y})$ を成り立たせるためには，あらゆる箇所で限界まで，すなわち勾配が 1 となるまで f を変化させる必要があるということです．正確に述べると以下の定理でまとめられます．

定理 4.4（最適解においては勾配ノルムが 1 である [38]）

コスト関数を $d(\boldsymbol{x}, \boldsymbol{y}) = \|\boldsymbol{x} - \boldsymbol{y}\|$，主問題の解を π^*，双対問題の解を f^* とする．

$$\Pr_{(\boldsymbol{x},\boldsymbol{y})\sim\pi^*}[\boldsymbol{x} = \boldsymbol{y}] = 0 \tag{4.18}$$

であり，f^* が微分可能ならば，任意の $t \in [0, 1]$ について

$$\Pr_{(\boldsymbol{x},\boldsymbol{y})\sim\pi^*}[\|\nabla f^*(t\boldsymbol{x} + (1-t)\boldsymbol{y})\|_* = 1] = 1 \tag{4.19}$$

であり，

$$\Pr_{\boldsymbol{x}\sim\alpha}[\|\nabla f^*(\boldsymbol{x})\|_* = 1] = 1 \tag{4.20}$$

$$\Pr_{\boldsymbol{y}\sim\beta}[\|\nabla f^*(\boldsymbol{y})\|_* = 1] = 1 \tag{4.21}$$

となる．

証明

まず，

$$\Pr_{(\boldsymbol{x},\boldsymbol{y})\sim\pi^*}[f^*(\boldsymbol{x}) - f^*(\boldsymbol{y}) = \|\boldsymbol{x} - \boldsymbol{y}\|] = 1 \tag{4.22}$$

であることを示す．1-リプシッツ連続性より，任意の $\boldsymbol{x}, \boldsymbol{y} \in \mathcal{X}$ について $f^*(\boldsymbol{x}) - f^*(\boldsymbol{y}) \leq \|\boldsymbol{x} - \boldsymbol{y}\|$ である．もし，$\varepsilon > 0, \delta > 0$ について

$$\Pr_{(\boldsymbol{x},\boldsymbol{y})\sim\pi^*}[f^*(\boldsymbol{x}) - f^*(\boldsymbol{y}) \leq \|\boldsymbol{x} - \boldsymbol{y}\| - \varepsilon] \geq \delta \tag{4.23}$$

であるならば，

$$\begin{aligned}\int f^*(\boldsymbol{x})d\alpha(\boldsymbol{x}) - \int f^*(\boldsymbol{y})d\beta(\boldsymbol{y}) &= \int (f^*(\boldsymbol{x}) - f^*(\boldsymbol{y}))\, d\pi^*(\boldsymbol{x}, \boldsymbol{y}) \\ &\leq \int \|\boldsymbol{x} - \boldsymbol{y}\| d\pi^*(\boldsymbol{x}, \boldsymbol{y}) - \varepsilon\delta\end{aligned}$$

$$< \int \|\boldsymbol{x} - \boldsymbol{y}\| d\pi^*(\boldsymbol{x}, \boldsymbol{y}) \tag{4.24}$$

となるため，強双対性に反する．よって，

$$\Pr_{(\boldsymbol{x},\boldsymbol{y})\sim\pi^*}[f^*(\boldsymbol{x}) - f^*(\boldsymbol{y}) = \|\boldsymbol{x} - \boldsymbol{y}\|] = 1 \tag{4.25}$$

である．以下，$\boldsymbol{x} \neq \boldsymbol{y}$ および $f^*(\boldsymbol{x}) - f^*(\boldsymbol{y}) = \|\boldsymbol{x} - \boldsymbol{y}\|$ が成り立つ事象を考える．この事象の確率は 1 なので，この事象が成り立つという条件のもとで

$$\Pr_{(\boldsymbol{x},\boldsymbol{y})\sim\pi^*}[\|\nabla f^*(t\boldsymbol{x} + (1-t)\boldsymbol{y})\|_* = 1] = 1 \tag{4.26}$$

$$\Pr_{\boldsymbol{x}\sim\alpha}[\|\nabla f^*(\boldsymbol{x})\|_* = 1] = 1 \tag{4.27}$$

$$\Pr_{\boldsymbol{y}\sim\beta}[\|\nabla f^*(\boldsymbol{y})\|_* = 1] = 1 \tag{4.28}$$

を示せばよい．$t \in [0,1]$ について $\phi(t) = f^*(t\boldsymbol{x} + (1-t)\boldsymbol{y})$ とすると，f^* の 1-リプシッツ性より，

$$\begin{aligned} |\phi(t) - \phi(t')| &= |f^*(t\boldsymbol{x} + (1-t)\boldsymbol{y}) - f^*(t'\boldsymbol{x} + (1-t')\boldsymbol{y})| \\ &\leq \|(t\boldsymbol{x} + (1-t)\boldsymbol{y}) - (t'\boldsymbol{x} + (1-t')\boldsymbol{y})\| \\ &= |t - t'|\|\boldsymbol{x} - \boldsymbol{y}\| \end{aligned} \tag{4.29}$$

となるので，ϕ は $\|\boldsymbol{x} - \boldsymbol{y}\|$-リプシッツ連続である．また，

$$\begin{aligned} \phi(1) - \phi(0) &= \phi(1) - \phi(t) + \phi(t) - \phi(0) \\ &\overset{\text{(a)}}{\leq} (1-t)\|\boldsymbol{x} - \boldsymbol{y}\| + t\|\boldsymbol{x} - \boldsymbol{y}\| \\ &= \|\boldsymbol{x} - \boldsymbol{y}\| \end{aligned} \tag{4.30}$$

となるが，$\phi(1) - \phi(0) = f^*(\boldsymbol{x}) - f^*(\boldsymbol{y}) = \|\boldsymbol{x} - \boldsymbol{y}\|$ であるので最左辺と最右辺は等しく，(a) の不等号は等号で成立する．よって，

$$\phi(t) - \phi(0) = t\|\boldsymbol{x} - \boldsymbol{y}\| \tag{4.31}$$

となる．ここで，

$$\boldsymbol{v} = \frac{\boldsymbol{x} - \boldsymbol{y}}{\|\boldsymbol{x} - \boldsymbol{y}\|} \tag{4.32}$$

$$\boldsymbol{z}_t = t\boldsymbol{x} + (1 - t)\boldsymbol{y} \tag{4.33}$$

とする．$t = 0$ のとき $h > 0$ となるように，$t = 1$ のとき $h < 0$ となるように，それ以外のとき任意に係数 $h \in \mathbb{R}$ をとると，微分の性質より

$$\begin{aligned} h\nabla f^*(\boldsymbol{z}_t)^\top \boldsymbol{v} &= f^*(\boldsymbol{z}_t + h\boldsymbol{v}) - f^*(\boldsymbol{z}_t) + o(|h|) \\ &\overset{\text{(a)}}{=} \phi\left(t + \frac{h}{\|\boldsymbol{x} - \boldsymbol{y}\|}\right) - \phi(t) + o(|h|) \\ &\overset{\text{(b)}}{=} h + o(|h|) \end{aligned} \tag{4.34}$$

となる．ここで，(a) は ϕ の定義より，(b) は式 (4.31) より従う．両辺を h で割ると，

$$\nabla f^*(\boldsymbol{z}_t)^\top \boldsymbol{v} = 1 + o(1) \tag{4.35}$$

となる．$h \to 0$ の極限をとると

$$\nabla f^*(\boldsymbol{z}_t)^\top \boldsymbol{v} = 1 \tag{4.36}$$

が得られ，$\|\nabla f^*(\boldsymbol{z}_t)\|_* \geq 1$ となる．定理 4.3 と合わせて，$\|\nabla f^*(\boldsymbol{z}_t)\|_* = 1$ が得られる．仮定している事象は π^* のもと確率 1 で起こるものであったので，

$$\Pr_{(\boldsymbol{x},\boldsymbol{y})\sim\pi^*}[\|\nabla f^*(\boldsymbol{z}_t)\|_* = 1] = 1 \tag{4.37}$$

となる．また，$t = 1$ のとき $\boldsymbol{z}_t = \boldsymbol{x}$ であるので，

$$\Pr_{(\boldsymbol{x},\boldsymbol{y})\sim\pi^*}[\|\nabla f^*(\boldsymbol{z}_t)\|_* = 1] = \Pr_{\boldsymbol{x}\sim\alpha}[\|\nabla f^*(\boldsymbol{x})\|_* = 1] = 1 \tag{4.38}$$

$t = 0$ のとき $\boldsymbol{z}_t = \boldsymbol{y}$ であるので，

$$\Pr_{(\boldsymbol{x},\boldsymbol{y})\sim\pi^*}[\|\nabla f^*(\boldsymbol{z}_t)\|_* = 1] = \Pr_{\boldsymbol{y}\sim\beta}[\|\nabla f^*(\boldsymbol{y})\|_* = 1] = 1 \tag{4.39}$$

となる. □

この事実を用いて，大きさが 1 から離れる勾配に対して罰則を与えるのが勾配ペナルティ法です．勾配ペナルティ法において最大化する目的関数は以下で表されます．

$$\mathbb{E}_{\boldsymbol{x}\sim\alpha}[f(\boldsymbol{x};\theta)] - \mathbb{E}_{\boldsymbol{x}\sim\beta}[f(\boldsymbol{x};\theta)] - \lambda\mathbb{E}_{\boldsymbol{x}\sim p}[(\|\nabla_{\boldsymbol{x}} f(\boldsymbol{x};\theta)\|_2 - 1)^2] \tag{4.40}$$

ここで $\lambda \in \mathbb{R}_{\geq 0}$ は正則化の強さを表すハイパーパラメータです．最大化問題であるので，正則化項の λ の前には負号がついています．p は適当な分布であり，α, β や，ランダムな分布や，定理 4.4 の証明中の $\boldsymbol{z}_t$ のように α, β からのサンプルを線形に内挿したものなどを用いることができます．勾配が 1 より大きくなっても罰則が与えられるだけで厳密に制約されているわけではないので，推定されるワッサースタイン距離は過大評価される可能性があります．また，この最適化は非凸なので，大域最適解が発見できるとは限りません．そのような場合には推定距離は過小評価される場合もあります．

重み切り捨て法と勾配ペナルティ法のどちらがよいかはタスクによりますが，ワッサースタイン距離を生成モデルの訓練に使う場合には，重み切り捨て法よりも勾配ペナルティ法を用いた方が実験的に結果がよくなることが報告されています [38]．

アルゴリズム 4.2 に勾配ペナルティ法を用いた場合のワッサースタイン距離の推定手法を示します．ここでは，Gulrajani ら [38] に従い，p としては α と β のサンプルを内挿したものを用いています．また，簡単のため確率的勾配上昇法を用いていますが，ミニバッチ確率的勾配上昇法へ拡張したり，他の最適化手法を用いることも可能です．

アルゴリズム 4.2 勾配ペナルティ法を用いたワッサースタイン距離の推定

入力: 分布 α, β, 学習率 $\gamma > 0$, ペナルティ係数 $\lambda > 0$
出力: $W_1(\alpha, \beta)$ の推定値

ニューラルネットワーク $f(\cdot;\theta)\colon \mathcal{X} \to \mathbb{R}$ をランダムに初期化する.
for $k = 1, 2, \ldots$ **do**
　$\boldsymbol{x} \sim \alpha$ と $\boldsymbol{y} \sim \beta$ をサンプリングする.
　$t \sim \mathrm{Uniform}([0, 1])$ をサンプリングし，$\tilde{\boldsymbol{x}} = t\boldsymbol{x} + (1-t)\boldsymbol{y}$ とする.
　$\mathcal{L} = f(\boldsymbol{x};\theta) - f(\boldsymbol{y};\theta) - \lambda(\|\nabla_{\boldsymbol{x}} f(\tilde{\boldsymbol{x}};\theta)\|_2 - 1)^2$ を計算する.
　$\theta \leftarrow \theta + \gamma \nabla_\theta \mathcal{L}$　// 確率的勾配上昇法によるパラメータの更新
end
Return $\mathbb{E}_{\boldsymbol{x}\sim\alpha}[f(\boldsymbol{x};\theta)] - \mathbb{E}_{\boldsymbol{x}\sim\beta}[f(\boldsymbol{x};\theta)]$ をモンテカルロサンプリングなどで推定する.

4.4 ワッサースタイン GAN

前節で紹介したパラメータ化された関数により推定したワッサースタイン距離を用いて生成モデルを訓練する手法が**ワッサースタイン敵対的生成ネットワーク** (Wasserstein generative adversarial networks, 以下ワッサースタイン GAN) です.

4.4.1 陰的生成モデル

空間 $\mathcal{X}$ 上のデータを生成する生成モデルを構築することを考えます. 訓

練時には，真のデータ分布 $p(\boldsymbol{x})$ から i.i.d. サンプル $\{\boldsymbol{x}_1, \ldots, \boldsymbol{x}_n\}$ が与えられます．これをもとに，真のデータ分布に近い分布を構築し，ここから自由にサンプリングできるようにすることが目標です．たとえば，画像生成モデルであれば $\mathcal{X}$ は画像全体の空間であり，いくつかの風景の写真が与えられるので，さまざまな風景の写真を新たにサンプリングできる分布を構築することが目標です．$H \times W$ の RGB 画像であれば，これは数学的には $\mathcal{X} = \mathbb{R}^{H \times W \times 3}$ と表すことができます．

陰的生成モデル (implicit generative model) とは，何らかの単純な空間 $\mathcal{Z}$ で定義される単純な確率分布 $p(\boldsymbol{z})$ からのサンプルを，何らかのモデル $g(\cdot;\Theta)\colon \mathcal{Z} \to \mathcal{X}$ を用いて変換し，所望のデータを得るという生成モデルの枠組みです．たとえば，$\mathcal{Z}$ としては低次元のユークリッド空間，$p(\boldsymbol{z})$ としては標準正規分布，g としてはニューラルネットワークが用いられることがよくあります [7,36]．$\mathcal{X}$ 上の分布や確率関数を直接表現せず，変換関数 g を用いて間接的に分布を表現していることから，陰的生成モデルと呼ばれます．$p(\boldsymbol{z})$ はノイズ分布とも呼ばれます．$\boldsymbol{z}$ をノイズと考えると，$g(\cdot;\Theta)$ とはノイズを受け取り尤もらしいデータを出力する関数ということになります．このモデルからのサンプリングは，まず $\boldsymbol{z} \sim p(\boldsymbol{z})$ とノイズを生成し，$g(\boldsymbol{z};\Theta) \in \mathcal{X}$ と変換するという単純な手順で行えます．一方，このモデルの尤度を計算するのは非常に困難であり，一般には不可能です．なぜなら，g はブラックボックスな関数であり，データ $\boldsymbol{x} \in \mathcal{X}$ に対応する $\boldsymbol{z} = g^{-1}(\boldsymbol{x})$ が一般に計算できないからです．そのため，陰的生成モデルにおいては最尤推定や事後確率最大化といった従来の生成モデルの訓練手法が適用できません．そこで，陰的生成モデルによく用いられる訓練の枠組みが**最小距離推定** (minimum distance estimation) です．$\alpha \in \mathcal{P}(\mathcal{X})$ を真のデータ分布とし，$\beta_\Theta \in \mathcal{P}(\mathcal{X})$ を，パラメータを Θ としたときの陰的生成モデルが表現する分布とします．最小距離推定とは，何らかの確率分布の距離 D を用いて，真のデータ分布との距離が最小となるパラメータ $\min_\Theta D(\alpha, \beta_\Theta)$ を推定値とする枠組みです．ワッサースタイン GAN とは端的にいうと，D として 1-ワッサースタイン距離を用いて陰的生成モデルを訓練する手法です．ワッサースタイン GAN について紹介する前に，まずは背景となる通常の GAN を紹介します．

4.4.2 敵対的生成ネットワーク (GAN)

敵対的生成ネットワーク (generative adversarial networks; GAN) は陰的生成モデルを訓練する一般的な枠組みです．GAN においては，ノイズをデータに変換する関数 g は生成器と呼ばれます．この枠組みでは生成器に加えて，データが生成器により生成されたものか真のデータ分布からサンプリングされたものかを分類する識別器と呼ばれるモデル $f(\cdot;\theta)\colon \mathcal{X} \to [0,1]$ が用いられます．GAN では以下のプロセスにより生成器を訓練します．

1. 生成器により生成されたものか真のデータ分布からサンプリングされたものかを分類できるように識別器 f を訓練する．

2. f の分類が失敗するように，すなわち f が見分けられなくなるように生成器 g を訓練する．

3. 1 に戻る．

GAN の生成器と識別器は偽札製造者と警察の関係に似ています．偽札製造者は生成器，警察は識別器に対応します．まず，偽札製造者は警察が見分けられないような偽札を作る方法を編み出したとします．ひとまずは警察を欺けても，やがて警察は偽札を識別する技術を身につけ，その方法ではもはや通用しなくなります．すると，偽札製造者はさらに精緻な偽札を製造して警察を再び欺こうとします．このいたちごっこを繰り返すうちに，偽札製造者の偽札製造技術と警察の偽札識別能力は向上していきます．これは生成器が真のデータ分布に適合したサンプルを生成できるようになることに相当します．このように，二つのモデルが競争しながら互いを欺くように訓練されていく様子が敵対的と名づけられた所以です．

GAN の話に戻りましょう．GAN の損失関数は以下のように表されます．

$$\min_{\Theta} \max_{\theta} \mathbb{E}_{\boldsymbol{x}\sim\alpha}[\log f(\boldsymbol{x};\theta)] + \mathbb{E}_{\boldsymbol{x}\sim\beta_\Theta}[\log(1 - f(\boldsymbol{x};\theta))] \tag{4.41}$$

内側の max 関数の中身は，α からのサンプルを正例，β_Θ からのサンプルを負例としたときの分類の対数尤度です．これはクロスエントロピー誤差に負号をつけたものであり，識別器はこの最大化を目指します．外側の min では，この尤度が小さくなるように，すなわち分類誤差が大きく，識別器が識別できなくなるように Θ を最適化します．

この損失関数はアルゴリズム 4.3 に示すように，生成器と識別器を交互に訓練することで最適化します．生成器と識別器のパラメータの更新の符号が逆向きであることに注意してください．損失関数の勾配については，自動微分ライブラリを用いて自動で計算する方法が一般的です．

アルゴリズム 4.3 敵対的生成ネットワーク (GAN)

入力：真のデータ分布 $\alpha \in \mathcal{P}(\mathcal{X})$，ノイズ分布 $p \in \mathcal{P}(\mathcal{Z})$，
　学習率 $\gamma, \eta > 0$
出力：陰的生成モデル $g(\cdot;\Theta)\colon \mathcal{Z} \to \mathcal{X}$

生成器 $g(\cdot;\Theta)\colon \mathcal{Z} \to \mathcal{X}$ と識別器 $f(\cdot;\theta)\colon \mathcal{X} \to \mathbb{R}$ をランダムに初期化する．
for $k = 1, 2, \ldots$ **do**
　for $\ell = 1, 2, \ldots$ **do**
　　データ $\boldsymbol{x} \sim \alpha$ とノイズ $\boldsymbol{z} \sim p$ をサンプリングする．
　　$\hat{\boldsymbol{x}} \leftarrow g(\boldsymbol{z};\Theta)$ // データ生成
　　$L = \log f(\boldsymbol{x};\theta) + \log(1 - f(\hat{\boldsymbol{x}};\theta))$
　　$\theta \leftarrow \theta + \gamma \nabla_\theta L$ // パラメータの更新
　end
　ノイズ $\boldsymbol{z} \sim p$ をサンプリングする．
　$\hat{\boldsymbol{x}} \leftarrow g(\boldsymbol{z};\Theta)$ // データ生成
　$L = \log(1 - f(\hat{\boldsymbol{x}};\theta))$
　$\Theta \leftarrow \Theta - \eta \nabla_\Theta L$ // パラメータの更新
end

定式化からは明らかではありませんが，実はこの手法は，α と β_Θ の**イェンゼン・シャノンダイバージェンス**（Jensen–Shannon divergence，以下 JS ダイバージェンス）を最小化する最小距離推定と等価となっています．

定義 4.5（JS ダイバージェンス）

確率分布 α, β について，

$$\mathrm{JS}(\alpha \parallel \beta) \stackrel{\mathrm{def}}{=} \frac{1}{2}\mathrm{KL}\left(\alpha \,\middle\|\, \frac{\alpha+\beta}{2}\right) + \frac{1}{2}\mathrm{KL}\left(\beta \,\middle\|\, \frac{\alpha+\beta}{2}\right) \tag{4.42}$$

と定義する．

定理 4.6（GAN と JS ダイバージェンス最小化の等価性）

$$\begin{aligned}&\max_{f\colon \mathcal{X}\to(0,1)} \mathbb{E}_{\boldsymbol{x}\sim\beta}[\log f(\boldsymbol{x})] + \mathbb{E}_{\boldsymbol{x}\sim\beta_\Theta}[\log(1-f(\boldsymbol{x}))]\\ &= 2\mathrm{JS}(\alpha \parallel \beta_\Theta) - \log 4\end{aligned} \tag{4.43}$$

となる．すなわち，識別器 f が常に最適解をとるとき，生成器 g は真のデータ分布と生成分布の JS ダイバージェンスの最小化を行う．このとき，生成器の目的関数の最小値は $-\log 4$ であり，目的関数値が $-\log 4$ のときデータ分布と生成分布が一致する．

一般の測度については第 6 章で扱うこととし，ここでは真のデータ分布と生成分布が確率密度関数 p_{data}, p_g を持つ場合を示します．

証明

$$\begin{aligned}&\mathbb{E}_{\boldsymbol{x}\sim\beta}[\log f(\boldsymbol{x})] + \mathbb{E}_{\boldsymbol{x}\sim\beta_\Theta}[\log(1-f(\boldsymbol{x}))]\\ &= \int (p_{\mathrm{data}}(\boldsymbol{x})\log f(\boldsymbol{x}) + p_g(\boldsymbol{x})\log(1-f(\boldsymbol{x})))\,dx\end{aligned} \tag{4.44}$$

となる．$(a,b) \in \mathbb{R}^2_{\geq 0} \setminus \{(0,0)\}$ について，

$$\phi(t) = a\log t + b\log(1-t) \tag{4.45}$$

は，$t = \frac{a}{a+b}$ のとき最大をとるので，各点において

$$f(\boldsymbol{x}) = \frac{p_{\mathrm{data}}(\boldsymbol{x})}{p_g(\boldsymbol{x}) + p_{\mathrm{data}}(\boldsymbol{x})} \tag{4.46}$$

ととるのが最適である．このとき，

$$\begin{aligned}
&\int p_{\mathrm{data}}(\boldsymbol{x}) \log f(\boldsymbol{x}) + p_g(\boldsymbol{x}) \log(1 - f(\boldsymbol{x}))dx \\
&= \int p_{\mathrm{data}}(\boldsymbol{x}) \log \frac{p_{\mathrm{data}}(\boldsymbol{x})}{p_g(\boldsymbol{x}) + p_{\mathrm{data}}(\boldsymbol{x})} + p_g(\boldsymbol{x}) \log \frac{p_g(\boldsymbol{x})}{p_g(\boldsymbol{x}) + p_{\mathrm{data}}(\boldsymbol{x})} dx \\
&= \int p_{\mathrm{data}}(\boldsymbol{x}) \log \frac{p_{\mathrm{data}}(\boldsymbol{x})}{\frac{p_g(\boldsymbol{x}) + p_{\mathrm{data}}(\boldsymbol{x})}{2}} + p_{\mathrm{data}}(\boldsymbol{x}) \log \frac{1}{2} \\
&\qquad + p_g(\boldsymbol{x}) \log \frac{p_g(\boldsymbol{x})}{\frac{p_g(\boldsymbol{x}) + p_{\mathrm{data}}(\boldsymbol{x})}{2}} + p_g(\boldsymbol{x}) \log \frac{1}{2} dx \\
&= \mathrm{KL}\left(\alpha \,\middle\|\, \frac{\alpha + \beta_\Theta}{2}\right) + \mathrm{KL}\left(\beta_\Theta \,\middle\|\, \frac{\alpha + \beta_\Theta}{2}\right) - \log 4 \\
&= 2\mathrm{JS}(\alpha \parallel \beta_\Theta) - \log 4
\end{aligned} \tag{4.47}$$

となる． □

以上の定理より，GAN は JS ダイバージェンスを用いた最小距離推定を行っていると解釈できます．

4.4.3 GAN の問題点

GAN の定式化はある問題を抱えています．真のデータ分布 α は領域 $\mathcal{A} \subset \mathcal{X}$ でのみ正の確率をとり，生成分布 β_Θ は領域 $\mathcal{B} \subset \mathcal{X}$ でのみ正の確率をとるとし，これらは $\mathcal{A} \cap \mathcal{B} = \emptyset$ というように重ならないと仮定します．このとき，識別器 f は $\mathcal{A}$ 上で 1，$\mathcal{B}$ 上で 0 をとるものが最適となります．この f は区分定数関数であり，勾配はあらゆる点で 0 となるので，生成器の訓練のためには役に立ちません．これを**勾配消失問題**といいます．サポートが重ならないという仮定が強すぎるようにも思えますが，実験上はこれが近似的に成り立つことが観察されています．その大きな理由は，α と β_Θ のサポートが $\mathcal{X}$ 内の低次元領域に限定されていることです [6]．β_Θ というのは，$\mathcal{X}$ よりも単純な低次元空間 $\mathcal{Z}$ の分布を連続変換して定義したものでした．よって，β_Θ のサポートは $\dim\mathcal{Z}(\ll \dim\mathcal{X})$ 次元の領域に限られます．また，$\mathcal{X}$ の多くの領域はノイズのようなデータであり，自然なデータとはみなせないため，真のデータ分布 α もまた $\mathcal{X}$ 中の低次元領域に限られていると考えられます．二次元平面の二つの曲線がぴったり完全に一致することは理想的な状態を除けば成り立たないように，一般に高次元空間内の低次元領域がぴったり一致することも理想的な状態を除けばありません．ゆえに，低次元である α と β_Θ のサポートが高次元の $\mathcal{X}$ 内では集合としては分離されていると考えられるわけです．以上の議論より，識別器を最適値まで訓練することが問題であることが分かります．

では，識別器の訓練を弱めればよいかというとそうではなく，それはそれで別の問題が生じます．極端な場合，識別器を固定して生成器を最適解まで訓練すると，生成器は識別器が最大値を示している点のみを生成することになります．このように，識別器に過剰に適合して生成器が 1 点を過剰に生成するようになる現象を**モード崩壊** (mode collapse) といい，実際の実験でもしばしば観測されています [7,38]．

よって，GAN の訓練では，識別器は訓練しすぎても，しなさすぎても問題を引き起こし，常にちょうどよい塩梅を保ち続ける必要があるため，訓練プロセスが不安定となってしまいます．

これを解決する一つの方法としては，識別器に正則化を加える手法が挙げられます．正則化があれば識別器を限界まで訓練しても，勾配が消失しないことが期待できます．

他方，以下で紹介するワッサースタイン GAN は，最小距離推定に用いる距離を JS ダイバージェンスからワッサースタイン距離に変更することで，この問題に対処します．これにより，サポートが一致していない場合でも距離がうまく定まるようになるため，勾配消失やモード崩壊を回避できます．ワッサースタイン GAN もリプシッツ係数を用いた正則化の一種と解釈することもできますが，ヒューリスティックな正則化と比べて，ワッサースタイン距離という理論的に扱いやすい距離と最小距離推定の原理に基づきながら問題に対処できる点がワッサースタイン GAN の利点です．

4.4.4 ワッサースタイン GAN

ワッサースタイン GAN は，GAN において，識別器を JS ダイバージェンスを推定するモデルから，4.3 節で述べた 1-ワッサースタイン距離を推定するモデルに変更します．すなわち，生成器の目的関数は

$$\min_{\Theta} W_1(\alpha, \beta_\Theta) \tag{4.48}$$

です．ワッサースタイン距離の推定に勾配ペナルティ法を用いる場合であれば，損失関数は以下のようになります．

$$\min_{\Theta} \max_{\theta} \mathbb{E}_{\boldsymbol{x}\sim\alpha}[f(\boldsymbol{x};\theta)] - \mathbb{E}_{\boldsymbol{x}\sim\beta_\Theta}[f(\boldsymbol{x};\theta)] - \lambda\mathbb{E}_{\boldsymbol{x}\sim p}[(\|\nabla_{\boldsymbol{x}} f(\boldsymbol{x};\theta)\|_2 - 1)^2] \tag{4.49}$$

通常の GAN の式 (4.41) と異なる点は以下の 3 点です．

1. 式 (4.41) では $f\colon \mathcal{X} \to [0,1]$ が確率を出力するモデルであったのに対し，式 (4.49) では $f\colon \mathcal{X} \to \mathbb{R}$ として任意の実数値を出力する関数を用いる点．

2. 式 (4.41) では f の損失関数はクロスエントロピー誤差であったのに対し，式 (4.49) では対数関数が取り除かれている点．

3. 式 (4.49) にはリプシッツ性を課す正則化項が追加されている点．

識別器 f は α からのサンプルで値が大きくなり，β_Θ からのサンプルで値が小さくなるように訓練される点は同一ですが，第二・第三の変更点により，識別器の値を 0 や 1 に近づけるにつれて目的関数の値が無限大になることが避けられています．これにより，識別器に過剰に適合することを避けられると期待できます．また，サポートが分離している場合であっても，最適輸送の定式化より，遠くにある点ほど f の絶対値が大きくなります．最適輸送による f を用いれば，どの方向に各点を動かせばデータ分布に近づけるかが分かり，勾配消失問題が避けられます（**図 4.2**）．実験的にもワッサースタイン GAN はモード崩壊が避けられ，かつ通常の GAN よりも高品質な画像が生成できることが報告されています [7,38]．アルゴリズム 4.4 にワッサースタイン GAN の疑似コードを示します．

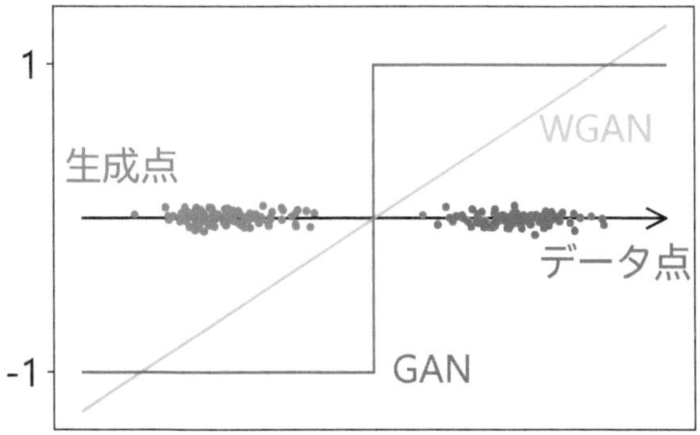

図 4.2 通常の GAN とワッサースタイン GAN における識別器の図解．赤点がデータ点を，青点が生成点を表し，紫の線が通常の GAN における識別器の関数 f を表し，緑の線がワッサースタイン GAN における識別器の関数 f を表す．4.4.3 節で述べたように，サポートが分離しているとき，通常の GAN では識別器が区分定数関数となり，勾配が消失する．一方，ワッサースタイン GAN においては，輸送コストが高い場所ほど絶対値が大きくなり，勾配が消失しない．この例では，各青点は右に動かすとデータ点に近づくということが，各点の局所的な f の勾配情報のみから推定できる．[7, Figure 2] を参考に作成．

アルゴリズム 4.4 ワッサースタイン GAN

入力: 真のデータ分布 $\alpha \in \mathcal{P}(\mathcal{X})$，ノイズ分布 $p \in \mathcal{P}(\mathcal{Z})$，
学習率 $\gamma, \eta > 0$
出力: 陰的生成モデル $g(\cdot;\Theta)\colon \mathcal{Z} \to \mathcal{X}$

生成器 $g(\cdot;\Theta)\colon \mathcal{Z} \to \mathcal{X}$ と識別器 $f(\cdot;\theta)\colon \mathcal{X} \to \mathbb{R}$ をランダムに初期化する．
for $k = 1, 2, \ldots$ **do**
　for $\ell = 1, 2, \ldots$ **do**
　　データ $\boldsymbol{x} \sim \alpha$ とノイズ $\boldsymbol{z} \sim p$ をサンプリングする．
　　$\hat{\boldsymbol{x}} \leftarrow g(\boldsymbol{z};\Theta)$ // データ生成
　　$t \sim \mathrm{Uniform}([0,1])$ をサンプリングし，$\tilde{\boldsymbol{x}} = t\boldsymbol{x} + (1-t)\hat{\boldsymbol{x}}$ とする．
　　$L = f(\boldsymbol{x};\theta) - f(\hat{\boldsymbol{x}};\theta) - \lambda(\|\nabla_{\boldsymbol{x}} f(\tilde{\boldsymbol{x}};\theta)\| - 1)^2$ を計算する．
　　$\theta \leftarrow \theta + \gamma \nabla_\theta L$ // パラメータの更新
　end
　ノイズ $\boldsymbol{z} \sim p$ をサンプリングする．
　$\hat{\boldsymbol{x}} \leftarrow g(\boldsymbol{z};\Theta)$ // データ生成
　$L = -f(\hat{\boldsymbol{x}};\theta)$
　$\Theta \leftarrow \Theta - \eta \nabla_\Theta L$ // パラメータの更新
end

4.5 敵対的ネットワークのその他の応用例

敵対的ネットワークは生成モデル以外にも応用されます．代表的な応用例を二つ簡単に紹介します．

4.5.1 敵対的オートエンコーダ

オートエンコーダ (autoencoder) とは，エンコーダと呼ばれるニューラルネットワーク $\phi\colon \mathcal{X} \to \mathbb{R}^D$ と，デコーダと呼ばれるニューラルネットワーク $\psi\colon \mathbb{R}^D \to \mathcal{X}$ を用いた次元削減および生成モデリングに使われる枠組みです．基本的なアイデアは非常にシンプルで，訓練データ $\{\boldsymbol{x}_1, \ldots, \boldsymbol{x}_n\}$ に対して，$\psi(\phi(\boldsymbol{x})) \approx \boldsymbol{x}$ となるように ϕ, ψ を訓練します．たとえば二乗誤差を用いる場合は，

$$\sum_i \|\boldsymbol{x}_i - \psi(\phi(\boldsymbol{x}_i))\|_2^2 \tag{4.50}$$

を損失関数として ϕ, ψ を訓練します．入れたものと同じものが出てくるので一見無意味に思えますが，中間の次元数 d を $\mathcal{X}$ よりも小さく設定することで真価を発揮します．$\phi(\boldsymbol{x}) \in \mathbb{R}^D$ からは ψ を用いて $\boldsymbol{x}$ を復元できるため，$\boldsymbol{x}$ と同等の情報を保持していると考えられますが，それでいて $\phi(\boldsymbol{x})$ は $\boldsymbol{x}$ そのものよりも低次元の表現になっています．この $\phi(\boldsymbol{x})$ を特徴ベクトルにして分類問題を解いたり，可視化を行ったりすることができます．また，$\mathbb{R}^D$ 上の適当な分布から $\boldsymbol{z} \sim p(\boldsymbol{z})$ をサンプリングし，$\psi(\boldsymbol{z})$ を計算することで，尤もらしい $\mathcal{X}$ 上のサンプルを得ることもできます．設定としてはGANと似ていますが，GAN では $\boldsymbol{x} \in \mathcal{X}$ に対応する潜在変数 $\boldsymbol{z}$ が計算できなかったのに対し，オートエンコーダでは $\phi(\boldsymbol{x})$ により計算できるというのが大きな違いです．

ただし，生成モデルとして用いる際，通常のオートエンコーダでは $p(\boldsymbol{z})$ としてどのようなものを用いればよいかは明らかではありません．$\{\phi(\boldsymbol{x}_1), \ldots, \phi(\boldsymbol{x}_n)\}$ に近い値であれば，デコーダがよく訓練されておりよいデータを生成できると期待できますが，具体的な分布 $p(\boldsymbol{z})$ として何が適切かは明らかではありません．

変分オートエンコーダ (variational autoencoder)[41] では，決定的なエンコーダを用いる代わりに，データ点 $\boldsymbol{x} \in \mathcal{X}$ を受け取り，$\mathbb{R}^D$ 上の分布 $p(\boldsymbol{z} \mid \boldsymbol{x})$ を出力するエンコーダを用います．一般の分布を出力するのは困難なので，通常は $p(\boldsymbol{z} \mid \boldsymbol{x})$ は正規分布に従うなどと仮定し，エンコーダは分布のパラメータベクトルを出力するとします．また，変分オートエンコーダでは，潜在変数の分布 $p(\boldsymbol{z})$ を標準正規分布などとあらかじめ仮定しておき，

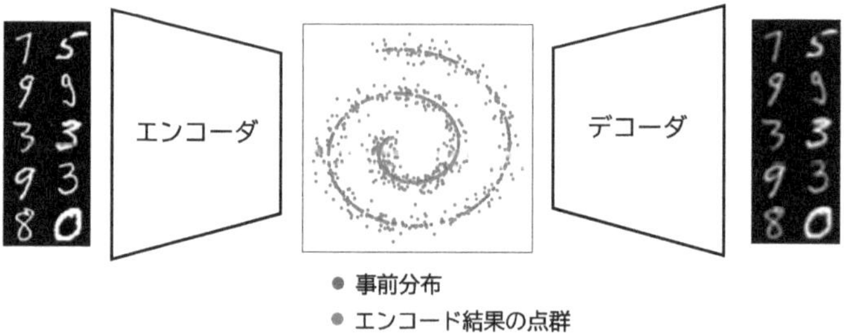

図 4.3 敵対的オートエンコーダの図解．入力と出力の差を小さくする目的に加え，青で表されるエンコード結果の点群が，赤で表される事前分布 $p(\boldsymbol{z})$ の点群に近づくように訓練する．点群を近づける訓練は，二つの点群を見分ける補助的な識別器を訓練し，その訓練誤差が大きくなるようにエンコーダを更新するという敵対的な枠組みに基づく．

$p(\boldsymbol{z} \mid \boldsymbol{x})$ が $p(\boldsymbol{z})$ に近くなるように正則化を加えます．これにより，あらかじめ定義した $p(\boldsymbol{z})$ から $\boldsymbol{z} \sim p(\boldsymbol{z})$ をサンプリングし，$\psi(\boldsymbol{z})$ を計算することで，真のデータ分布によく従うデータが得られます．

エンコーダの出力するパラメータベクトルの勾配を閉じた式で計算する必要性から，$p(\boldsymbol{z})$ としては厳密な関数形が計算できる標準正規分布などを仮定する必要があることが変分オートエンコーダの欠点です．

敵対的オートエンコーダ (adversarial autoencoder)[51] では，通常のオートエンコーダに対して任意に潜在変数の分布 $p(\boldsymbol{z})$ を仮定しておき，$p(\boldsymbol{z})$ と $\{\phi(\boldsymbol{x}_1), \ldots, \phi(\boldsymbol{x}_n)\}$ の距離を敵対的な定式化で最小化することで潜在変数が $p(\boldsymbol{z})$ に近づくようにします（図 4.3）．通常のオートエンコーダと比べると，$p(\boldsymbol{z})$ という潜在変数が従うべき分布があるので，ここから $\boldsymbol{z}$ をサンプリングして $\psi(\boldsymbol{z})$ を計算することで，真のデータ分布によく従うデータが得られるのが利点です．変分オートエンコーダと比べると，$p(\boldsymbol{z})$ の具体的な関数形が分からなくてもサンプル $\boldsymbol{z}_1, \ldots, \boldsymbol{z}_n \sim p(\boldsymbol{z})$ さえ得られればよく，より柔軟にモデリングができることが利点です．GAN と比べると，オートエンコーダと同様 $\boldsymbol{x} \in \mathcal{X}$ に対応する潜在変数が $\phi(\boldsymbol{x})$ により計算できるというのが利点です．

4.5.2 敵対的ドメイン適応

教師なしの**ドメイン適応** (domain adaptation) の問題設定では，教師

つきのデータ $\{(\boldsymbol{x}_1, y_1), \ldots, (\boldsymbol{x}_n, y_n)\} \sim p_s(\boldsymbol{x}, \boldsymbol{y})$ と，教師なしのデータ $\{\boldsymbol{x}'_1, \ldots, \boldsymbol{x}'_m\} \sim p_t(\boldsymbol{x})$ が与えられます．前者をソースデータといい，その従う分布を**ソース分布**といいます．後者はターゲットデータといい，その従う分布を**ターゲット分布**といいます．ターゲット分布について精度よく分類できるようになることが最終的な目標です．教師はソースデータについてしか手に入らないので，基本的にはソースデータを使ってモデルを訓練しつつ，うまく調整することでターゲットデータのラベルを予測できるようにすることを目指します．

たとえば，ソース分布はシミュレーションにより生成した人工的な分布であり，ターゲット分布は実世界にある実際に解きたい問題のデータ分布が考えられます．ソース分布とターゲット分布は基本的な性質は共有しているが完全には一致していないことを想定します．ゆえに，単にソースデータを用いてモデルを訓練するだけでは微妙なずれが生じ，ターゲット分布において完全に実力が発揮できなくなってしまいます．

敵対的ドメイン適応 [32, 69] では，予測モデルを特徴抽出部分 $f\colon \mathcal{X} \to \mathbb{R}^D$ と予測部分 $g\colon \mathbb{R}^D \to \mathcal{Y}$ に分け，$g(f(\boldsymbol{x}))$ というように予測を行います．もちろんこれだけだと単なる記法の問題で何も起こりません．敵対的ドメイン適応では，ソースデータの特徴分布 $\mathcal{F}_s = \{f(\boldsymbol{x}_1), \ldots, f(\boldsymbol{x}_n)\}$ とターゲットデータの特徴分布 $\mathcal{F}_t = \{f(\boldsymbol{x}'_1), \ldots, f(\boldsymbol{x}'_m)\}$ が近くなるように特徴抽出

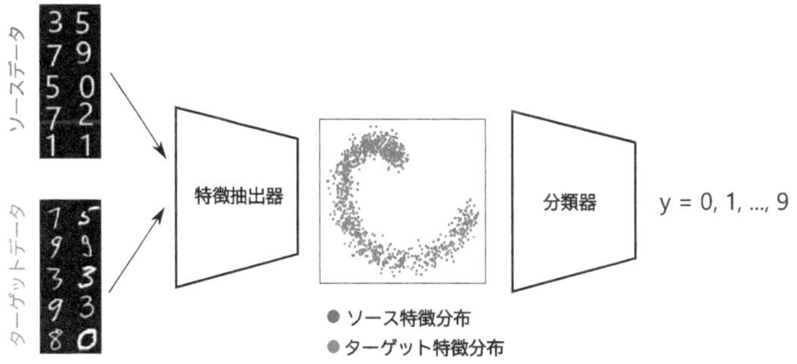

図 4.4 敵対的ドメイン適応の図解．ソースデータにおける分類問題の目的に加え，赤で表されるソースデータの特徴ベクトルの点群が，青で表されるターゲットデータの点群に近づくように訓練する．点群を近づける訓練は，二つの点群を見分ける補助的な識別器を訓練し，その訓練誤差が大きくなるようにエンコーダを更新するという敵対的な枠組みに基づく．

器 f を更新します．このとき，$\mathcal{F}_s$ と $\mathcal{F}_t$ の距離は本章で述べた敵対的な枠組みで測り，その距離が小さくなるように f を更新します（図 4.4）．これにより，g に入力される特徴量の分布のずれはソースとターゲットで小さくなるので，ターゲットデータを入力したときの性能がソースデータのものと近くなることが期待できます．

Chapter 5

スライス法

第 3 章で述べたシンクホーンアルゴリズムは線形計画アルゴリズムに比べると高速ではありますが，1 回の反復に二乗時間がかかり，非常に大規模なデータに対しては適用できません．第 4 章で述べた敵対的ネットワークは非常に大きなデータ，理論上は無限サイズのデータにも適用できますが，現実的には分類モデルの訓練に時間がかかり，実装のコストも大きいです．
本章では，スライス法という，非常に高速で実装も簡単な，最適輸送に基づいた距離の計算方法について紹介します．最適輸送コストやワッサースタイン距離を求めることを目標としていたこれまでの章とは異なり，本章で紹介するスライス法はワッサースタイン距離ではない，新たな確率分布どうしの「距離」を定義し計算することになります．それでも本章で示すように，この「距離」は距離の公理を満たし，計算が容易であるので，非常に大規模なデータに対してはワッサースタイン距離に代わる手法としてしばしば用いられます．

5.1 一次元の最適輸送

一次元数直線上の点群の比較を考えます．第一の点群を $\alpha = \{x_1, x_2, \ldots, x_n\} \subset \mathbb{R}$ とし，第二の点群を $\beta = \{y_1, y_2, \ldots, y_m\} \subset \mathbb{R}$ とします．これらの点は $x_1 < x_2 < \ldots < x_n$ および $y_1 < y_2 < \ldots < y_m$ というように座標の昇順に番号をつけられているとします．コストとしては，凸関数 h を

用いて $C(x, y) = h(y - x)$ のように表されるものを考えます．たとえば，$C(x, y) = |y - x|$ や $C(x, y) = (y - x)^2$ のような自然なコスト関数の選択肢がこの範疇に入るため，この形式のコスト関数を考えることは重要です．このとき，左側にある点ほど左側にある点に輸送されるような単調な最適輸送が存在することが示せます．

定理 5.1（一次元の最適輸送の単調性）

$x_1 < \ldots < x_n$ および $y_1 < \ldots < y_m$ と $\boldsymbol{a} \in \Sigma_n, \boldsymbol{b} \in \Sigma_m$ について

$$\alpha = \sum_{i=1}^{n} \boldsymbol{a}_i \delta_{x_i} \tag{5.1}$$

$$\beta = \sum_{i=1}^{m} \boldsymbol{b}_i \delta_{y_i} \tag{5.2}$$

とし，コスト関数が凸関数 h について $C(x, y) = h(y - x)$ と表されるとする．(α, β, C) についてのある最適輸送 $\boldsymbol{P}^*$ において，$i < j$ かつ $\boldsymbol{P}^*_{ik} > 0, \boldsymbol{P}^*_{j\ell} > 0$ なる任意の組 (i, j, k, ℓ) について $k \leq \ell$ が成立する．

証明

任意に最適輸送 $\boldsymbol{P}^*$ をとる．$i < j$ かつ $k < \ell$ であって $\boldsymbol{P}^*_{i\ell} > 0, \boldsymbol{P}^*_{jk} > 0$ となる組 (i, j, k, ℓ) を悪い組と呼ぶ．$\boldsymbol{P}^*$ において悪い組が存在しないならば定理の主張が従う．存在するなら，適当に悪い組 (i, j, k, ℓ) をとり，

$$\delta \stackrel{\text{def}}{=} x_j - x_i \tag{5.3}$$

$$s \stackrel{\text{def}}{=} y_\ell - x_i \tag{5.4}$$

$$t \stackrel{\text{def}}{=} y_k - x_j \tag{5.5}$$

とおくと，x_i, x_j, y_k, y_l の大小関係から

$$\delta > 0 \tag{5.6}$$

$$t < t + \delta < s \tag{5.7}$$

$$t < s - \delta < s \tag{5.8}$$

が成り立つ．また，

$$\begin{aligned} C(x_i, y_\ell) + C(x_j, y_k) &= h(y_\ell - x_i) + h(y_k - x_j) \\ &= h(s) + h(t) \\ &\overset{\text{(a)}}{\geq} h(s - \delta) + h(t + \delta) \\ &= h(y_\ell - x_j) + h(y_k - x_i) \\ &= C(x_j, y_\ell) + C(x_i, y_k) \end{aligned} \tag{5.9}$$

である．ここで (a) では h の凸性を利用した．よって，$\boldsymbol{P}^*_{i\ell}, \boldsymbol{P}^*_{jk}$ それぞれを $\varepsilon = \min(\boldsymbol{P}^*_{i\ell}, \boldsymbol{P}^*_{jk}) > 0$ だけ減らし，$\boldsymbol{P}^*_{ik}, \boldsymbol{P}^*_{j\ell}$ を ε だけ増やしても目的関数は増加しない．これにより $\boldsymbol{P}^*_{i\ell}, \boldsymbol{P}^*_{jk}$ のどちらか一方は 0 となり，(i, j, k, ℓ) は悪い組でなくなる．このプロセスを i の小さい順に行うと，一度悪い組でなくなった (i, j, k, ℓ) が再び悪い組に戻ることがないので，これを繰り返すことで，悪い組が存在しない最適解を構成できる． □

この定理より，最適輸送行列は図 5.1 に示されるような階段状になると仮定できます．このような階段状の輸送行列は周辺分布 $\boldsymbol{a}, \boldsymbol{b}$ の制約より一意に決まってしまいます．たとえば $\boldsymbol{P}^*_{11}$ の値を考えるとき，まずは x_1 を目一杯 y_1 に輸送することになるため，$\boldsymbol{P}^*_{11} = \min(\boldsymbol{a}_1, \boldsymbol{b}_1)$ と定まります．まだ x_1 の質量が余っている場合は，y_1 はすべて満たしたということなので，y_2 に移り，x_1 に残っている質量である $\boldsymbol{a}_1 - \boldsymbol{P}^*_{11}$ を y_2 に目一杯流して $\boldsymbol{P}^*_{12} = \min(\boldsymbol{a}_1 - \boldsymbol{P}^*_{11}, \boldsymbol{b}_1)$ と定まります．ここで x_1 がすべて輸送し終わったとすると，次は x_2 に移り，x_2, y_2 の間で目一杯輸送を行う，ということを繰り返し，座標の小さい点から順番に決定的に値を定めていくことができ

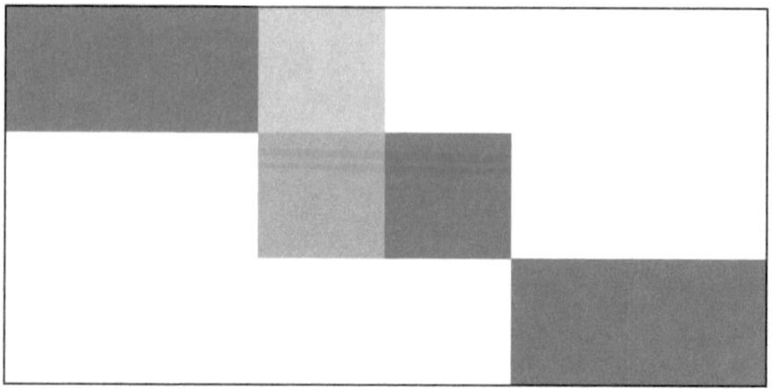

図 5.1 一次元の場合の最適輸送行列の例．このような階段状の輸送行列であると仮定でき，このとき一意に解を定めていくことができる．

ます．このプロセスをアルゴリズム 5.1 に疑似コードとしてまとめます．アルゴリズム 5.1 の手順 3 のループ条件については，$\sum_i \boldsymbol{a}_i = \sum_j \boldsymbol{b}_j = 1$ であるという条件から，$i = n$ となった時点で自動的に $j = m$ が満たされることに注意してください．

アルゴリズム 5.1 $C(x,y)=h(y-x)$ という形のコスト関数についての一次元の最適輸送

入力：点群 $\{x_1,\ldots,x_n\},\{y_1,\ldots,y_m\},\boldsymbol{a}\in\Sigma_n,\boldsymbol{b}\in\Sigma_m$
出力：$\mathrm{OT}(\alpha,\beta,C)$ および最適輸送 $\boldsymbol{P}^*$

点群の座標がソートされていない場合は，$\{x_1,\ldots,x_n\}$ および $\{y_1,\ldots,y_m\}$ をソートし，$x_1<\ldots<x_n$ および $y_1<\ldots<y_m$ が成り立つようにする．このとき，重み $\boldsymbol{a},\boldsymbol{b}$ の添字も一貫して更新する．
$(i,j)\leftarrow(1,1)$ および $\boldsymbol{P}\leftarrow\boldsymbol{0}_{n\times m}$（疎行列形式）および $r\leftarrow 0$ と初期化する．
while $i\leq n$ または $j\leq m$ **do**
　$\boldsymbol{P}_{ij}\leftarrow\min(\boldsymbol{a}_i,\boldsymbol{b}_j)$
　$r\leftarrow r+\boldsymbol{P}_{ij}h(y_j-x_i)$
　$\boldsymbol{a}_i\leftarrow\boldsymbol{a}_i-\boldsymbol{P}_{ij}$ かつ $\boldsymbol{b}_j\leftarrow\boldsymbol{b}_j-\boldsymbol{P}_{ij}$
　もし $\boldsymbol{a}_i=0$ ならば $i\leftarrow i+1$
　もし $\boldsymbol{b}_j=0$ ならば $j\leftarrow j+1$
end
Return $(r,\boldsymbol{P})$

以上のアルゴリズムより，一次元の最適輸送が非常に効率的に求まることが分かります．

定理 5.2（一次元の最適輸送の計算量）

一次元の点群の最適輸送コストは $O((n+m)\log(n+m))$ 時間で求めることができる．特に，座標の値でソート済みの点群が与えられる場合は $O(n+m)$ 時間で求めることができる．

証明
アルゴリズム 5.1 のステップ 1 は $O((n+m)\log(n+m))$ 時間かかる．ステップ 3 のループにおいて，i と j のどちらか一方は 1 増加し，合わせて高々 $n+m$ の値をとるので，$O(n+m)$ 回のループで終わる．1 回のループは $O(1)$ 時間かかるので，全体として $O((n+m)\log(n+m))$ 時間である．入力としてソート済みの点群が与えられる場合は，ステップ 1 を省略できるので $O(n+m)$ 時間である． □

この計算量は，シンクホーンアルゴリズムの 1 回の反復にかかる時間 $O(nm)$ や最小費用流アルゴリズムの計算時間 $O(nm(n+m)\log(nm))$ と比べると非常に高速です．また，単純なロジックにより厳密解が求まるのも魅力的です．

二つの点群の要素数が等しく，質量が一様の場合はさらに簡単に表すことができます．

定理 5.3（要素数が等しく質量が一様の場合の一次元点群の最適輸送コスト）

$x_1 < \ldots < x_n$ および $y_1 < \ldots, < y_n$ について

$$\alpha = \sum_{i=1}^{n} \frac{1}{n} \delta_{x_i} \tag{5.10}$$

$$\beta = \sum_{i=1}^{n} \frac{1}{n} \delta_{y_i} \tag{5.11}$$

とし，コスト関数が凸関数 h を用いて $C(x, y) = h(y - x)$ と表されるとすると，最適輸送行列は

$$P^* = \begin{pmatrix} \frac{1}{n} & 0 & \ldots & 0 \\ 0 & \frac{1}{n} & \ldots & 0 \\ \vdots & \vdots & \vdots & \vdots \\ 0 & 0 & \ldots & \frac{1}{n} \end{pmatrix} = \frac{1}{n} I \tag{5.12}$$

であり，最適輸送コストは

$$\mathrm{OT}(\alpha, \beta, C) = \frac{1}{n} \sum_{i=1}^{n} h(y_i - x_i) \tag{5.13}$$

となる．

すなわち，図 5.2 のように最も小さい値どうしでマッチング，二番目に小さい値どうしでマッチング，というように貪欲に対応を与えるのが最適ということです．

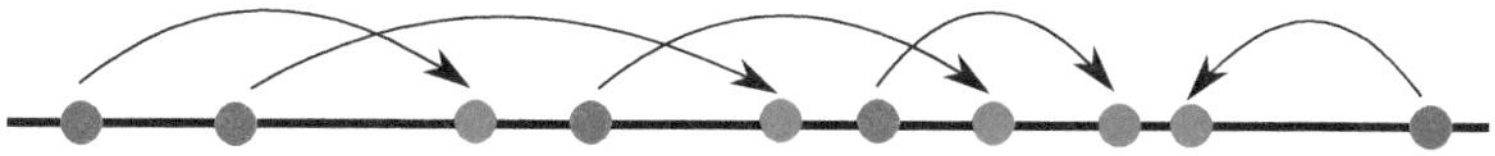

図 5.2　二つの点群の要素数が等しく，質量が一様の場合の一次元の最適輸送．最も左の赤点が最も左の青点に，二番目に左の赤点が二番目に左の青点に，というように順番にマッチングする．

5.2　一次元の最適輸送：一般の分布の場合

話題は脇道に逸れますが，完全性のため，連続分布を含む一般の場合の一次元の最適輸送についても簡潔に述べておきます．累積密度関数が $F, G\colon \mathbb{R} \to [0,1]$ である $\mathbb{R}$ 上の確率分布 α, β を考えます．これらの疑似逆関数 $F^{-1}, G^{-1}\colon [0,1] \to \mathbb{R}$ は $t \in [0,1]$ について

$$F^{-1}(t) = \inf_x \{x \mid F(x) \geq t\} \tag{5.14}$$

$$G^{-1}(t) = \inf_x \{x \mid G(x) \geq t\} \tag{5.15}$$

と定まり，これらを α, β の分位点関数といいます．$F^{-1}(t)$ は直観的には，分布 α の中で左から割合 t の点はどこかということを表しています．一次元の場合，値の小さい順にマッチングするのが最適であったので，$F^{-1}(t)$ の点は $G^{-1}(t)$ にマッチすべきであり，そのときの輸送コストは $h(G^{-1}(t) - F^{-1}(t))$ となります（図 5.3）．ここでは証明しませんが，この直観は連続の場合でも正しく，以下の定理が成り立ちます．

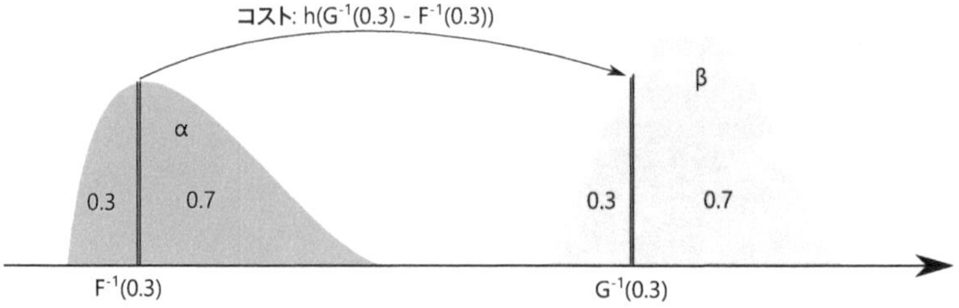

図 5.3　一次元連続分布の最適輸送．たとえば，α における左から割合 $t = 0.3$ の地点は $F^{-1}(0.3)$ であり，β における左から割合 0.3 の地点は $G^{-1}(0.3)$ である．この 2 座標間の輸送コストは $h(G^{-1}(0.3) - F^{-1}(0.3))$ となる．

定理 5.4（一次元の連続分布の最適輸送コスト）

コスト関数が凸関数 $h\colon \mathbb{R} \to \mathbb{R}$ を用いて $C(x, y) = h(y - x)$ と表されるとき，累積密度関数 $F, G\colon \mathbb{R} \to [0, 1]$ を持つ分布 α, β の最適輸送コストは

$$\mathrm{OT}(\alpha, \beta, C) = \int_0^1 h(G^{-1}(t) - F^{-1}(t))dt \tag{5.16}$$

となる．

この定理の証明および，一次元の最適輸送の詳細な議論については [62, Chapter 2] を参照してください．

5.3 スライス法

ここまでは空間が一次元の場合に最適輸送が非常に効率よく計算できることを見ました．しかし，これらの計算方法は点群の存在する空間 $\mathcal{X}$ が一次元にある場合にしか使えません．スライス法は，一般の次元にある点群の距離の計算を一次元の点群の比較に帰着させることで計算を高速化します．

5.3.1 スライスワッサースタイン距離の定義

d 次元の点群 $\alpha = \{\boldsymbol{x}_1, \ldots, \boldsymbol{x}_n\} \subset \mathbb{R}^d$ と $\beta = \{\boldsymbol{y}_1, \ldots, \boldsymbol{y}_m\} \subset \mathbb{R}^d$ の比較を考えます．スライス法の基本的なアイデアは，ランダムに単位ベクトル $\boldsymbol{w} \in \mathbb{R}^d$ をとり，この方向に射影した点群 $\alpha_{\boldsymbol{w}} = \{\boldsymbol{w}^\top \boldsymbol{x}_1, \ldots, \boldsymbol{w}^\top \boldsymbol{x}_n\} \subset \mathbb{R}$ と $\beta_{\boldsymbol{w}} = \{\boldsymbol{w}^\top \boldsymbol{y}_1, \ldots, \boldsymbol{w}^\top \boldsymbol{y}_m\} \subset \mathbb{R}$ の比較を行うことです．$\alpha_{\boldsymbol{w}}$ と $\beta_{\boldsymbol{w}}$ は一次元空間にあるので簡単に最適輸送コストを求めることができます（図 5.4）．これを数学的に定式化しましょう．ベクトル $\boldsymbol{w} \in \mathbb{R}^d$ について，$\boldsymbol{w}$ と内積をとる関数 $\boldsymbol{w}^*\colon \mathbb{R}^d \to \mathbb{R}$ を $\boldsymbol{w}^*(\boldsymbol{x}) \stackrel{\text{def}}{=} \boldsymbol{w}^\top \boldsymbol{x}$ とします．関数 $f\colon \mathcal{X} \to \mathcal{Y}$ と $\mathcal{X}$ 上の測度 α について，f により定義される α の**押し出し測度** $f_\sharp \alpha$ とは，$\mathcal{Y}$ 上の測度であって，

$$(f_\sharp \alpha)(\mathcal{B}) \stackrel{\text{def}}{=} \alpha(f^{-1}(\mathcal{B})) \quad (\mathcal{B} \subset \mathcal{Y}) \tag{5.17}$$

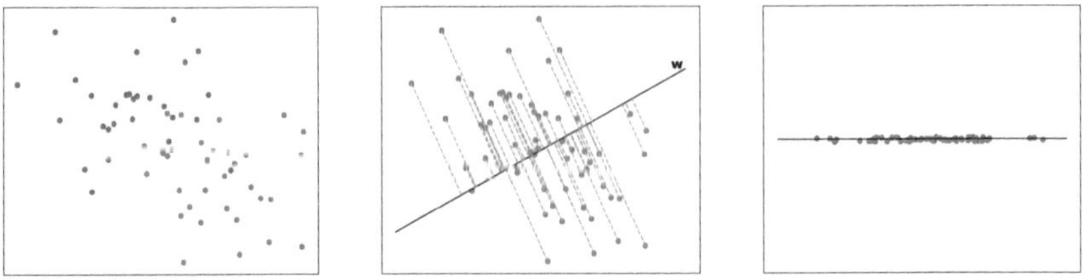

図 5.4　スライス法の概要．左：比較する二次元点群 α, β．中央：ランダムな直線 $\boldsymbol{w}$ への射影．右：射影された一次元の点群 $\boldsymbol{w}_\sharp^* \alpha, \boldsymbol{w}_\sharp^* \beta$．この点群は一次元上にあるので最適輸送コストを簡単に計算できる．

により定義されるものをいいます．この定義を書き下すと，「集合 $\mathcal{B}$ に含まれる量」イコール「f によって $\mathcal{B}$ に運び込まれてくる場所 $f^{-1}(\mathcal{B})$ に α が持っている量」ということになり，直観的には α を f で動かした測度を意味します．たとえば，離散分布

$$\alpha = \sum_{x \in \mathcal{X}} \boldsymbol{a}_x \delta_x \tag{5.18}$$

であれば，押し出し測度は

$$f_\sharp \alpha = \sum_{x \in \mathcal{X}} \boldsymbol{a}_x \delta_{f(x)} \tag{5.19}$$

となります．よりシンプルに，重みなし点群の場合であれば，

$$\alpha = \{\boldsymbol{x}_1, \ldots, \boldsymbol{x}_n\} \tag{5.20}$$

の f による押し出し測度は

$$f_\sharp \alpha = \{f(\boldsymbol{x}_1), \ldots, f(\boldsymbol{x}_n)\} \tag{5.21}$$

となります．よって，$\boldsymbol{w}$ 方向の射影は $\boldsymbol{w}_\sharp^* \alpha \ (= \{\boldsymbol{w}^\top \boldsymbol{x}_1, \ldots, \boldsymbol{w}^\top \boldsymbol{x}_n\})$ と表すことができます．以下では押し出し測度を用いて一般の確率分布について**スライスワッサースタイン距離**を定義します．

定義 5.5（スライスワッサースタイン距離 [59]）

$\mathbb{S}^{d-1}$ を d 次元の単位球上の一様分布とする．$\mathbb{R}^d$ 上の分布 α, β と実数 $p \geq 1$ について，スライスワッサースタイン距離を

$$\mathrm{SW}_p(\alpha, \beta) \stackrel{\text{def}}{=} \mathbb{E}_{\boldsymbol{w} \sim \mathbb{S}^{d-1}}[W_p(\boldsymbol{w}^*_\sharp \alpha, \boldsymbol{w}^*_\sharp \beta)^p]^{1/p} \tag{5.22}$$

で定める．

ここで，SW は Sliced Wasserstein の頭文字を表しています．$\boldsymbol{w}^*_\sharp \alpha$ と $\boldsymbol{w}^*_\sharp \beta$ は一次元の分布であり，コスト $C(x, y) = |x - y|^p$ による最適輸送はアルゴリズム 5.1 を用いて簡単に計算できます．期待値はアルゴリズム 5.2 のようにモンテカルロ法により計算します．

アルゴリズム 5.2 スライスワッサースタイン距離

入力: 点群 $\alpha = \sum_{i=1}^{n} \boldsymbol{a}_i \delta_{\boldsymbol{x}_i}, \beta = \sum_{i=1}^{m} \boldsymbol{b}_i \delta_{\boldsymbol{y}_i}$，指数 $p \geq 1$，サンプル数 $K \in \mathbb{Z}_+$

出力: $\mathrm{SW}_p(\alpha, \beta)$ の推定値

for $k = 1, 2, \ldots, K$ **do**

　$\boldsymbol{w}_k \sim \mathbb{S}^{d-1}$ をサンプリングする．

$$\boldsymbol{w}_{k\sharp}^{*}\alpha = \sum_{i=1}^{n} \boldsymbol{a}_i \delta_{\boldsymbol{w}_k^\top \boldsymbol{x}_i}$$
$$\boldsymbol{w}_{k\sharp}^{*}\beta = \sum_{i=1}^{m} \boldsymbol{b}_i \delta_{\boldsymbol{w}_k^\top \boldsymbol{y}_i}$$

　$s_k \leftarrow W_p(\boldsymbol{w}_{k\sharp}^{*}\alpha, \boldsymbol{w}_{k\sharp}^{*}\beta)$ をアルゴリズム 5.1 を用いて計算する．

end

Return $\widehat{\mathrm{SW}}_p(\alpha, \beta) = \left(\frac{1}{K} \sum_{k=1}^{K} s_k^p\right)^{1/p}$

スライスワッサースタイン距離は元の高次元空間でのワッサースタイン距離と同値である，つまりスライスワッサースタイン距離を用いて元の高次元空間でのワッサースタイン距離を上下から抑えられることが知られています [13, Theorem 5.1.5.]．しかし，これらは緩い関係であり，スライスワッサースタイン距離が元の高次元空間でのワッサースタイン距離をよく近似しているとは限りません．むしろスライスワッサースタイン距離は別の新しい距離の測り方と考えた方が適切な場合が多くあります．

5.3.2 スライスワッサースタイン距離の計算量

定理 5.6（スライスワッサースタイン距離の計算量）

モンテカルロサンプルの個数を K とすると，アルゴリズム 5.2 は $O(K(n+m)(d+\log(n+m)))$ 時間で動作する．

証明

各サンプルにつき，射影を計算するのに $O((n+m)d)$ 時間，一次元の最適輸送 $W_p(\boldsymbol{w}^*_\sharp\alpha, \boldsymbol{w}^*_\sharp\beta)$ を計算するのには定理 5.2 より $O((n+m)\log(n+m))$ 時間かかるので，合計 $O(K(n+m)(d+\log(n+m)))$ 時間でアルゴリズム 5.2 は完了する． □

5.3.3 スライスワッサースタイン距離の距離性

定理 5.7（スライスワッサースタイン距離の距離性）

スライスワッサースタイン距離は距離の公理を満たす．すなわち，

1. $\mathrm{SW}_p(\alpha,\beta)=0 \Leftrightarrow \alpha=\beta$
2. $\mathrm{SW}_p(\alpha,\beta)=\mathrm{SW}_p(\beta,\alpha) \qquad \forall\alpha,\beta$
3. $\mathrm{SW}_p(\alpha,\beta)+\mathrm{SW}_p(\beta,\gamma)\geq\mathrm{SW}_p(\alpha,\gamma) \qquad \forall\alpha,\beta,\gamma$

が成立する．

証明

1. (十分条件 $\Leftarrow$) $\alpha=\beta$ であれば $\boldsymbol{w}^*_\sharp\alpha=\boldsymbol{w}^*_\sharp\beta$ が常に成り立つので，ワッサースタイン距離の距離性より $\mathrm{SW}_p(\alpha,\beta)=0$ が成り立つ．

1. (必要条件 $\Rightarrow$) $\mathrm{SW}_p(\alpha,\beta)=0$ であればほとんど至るところの

$\boldsymbol{w} \in \mathbb{S}^{d-1}$ において $W_p(\boldsymbol{w}^*_\sharp\alpha, \boldsymbol{w}^*_\sharp\beta)^p = 0$ であり，W_p の距離性より $\boldsymbol{w}^*_\sharp\alpha = \boldsymbol{w}^*_\sharp\beta$ である．フーリエ変換 $\mathcal{F}\colon \mathcal{P}(\mathbb{R}^d) \to \mathcal{C}(\mathbb{R}^d)$

$$(\mathcal{F}\alpha)(\boldsymbol{y}) = \int_{\mathbb{R}^d} \exp(-2\pi i \boldsymbol{y}^\top \boldsymbol{x}) d\alpha(\boldsymbol{x}) \tag{5.23}$$

を考える．任意の $s > 0$ と $\boldsymbol{w}^*_\sharp\alpha = \boldsymbol{w}^*_\sharp\beta$ が成り立つ $\boldsymbol{w} \in \mathbb{S}^{d-1}$ について，

$$\begin{aligned}(\mathcal{F}\alpha)(s\boldsymbol{w}) &= \int_{\mathbb{R}^d} \exp(-2\pi i s \boldsymbol{w}^\top \boldsymbol{x}) d\alpha(\boldsymbol{x}) \\ &= \int_{\mathbb{R}} \exp(-2\pi i s t) d(\boldsymbol{w}^*_\sharp\alpha)(t) \\ &= \int_{\mathbb{R}} \exp(-2\pi i s t) d(\boldsymbol{w}^*_\sharp\beta)(t) \\ &= \int_{\mathbb{R}^d} \exp(-2\pi i s \boldsymbol{w}^\top \boldsymbol{x}) d\beta(\boldsymbol{x}) \\ &= (\mathcal{F}\beta)(s\boldsymbol{w}) \end{aligned} \tag{5.24}$$

となる．よって，α と β のフーリエ変換はほとんど至るところで一致し，これは $\alpha = \beta$ を意味する．

2.

$$\begin{aligned}\mathrm{SW}_p(\alpha, \beta) &= \mathbb{E}_{\boldsymbol{w} \sim \mathbb{S}^{d-1}}[W_p(\boldsymbol{w}^*_\sharp\alpha, \boldsymbol{w}^*_\sharp\beta)^p]^{1/p} \\ &= \mathbb{E}_{\boldsymbol{w} \sim \mathbb{S}^{d-1}}[W_p(\boldsymbol{w}^*_\sharp\beta, \boldsymbol{w}^*_\sharp\alpha)^p]^{1/p} \\ &= \mathrm{SW}_p(\beta, \alpha). \end{aligned} \tag{5.25}$$

3.

$$\begin{aligned}\mathrm{SW}_p(\alpha, \gamma) &= \left(\int W_p(\boldsymbol{w}^*_\sharp\alpha, \boldsymbol{w}^*_\sharp\gamma)^p d\mathbb{S}^{d-1}(\boldsymbol{w}) \right)^{1/p} \\ &\overset{\text{(a)}}{\le} \left(\int (W_p(\boldsymbol{w}^*_\sharp\alpha, \boldsymbol{w}^*_\sharp\beta) \right. \\ &\qquad \left. + W_p(\boldsymbol{w}^*_\sharp\beta, \boldsymbol{w}^*_\sharp\gamma))^p d\mathbb{S}^{d-1}(\boldsymbol{w}) \right)^{1/p}\end{aligned}$$

$$\overset{\text{(b)}}{\leq} \left(\int W_p(\boldsymbol{w}^*_\sharp \alpha, \boldsymbol{w}^*_\sharp \beta)^p d\mathbb{S}^{d-1}(\boldsymbol{w}) \right)^{1/p}$$

$$+ \left(\int W_p(\boldsymbol{w}^*_\sharp \beta, \boldsymbol{w}^*_\sharp \gamma)^p d\mathbb{S}^{d-1}(\boldsymbol{w}) \right)^{1/p}$$

$$= \mathrm{SW}_p(\alpha, \beta) + \mathrm{SW}_p(\beta, \gamma) \tag{5.26}$$

となる．ここで (a) は W_p について三角不等式を，(b) はミンコフスキーの不等式を利用した． □

5.4 一般化スライス法

5.4.1 一般化スライスワッサースタイン距離の定義

スライスワッサースタイン距離の定義では，線形関数 $\boldsymbol{w}^*$ により高次元の点群を一次元に射影しました．一般には，どのような射影方法を用いても一次元に帰着しさえすれば効率的に最適輸送コストを計算できます．射影の定義を線形射影から一般の射影関数 $f_\theta\colon \mathcal{X} \to \mathbb{R}$ に拡張したものが**一般化スライス法**です．ここで，線形射影の場合にさまざまな方向への射影を考慮したように，関数 f は θ によりパラメータ化されています．たとえば多項式全体を考えるのであれば，θ は多項式の係数を表します．このとき，**一般化スライスワッサースタイン距離**は以下のように表されます．

定義 5.8（一般化スライスワッサースタイン距離 [43]）

Ω をパラメータ θ が従う分布とする．$\mathbb{R}^d$ 上の分布 α, β と実数 $p \geq 1$ について，一般化スライスワッサースタイン距離を

$$\mathrm{GSW}_p(\alpha, \beta; f, \Omega) \overset{\text{def}}{=} \mathbb{E}_{\theta \sim \Omega}[W_p(f_{\theta\sharp}\alpha, f_{\theta\sharp}\beta)^p]^{1/p} \tag{5.27}$$

で定める．

ここで $f_{\theta\sharp}$ は f_θ による押し出しであり，離散分布の場合であれば，

$$f_{\theta\sharp}\left(\sum_i \boldsymbol{a}_i \delta_{\boldsymbol{x}_i}\right) = \sum_i \boldsymbol{a}_i \delta_{f_\theta(\boldsymbol{x}_i)} \tag{5.28}$$

となります．$\Omega = \mathbb{S}^{d-1}, f_\theta(x) = \theta^\top x$ のとき，一般化スライスワッサースタイン距離は通常のスライスワッサースタイン距離に一致します．

一般化スライス法の計算も通常のスライス法と同様にモンテカルロ法により行うことができます．

5.4.2 一般化スライスワッサースタイン距離の距離性

一般化スライスワッサースタイン距離の非負性や，自身との距離が 0 になることや，三角不等式は通常のスライスワッサースタイン距離と同様に示すことができます．しかし，距離が 0 であるとき分布が一致するかどうかについては f のとり方に依存します．よいとり方の定義のため，以下で定義される**一般化ラドン変換** $\mathcal{R}\colon \mathcal{P}(\mathbb{R}^d) \to (\Omega \to \mathcal{P}(\mathbb{R}))$ というものを考えます．

$$\mathcal{R}(\alpha)(\theta) = \int \delta_{f_\theta(\boldsymbol{x})} d\alpha(\boldsymbol{x}) \tag{5.29}$$

ここで δ はディラックのデルタ関数です．これはフーリエ変換の一般化のようなものです．通常，一般化ラドン変換については深く考える必要はなく，以下で述べるように一般化ラドン変換が単射であるような f がいくつか知られているので，実際上はその中から f を選択して使えば問題ありません．

定理 5.9（一般化スライスワッサースタイン距離の距離性）

一般化スライスワッサースタイン距離は

1. $\mathrm{GSW}_p(\alpha, \beta) = 0 \Longleftarrow \alpha = \beta$
2. $\mathrm{GSW}_p(\alpha, \beta) = \mathrm{GSW}_p(\beta, \alpha) \qquad \forall \alpha, \beta$
3. $\mathrm{GSW}_p(\alpha, \beta) + \mathrm{GSW}_p(\beta, \gamma) \geq \mathrm{GSW}_p(\alpha, \gamma) \qquad \forall \alpha, \beta, \gamma$

を満たす．また，一般化ラドン変換 $\mathcal{R}$ が単射となる変換 f を用いると

$$\mathrm{GSW}_p(\alpha, \beta) = 0 \Longrightarrow \alpha = \beta \tag{5.30}$$

が成り立ち，距離の公理を満たす．

証明

通常のスライスワッサースタイン距離の場合の証明における $\boldsymbol{w}_\sharp^*$ を $f_{\theta\sharp}$ で置き換えることで証明できる．最後の主張については，$\mathrm{GSW}_p(\alpha, \beta) = 0$ であればほとんど至るところの $\theta \in \Omega$ において $W_p(f_{\theta\sharp}\alpha, f_{\theta\sharp}\beta) = 0$ であり，すなわち $f_{\theta\sharp}\alpha = f_{\theta\sharp}\beta$ である．$f_{\theta\sharp}\alpha = f_{\theta\sharp}\beta$ が成り立つ任意の $\theta \in \Omega$ について，一般化ラドン変換の値 $\mathcal{R}(\alpha)(\theta) = \mathcal{R}(\beta)(\theta)$ がほとんど至るところで一致し，単射性より $\alpha = \beta$ となる． □

どのような f について一般化ラドン変換が単射であるかについては盛んに研究されているトピックであり，決定版となる定式化はありませんが，いくつかの例は知られています．たとえば，奇数次数 m の多項式

$$f_\theta(\boldsymbol{x}) = \sum_{\boldsymbol{\gamma} \in \mathbb{N}^d:\ \sum \boldsymbol{\gamma}_i = m} \theta_{\boldsymbol{\gamma}} \prod_{i=1}^{d} \boldsymbol{x}_i^{\gamma_i} \tag{5.31}$$

の一般化ラドン変換は単射であることが知られており，これを一般化スライ

スワッサースタイン距離に用いることができます[43].

5.5 最大化スライス法

以上の定式化においては，パラメータ θ についての期待値をとり，サンプリングにより推定を行いましたが，この推定は高次元のとき不安定となる場合があります．たとえば高次元 d における二つの正規分布 $\alpha = \mathcal{N}(\mathbf{0}_d, I_d)$ と $\beta = \mathcal{N}(\boldsymbol{x}, I_d)$ $(\boldsymbol{x} \neq \mathbf{0}_d)$ の距離を測ることを考えます．ランダムに $\boldsymbol{w} \sim \mathbb{S}^{d-1}$ をとりこれらの分布を射影すると，

$$\boldsymbol{w}^*_\sharp \alpha = \mathcal{N}(0,1) \tag{5.32}$$

$$\boldsymbol{w}^*_\sharp \beta = \mathcal{N}(\boldsymbol{w}^\top \boldsymbol{x}, 1) \tag{5.33}$$

となります．高次元におけるランダムな二つのベクトルは高い確率で直交し，$\boldsymbol{w}^\top \boldsymbol{x} \approx 0$ となります [70, Remark 3.2.5]．ゆえに，これらのワッサースタイン距離を測ったとしても，高い確率で $W_p(\boldsymbol{w}^*_\sharp \alpha, \boldsymbol{w}^*_\sharp \beta) \approx 0$ となります．一方，$\boldsymbol{v} = \frac{\boldsymbol{x}}{\|\boldsymbol{x}\|}$ ととると，

$$\boldsymbol{v}^*_\sharp \alpha = \mathcal{N}(0,1) \tag{5.34}$$

$$\boldsymbol{v}^*_\sharp \beta = \mathcal{N}(\|\boldsymbol{x}\|, 1) \tag{5.35}$$

となり，原点から離れた $\boldsymbol{x}$ については，$W_p(\boldsymbol{v}^*_\sharp \alpha, \boldsymbol{v}^*_\sharp \beta)$ の値は大きくなります．このような場合，$\mathrm{SW}_p(\alpha, \beta)$ を正確に推定するには $\boldsymbol{v}$ に十分近いベクトルが得られるまでサンプリングする必要があり，多くのサンプル数が必要となってしまいます．

この欠点を解決するのが**最大化スライス法**です．最大化スライス法では，期待値の代わりに最悪ケースのパラメータ θ を使い，二つの分布が最もよく見分けられる場合の値で距離を定義します（図 5.5）．上記の正規分布の例では射影関数の集合として線形射影を考え，射影関数のパラメータとして $\theta = \frac{\boldsymbol{x}}{\|\boldsymbol{x}\|}$ を，そしてこれのみを用いて距離を測ることになります．以下に，一般の射影関数 f_θ を用いた場合の**最大化スライスワッサースタイン距離**の定義を示します．

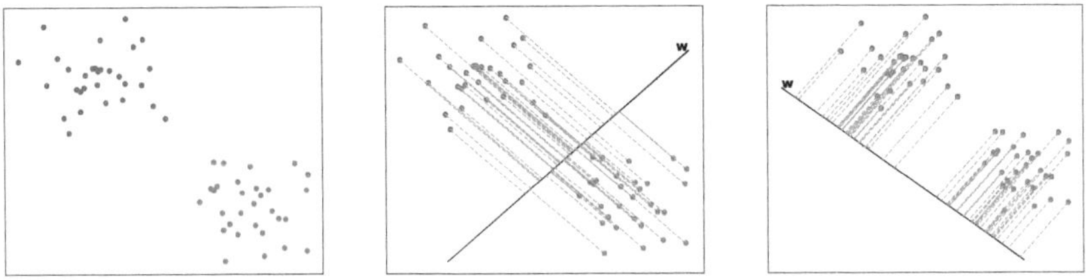

図 5.5 最大化スライス法の概要．左：比較する二次元点群．中央：ランダムな直線 $\boldsymbol{w}$ への射影．二つの点群は元々離れているが，似た点群に射影されてしまっている．右：最大となる射影．最大化スライス法ではこの射影における距離を用いる．

定義 5.10（最大化スライスワッサースタイン距離 [22, 43]）

Ω をパラメータ θ のとりうる領域とする．$\mathbb{R}^d$ 上の分布 α, β と実数 $p \geq 1$ について，一般化スライスワッサースタイン距離を

$$\mathrm{MGSW}_p(\alpha, \beta; f, \Omega) \stackrel{\mathrm{def}}{=} \max_{\theta \in \Omega} W_p(f_{\theta\sharp}\alpha, f_{\theta\sharp}\beta) \tag{5.36}$$

で定める．

アルゴリズム 5.3 のようにパラメータ θ を固定して $W_p(f_{\theta\sharp}\alpha, f_{\theta\sharp}\beta)$ の値を計算することと，この値が大きくなるように θ を（劣）勾配法などで更新することを反復し，最大化スライスワッサースタイン距離を推定することができます．$\nabla_\theta W_p(f_{\theta\sharp}\alpha, f_{\theta\sharp}\beta)$ は自動微分ライブラリを用いて計算することが一般的です [43]．正確には，$f_\theta(\boldsymbol{x}_i) = f_\theta(\boldsymbol{x}_j)$ となる $i \neq j$ がある場合などに微分ができなくなるので，劣微分を用いていることになりますが，実装の上ではこのことを意識することはほとんどありません．

アルゴリズム 5.3 最大化スライスワッサースタイン距離

入力：点群 $\alpha = \sum_{i=1}^{n} \boldsymbol{a}_i \delta_{\boldsymbol{x}_i}, \beta = \sum_{i=1}^{m} \boldsymbol{b}_i \delta_{\boldsymbol{y}_i}$，指数 $p \geq 1$，学習率 $\gamma > 0$

出力：$\mathrm{MGSW}_p(\alpha, \beta)$ の推定値

θ をランダムに初期化する．

for $k = 1, 2, \ldots, K$ **do**

$$f_{\theta\sharp}\alpha = \sum_{i=1}^{n} \boldsymbol{a}_i \delta_{f_\theta(\boldsymbol{x}_i)}$$

$$f_{\theta\sharp}\beta = \sum_{i=1}^{m} \boldsymbol{b}_i \delta_{f_\theta(\boldsymbol{y}_i)}$$

$W_p(f_{\theta\sharp}\alpha, f_{\theta\sharp}\beta)$ をアルゴリズム 5.1 を用いて計算する．

$\theta \leftarrow \theta + \gamma \nabla_\theta W_p(f_{\theta\sharp}\alpha, f_{\theta\sharp}\beta)$ // 勾配法によるパラメータの更新

end

Return $\widehat{\mathrm{MGSW}}_p(\alpha, \beta) = W_p(f_{\theta\sharp}\alpha, f_{\theta\sharp}\beta)$

最大化スライスワッサースタイン距離も，f として適切なもの，たとえば線形射影や奇数次の多項式を選ぶと距離の公理を満たすことが示せます．

定理 5.11（最大化スライスワッサースタイン距離の距離性）

最大化スライスワッサースタイン距離は

1. $\mathrm{MGSW}_p(\alpha,\beta)=0 \Longleftarrow \alpha=\beta$
2. $\mathrm{MGSW}_p(\alpha,\beta)=\mathrm{MGSW}_p(\beta,\alpha) \qquad \forall\alpha,\beta$
3. $\mathrm{MGSW}_p(\alpha,\beta)+\mathrm{MGSW}_p(\beta,\gamma)\geq \mathrm{MGSW}_p(\alpha,\gamma) \qquad \forall\alpha,\beta,\gamma$

を満たす．また，一般化ラドン変換が単射であるような変換 f については

$$\mathrm{MGSW}_p(\alpha,\beta)=0 \Longrightarrow \alpha=\beta \tag{5.37}$$

が成り立ち，距離の公理を満たす．

証明

1. $\alpha=\beta$ であれば $f_{\theta\sharp}\alpha=f_{\theta\sharp}\beta$ が常に成り立つので，ワッサースタイン距離の距離性より $\mathrm{MGSW}_p(\alpha,\beta)=0$ となる．

2. ワッサースタイン距離の距離性より $W_p(f_{\theta\sharp}\alpha,f_{\theta\sharp}\beta)=W_p(f_{\theta\sharp}\beta,f_{\theta\sharp}\alpha)$ が常に成り立つので，$\mathrm{MGSW}_p(\alpha,\beta)=\mathrm{MGSW}_p(\beta,\alpha)$ となる．

3.

$$\begin{aligned}
\mathrm{MGSW}_p(\alpha,\gamma)&=\max_\theta W_p(f_{\theta\sharp}\alpha,f_{\theta\sharp}\gamma)\\
&\overset{\text{(a)}}{\leq}\max_\theta\left(W_p(f_{\theta\sharp}\alpha,f_{\theta\sharp}\beta)+W_p(f_{\theta\sharp}\beta,f_{\theta\sharp}\gamma)\right)\\
&\leq\left(\max_\theta W_p(f_{\theta\sharp}\alpha,f_{\theta\sharp}\beta)\right)+\left(\max_\theta W_p(f_{\theta\sharp}\beta,f_{\theta\sharp}\gamma)\right)\\
&=\mathrm{MGSW}_p(\alpha,\beta)+\mathrm{MGSW}_p(\beta,\gamma)
\end{aligned} \tag{5.38}$$

となる．ここで (a) は W_p について三角不等式を利用した．

最後の主張については，$\mathrm{MGSW}_p(\alpha, \beta) = 0$ であればすべての $\theta \in \Omega$ において $W_p(f_{\theta\sharp}\alpha, f_{\theta\sharp}\beta) = 0$ であり，すなわち $f_{\theta\sharp}\alpha = f_{\theta\sharp}\beta$ である．ゆえに，一般化ラドン変換 $\mathcal{R}(\alpha)$ と $\mathcal{R}(\beta)$ が一致し，単射性より $\alpha = \beta$ となる． □

5.6 応用例

これまでの章で述べてきた最適輸送の応用のほとんどにおいて，スライス法を通常の最適輸送の代わりに用いることができます．たとえば，Deshpande ら [22,23] や Wu ら [72] は 4.4.1 節で紹介した陰的生成モデルにおいて，分布間の距離を敵対的な定式化ではなく，スライス法や最大化スライス法で計算して生成モデルを訓練することを提案しています．Kolouri ら [44] は，4.5.1 節で紹介したオートエンコーダにおいて，敵対的な定式化による距離推定の代わりに，スライス法を用いて潜在変数の事前分布と生成分布の距離を測り最小化することを提案しています．Lee ら [48] は 4.5.2 節で紹介した方法とは異なる方法で，スライス法を用いて教師なしドメイン適応を実現する方法を提案しています．また，Carrière ら [18] がパーシステント図に対して適用したように，点群を比較する用途でもスライス法は用いられます．

5.7 木を用いたスライス法*

5.1 節では，数直線上であれば最適輸送が簡単に解けることを見ました．しかし，数直線という空間は単純であるので，スライス法により複雑な空間 $\mathcal{X}$ を一次元に射影すると情報が大きく失われてしまいます．一次元空間より豊かな構造を表現でき，最適輸送コストが簡単に求まる空間があれば，そのような空間に射影することで一次元の場合よりも正確に距離を測ることができると期待できます．

豊富な構造が表現でき，最適輸送が簡単に求まる空間としてよく用いられるのが**木構造**です．本節では木構造が一次元空間の一般化になっていることを例 5.2 で紹介し，任意の木構造においても線形時間で最適輸送が求まることを定理 5.15 と定理 5.16 で示します．よって，複雑な空間 $\mathcal{X}$ を木構造に射影することで，元の空間の情報を保ちつつ，スライス法の要領で高速に距離が計算できることになります．具体的な木への射影の方法は 5.7.3 節で紹介します．

5.7.1 木の概念

まずは準備のため木に関する概念をいくつか定義します．木はグラフ $G = (V, E)$ により定義されます．V はノードを，$E \subset V \times V$ はエッジを表す集合です．本節では木の各エッジには長さ $d\colon E \to \mathbb{R}$ が定まっているとします．

定義 5.12（木上の距離）

木のノード $u, v \in V$ の距離 $d(u, v)$ は u から v への最短経路に含まれるエッジの長さの総和とする．

ここで，重み関数と距離関数の記号としてともに d を用いています．エッジ $(i, j) \in E$ について，i から j の最短経路長はそのエッジの長さと一致するので，この濫用による混乱は生じないでしょう．

以下では，各ノードに質量を持つ確率分布について，d をコスト行列とした 1-ワッサースタイン距離を考えます．ここで，$p = 1$ のワッサースタイン距離に限定するのは，第 4 章で見た決定変数が 1 つのバージョンの双対問題を用いて高速化アルゴリズムを導出するためです．応用上は葉ノードにのみ質量を持つ確率分布がしばしば登場しますが，一般の場合を考えておけば特殊ケースにも対応できるので，以下では任意のノードが質量を持つことができるとします．

例 5.1 （木上の距離）

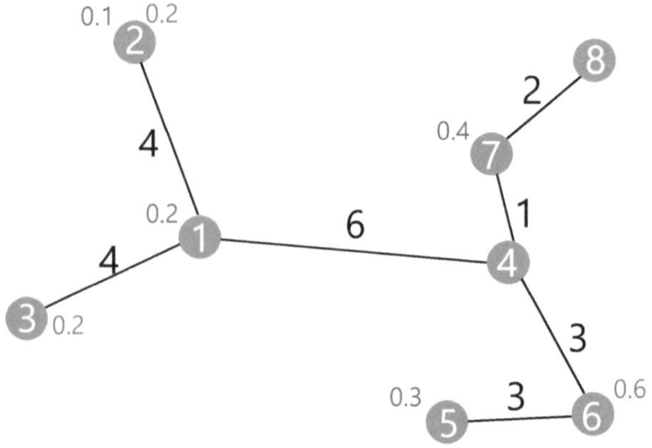

図 5.6 木の例．エッジに書かれている値はエッジの長さを表す．赤で書かれた値が α の質量，青で書かれた値が β の質量を表す．値が何も書かれていない場合は質量が存在しないことを表す．

図 5.6 のような木を考えます．このとき，コスト行列は

$$
\boldsymbol{C} = \begin{pmatrix} 0 & 4 & 4 & 6 & 12 & 9 & 7 & 9 \\ 4 & 0 & 8 & 10 & 16 & 13 & 11 & 13 \\ 4 & 8 & 0 & 10 & 16 & 13 & 11 & 13 \\ 6 & 10 & 10 & 0 & 6 & 3 & 1 & 3 \\ 12 & 16 & 16 & 6 & 0 & 3 & 7 & 9 \\ 9 & 13 & 13 & 3 & 3 & 0 & 4 & 6 \\ 7 & 11 & 11 & 1 & 7 & 4 & 0 & 2 \\ 9 & 13 & 13 & 3 & 9 & 6 & 2 & 0 \end{pmatrix}, \tag{5.39}
$$

最適輸送行列は

$$\boldsymbol{P}^* = \begin{pmatrix} 0 & 0.1 & 0.1 & 0 & 0 & 0 & 0 & 0 \\ 0 & 0.1 & 0 & 0 & 0 & 0 & 0 & 0 \\ 0 & 0 & 0 & 0 & 0 & 0 & 0 & 0 \\ 0 & 0 & 0 & 0 & 0 & 0 & 0 & 0 \\ 0 & 0 & 0 & 0 & 0 & 0.3 & 0 & 0 \\ 0 & 0 & 0 & 0 & 0 & 0 & 0 & 0 \\ 0 & 0 & 0.1 & 0 & 0 & 0.3 & 0 & 0 \\ 0 & 0 & 0 & 0 & 0 & 0 & 0 & 0 \end{pmatrix}, \tag{5.40}$$

1-ワッサースタイン距離は $\mathrm{OT}(\alpha, \beta, d) = 4.0$ となります．

例 5.2 （パス）

図 5.7 のように，直線上の距離 $C(x, y) = |x - y|$ はパスにより表現でき，木上の 1-ワッサースタイン距離は数直線上の 1-ワッサースタイン距離の一般化になっています．

図 5.7 パスにより直線上の距離 $C(x, y) = |x - y|$ が表現できる．

例 5.3 （スターグラフ）

各エッジの長さが 0.5 であるスターグラフ（図 5.8）において，葉にのみ質量がある分布を考えると，すべての葉どうしの距離は 1 なので，これは ℓ_1 距離と等しくなります．すなわち，$\boldsymbol{a}_1 = 0, \boldsymbol{b}_1 = 0$ なる $\boldsymbol{a}, \boldsymbol{b}$ について，$\mathrm{OT}(\boldsymbol{a}, \boldsymbol{b}, d) = \|\boldsymbol{a} - \boldsymbol{b}\|_1$ となります．ゆえに，木上の 1-ワッサースタイン距離は ℓ_1 距離の一般化になっています．

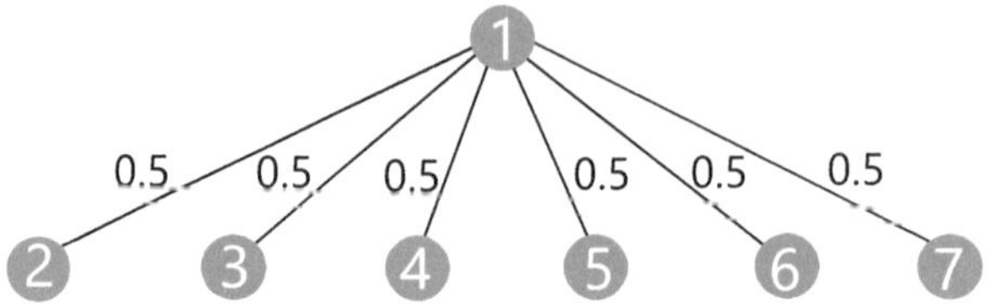

図 5.8 スターグラフ上の 1-ワッサースタイン距離は，根に質量がない場合 ℓ_1 距離となる．

木上の1-ワッサースタイン距離を計算する際には, 便宜上, 根ノード $r \in V$ を定めます．この定め方によって得られる値は変化しないので適当に設定して構いません．根ノード r が定まると部分木とその質量を定めることができます．

定義 5.13（部分木と子孫集合）

根付き木 T とノード $v \in V$ について，$S(v;T) \subset V$ を

$$S(v;T) \stackrel{\text{def}}{=} \{u \in V \mid u \text{ から根への最短経路に } v \text{ が含まれる}\} \tag{5.41}$$

とし，$S(v;T)$ を v の子孫集合という．$S(v;T)$ により誘導される部分グラフを v の部分木という．以下，$S(v;T)$ と部分木は同一視して扱う．

特に, v 自身も v の部分木に含まれ, $v \in S(v;T)$ となります．$u \in S(v;T)$ であるとき，u は v の子孫であるといい，v は u の先祖であるといいます．特に，直接接続されている先祖を親，直接接続されている子孫を子といいます．

定義 5.14（部分木の質量）

ノード集合 V 上の確率分布 $\boldsymbol{a} \in \Sigma_V$ について，部分木 $S(v;T)$ の質量を部分木に含まれるノードの質量の総和

$$\Gamma(\boldsymbol{a}, v; T) \stackrel{\text{def}}{=} \sum_{u \in S(v;T)} \boldsymbol{a}_u \tag{5.42}$$

と定める．

例 5.4（部分木）

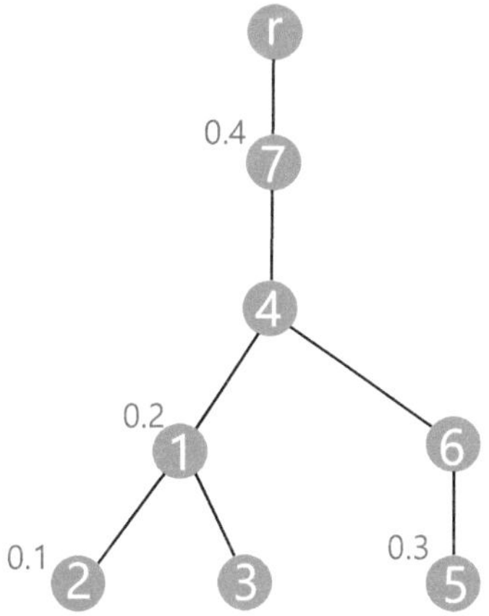

図 5.9 根付き木の例．赤で書かれた値を $\boldsymbol{a}$ とする．値が書かれていないノードの値は 0 とする．

図 5.9 のような木 T を考えます．$S(4;T) = \{1,2,3,4,5,6\}$ であり，$\Gamma(\boldsymbol{a}, 4; T) = 0.6$ となります．

葉から順番に再帰的に計算することで，すべての部分木の質量は線形時間

で求めることができます．

5.7.2 木上の 1-ワッサースタイン距離の計算方法

木上の 1-ワッサースタイン距離は部分木の質量を用いて簡単に表すことができます．

定理 5.15（木上の 1-ワッサースタイン距離）

木 $T = (V, E, d, r)$ およびノード集合 V 上の確率分布 $\boldsymbol{a}, \boldsymbol{b} \in \Sigma_V$ について，

$$\mathrm{OT}(\boldsymbol{a}, \boldsymbol{b}, d) = \sum_{v \in V \setminus \{r\}} d(v, p(v)) |\Gamma(\boldsymbol{a}, v; T) - \Gamma(\boldsymbol{b}, v; T)| \quad (5.43)$$

が成り立つ．

直観的な証明

まず，主問題を用いて直観的な証明を述べてから，双対問題を使った厳密な証明を行います．説明のため，分布 $\boldsymbol{a}$ の質量を赤点，分布 $\boldsymbol{b}$ の質量を青点と呼ぶことにします．いま，1-ワッサースタイン距離を考えているので，輸送コストは移動量の総和となります．これは見方を変えると，エッジごとに，「そのエッジを通った質量」×「そのエッジの長さ」を計算し足し合わせたもの

$$\sum_{(u,v) \in E} d(u, v) \times \text{このエッジを通った質量} \quad (5.44)$$

が輸送コストとなります．いま適当に $v \in V \setminus \{r\}$ をとります．v の部分木内に赤点が $\Gamma(\boldsymbol{a}, v; T)$ と青点が $\Gamma(\boldsymbol{b}, v; T)$ だけあるわけですが，いくらこの部分木内で工夫をしたとしても，少なくとも

$$|\Gamma(\boldsymbol{a}, v; T) - \Gamma(\boldsymbol{b}, v; T)| \quad (5.45)$$

だけは部分木内で輸送を完結することができず，少なくともこれだけの質量がエッジ $(v, p(v))$ を通って部分木内に流入するか部分木外へ流出することになります．よって，最適輸送コストは少なくとも

$$\sum_{v \in V \setminus \{r\}} d(v, p(v)) |\Gamma(\boldsymbol{a}, v; T) - \Gamma(\boldsymbol{b}, v; T)| \tag{5.46}$$

となります．逆に，葉から順番に各部分木で輸送できる組については輸送してしまうことにすると，ノード v の部分木内での処理を終えた後にはちょうど

$$|\Gamma(\boldsymbol{a}, v; T) - \Gamma(\boldsymbol{b}, v; T)| \tag{5.47}$$

の質量だけが残ることになり，ちょうどこれだけの質量をエッジ $(v, p(v))$ に通せば十分ということになり，下限であるコスト

$$\sum_{v \in V \setminus \{r\}} d(v, p(v)) |\Gamma(\boldsymbol{a}, v; T) - \Gamma(\boldsymbol{b}, v; T)| \tag{5.48}$$

の輸送ができ，これが最適輸送となります．

証明

双対問題

$$\begin{aligned} \underset{\boldsymbol{f} \in \mathbb{R}^V}{\text{maximize}} \quad & \sum_{v \in V} \boldsymbol{a}_v \boldsymbol{f}_v - \boldsymbol{b}_v \boldsymbol{f}_v \\ \text{subject to} \quad & \boldsymbol{f}_u - \boldsymbol{f}_v \le d(u, v) \qquad (\forall u, v \in V) \end{aligned} \tag{5.49}$$

を考える．制約条件はすべてのエッジ $(u, v) \in E$ について成り立っていれば，最短経路上の制約を合わせることで任意の組について制約が成り立つことがいえるので，問題 (5.49) は

$$\begin{aligned} \underset{\boldsymbol{f} \in \mathbb{R}^V}{\text{maximize}} \quad & \sum_{v \in V} \boldsymbol{a}_v \boldsymbol{f}_v - \boldsymbol{b}_v \boldsymbol{f}_v \\ \text{subject to} \quad & |\boldsymbol{f}_u - \boldsymbol{f}_v| \le d(u, v) \qquad (\forall (u, v) \in E) \end{aligned} \tag{5.50}$$

と等価である．ここで，絶対値がついているのは，(u, v) と (v, u) の両方の制約を考えることにより従う．ノード v について

$$\boldsymbol{s}_v = \begin{cases} 1 & (\Gamma(\boldsymbol{a}, v; T) \geq \Gamma(\boldsymbol{b}, v; T)) \\ -1 & (\Gamma(\boldsymbol{a}, v; T) < \Gamma(\boldsymbol{b}, v; T)) \end{cases} \tag{5.51}$$

と定義すると，問題 (5.50) には

$$\boldsymbol{f}_v^* = \begin{cases} 0 & (v = r) \\ \boldsymbol{f}_{p(v)}^* + \boldsymbol{s}_v d(v, p(v)) & (v \neq r) \end{cases} \tag{5.52}$$

という最適解が存在することを以下に示す．最適解の一つを $\hat{\boldsymbol{f}}^*$ とする．すべての変数に定数を足しても目的関数値は変化しないので，一般性を失うことなく $\hat{\boldsymbol{f}}_r^* = 0$ であると仮定できる．適当なノード $u \neq r$ について，u の部分木のノードすべてに定数

$$\hat{\boldsymbol{f}}_{p(u)}^* - \hat{\boldsymbol{f}}_u^* + \boldsymbol{s}_u d(u, p(u)) \tag{5.53}$$

を足し，

$$\hat{\boldsymbol{f}}_v'^* = \begin{cases} \hat{\boldsymbol{f}}_v^* & (v \notin S(u; T)) \\ \hat{\boldsymbol{f}}_v^* + \hat{\boldsymbol{f}}_{p(u)}^* - \hat{\boldsymbol{f}}_u^* + \boldsymbol{s}_u d(u, p(u)) & (v \in S(u; T)) \end{cases} \tag{5.54}$$

とすると，ノード u における値は

$$\hat{\boldsymbol{f}}_u'^* = \hat{\boldsymbol{f}}_{p(u)}'^* + \boldsymbol{s}_u d(u, p(u)) \tag{5.55}$$

である．u 以外のノード v では，自身と親の両方の値が変化しないか，自身と親の両方が定数だけ変化するため，その差は変化せず，

$$\hat{\boldsymbol{f}}_{p(v)}^* - \hat{\boldsymbol{f}}_v^* = \hat{\boldsymbol{f}}_{p(v)}'^* - \hat{\boldsymbol{f}}_v'^* \tag{5.56}$$

となり制約条件を満たす．このとき目的関数値は

$$\begin{aligned}
&\left(\sum_{v \in V} \boldsymbol{a}_v \hat{\boldsymbol{f}}_v'^* - \boldsymbol{b}_v \hat{\boldsymbol{f}}_v'^*\right) - \left(\sum_{v \in V} \boldsymbol{a}_v \hat{\boldsymbol{f}}_v^* - \boldsymbol{b}_v \hat{\boldsymbol{f}}_v^*\right) \\
&= \sum_{v \in V} (\boldsymbol{a}_v - \boldsymbol{b}_v)(\hat{\boldsymbol{f}}_v'^* - \hat{\boldsymbol{f}}_v^*)
\end{aligned}$$

$$
\begin{aligned}
&\stackrel{\text{(a)}}{=} \sum_{v \in S(u;T)} (\boldsymbol{a}_v - \boldsymbol{b}_v)(\hat{\boldsymbol{f}}^*_{p(u)} - \hat{\boldsymbol{f}}^*_u + \boldsymbol{s}_u d(u, p(u))) \\
&= (\Gamma(\boldsymbol{a}, v; T) - \Gamma(\boldsymbol{b}, v; T))(\hat{\boldsymbol{f}}^*_{p(u)} - \hat{\boldsymbol{f}}^*_u + \boldsymbol{s}_u d(u, p(u))) \\
&\stackrel{\text{(b)}}{\geq} 0
\end{aligned} \tag{5.57}
$$

となり，値は減少しない．ここで，(a) は式 (5.54) より従う．また，(b) では，$\Gamma(\boldsymbol{a}, v; T) \geq \Gamma(\boldsymbol{b}, v; T)$ のとき制約条件より

$$
\hat{\boldsymbol{f}}^*_{p(u)} - \hat{\boldsymbol{f}}^*_u + \boldsymbol{s}_u d(u, p(u)) = \hat{\boldsymbol{f}}^*_{p(u)} - \hat{\boldsymbol{f}}^*_u + d(u, p(u)) \geq 0 \tag{5.58}
$$

であり，$\Gamma(\boldsymbol{a}, v; T) < \Gamma(\boldsymbol{b}, v; T)$ のとき

$$
\hat{\boldsymbol{f}}^*_{p(u)} - \hat{\boldsymbol{f}}^*_u + \boldsymbol{s}_u d(u, p(u)) = \hat{\boldsymbol{f}}^*_{p(u)} - \hat{\boldsymbol{f}}^*_u - d(u, p(u)) \leq 0 \tag{5.59}
$$

であることを用いた．式 (5.55) より，示したかった $\boldsymbol{f}^*$ の条件である式 (5.52) がノード u で満たされるようになっており，それ以外のノードでは式 (5.56) よりすでに成り立っている関係を壊さないので，すべてのノードについて式 (5.54) の変換を行うことで最適解 $\boldsymbol{f}^*$ が得られる．このとき，目的関数の値は，

$$
\begin{aligned}
\sum_{v \in V} \boldsymbol{a}_v \boldsymbol{f}^*_v - \boldsymbol{b}_v \boldsymbol{f}^*_v &= \sum_{v \in V} (\boldsymbol{a}_v - \boldsymbol{b}_v) \boldsymbol{f}^*_v \\
&\stackrel{\text{(a)}}{=} \sum_{v \in V} (\boldsymbol{a}_v - \boldsymbol{b}_v) \sum_{u:\, v \in S(u;V)} \boldsymbol{s}_u d(u, p(u)) \\
&\stackrel{\text{(b)}}{=} \sum_{u \in V} \boldsymbol{s}_u d(u, p(u)) \sum_{w \in S(u;V)} (\boldsymbol{a}_w - \boldsymbol{b}_w) \\
&= \sum_{u \in V} \boldsymbol{s}_u d(u, p(u))(\Gamma(\boldsymbol{a}, u; T) - \Gamma(\boldsymbol{b}, u; T)) \\
&= \sum_{u \in V} d(u, p(u)) |\Gamma(\boldsymbol{a}, u; T) - \Gamma(\boldsymbol{b}, u; T)|
\end{aligned} \tag{5.60}
$$

となる．ただし，(a) は式 (5.52) を再帰的に展開することにより，

(b) は和をとる順番を整理することにより従う． □

この定理に基づき，アルゴリズム 5.4 により線形時間で木上の 1-ワッサースタイン距離を求めることができます．手順 5 において，u よりも r から遠いノードである c では $\Gamma(\boldsymbol{a}, c; T)$ の値はすでに計算が終わっているため，この値を使うことができます．

アルゴリズム 5.4 木上の 1-ワッサースタイン距離

入力： 木 $T = (V, E, d)$ と V 上の分布
$\alpha = \sum_{v \in V} \boldsymbol{a}_v \delta_v, \beta = \sum_{v \in V} \boldsymbol{b}_v \delta_v$
出力： $\mathrm{OT}(\alpha, \beta, d)$

1 根 r を V の任意のノードに設定する．
2 r から幅優先探索を行い，r から遠い順にノードを並べる．
3 $s \leftarrow 0$
4 **for** $u \in V \setminus \{r\}$ （r から遠い順） **do**
5
$$\Gamma(\boldsymbol{a}, u; T) \leftarrow \boldsymbol{a}_u + \sum_{c\colon u \text{ の子}} \Gamma(\boldsymbol{a}, c; T)$$
$$\Gamma(\boldsymbol{b}, u; T) \leftarrow \boldsymbol{b}_u + \sum_{c\colon u \text{ の子}} \Gamma(\boldsymbol{b}, c; T)$$
6 $s \leftarrow s + d(u, p(u))|\Gamma(\boldsymbol{a}, u; T) - \Gamma(\boldsymbol{b}, u; T)|$
end
7 **Return** s

定理 5.16（木上の 1-ワッサースタイン距離の計算量）

木上の 1-ワッサースタイン距離は $O(|V|)$ 時間で求めることができる．

証明

アルゴリズム 5.4 の手順 2 の幅優先探索は $O(|V|)$ 時間で実行できる．手順 5 の和については，各ノード c について親ノードはただ一つであるので，手順 5 を通して和に登場する項の数の総和は高々 $|V|$ である．よって，全体が $O(|V|)$ 時間で実行できる． □

一次元の最適輸送の場合が $O((n+m)\log(n+m))$ 時間であったのに対し，より一般の木の場合が線形時間であることに違和感があるかもしれません．しかしこれは，一次元上の点群 $\{x_1, \ldots, x_n\} \subset \mathbb{R}$ から木を構築するためには，点群をソートする必要があり，T を求めるのに $O((n+m)\log(n+m))$ 時間かかるということが原因です．木を一度構築し終わると，そこから最適輸送を求めるのは $O(n+m)$ で完了します．これは 5.1 節で議論した一次元のアルゴリズム 5.1 においても，ソートが計算時間のボトルネックであり，ソートが完了した後は線形時間で動作したことと一貫性があります．

また，直観的な証明の部分で述べた構成法を用いると最適輸送行列自体も線形時間で求めることができます．具体的には，アルゴリズム 5.4 において Γ の値の代わりに，（質量，元々あったノード，色）の組をリストとして保持し，葉側のノードから順に親にこのリストを渡し，もしリスト内に両方の色 $(s_1, v_1, \text{赤}), (s_2, v_2, \text{青})$ があれば $\min(s_1, s_2)$ だけ相殺して，(v_1, v_2) に $\min(s_1, s_2)$ の輸送を発生させるとすればよいです．これは連結リストを用いるなど実装を工夫すれば線形時間で実行できます．

5.7.3 木構造への射影方法

一次元よりも広範な距離構造を表現できる木の場合でも最適輸送が簡単に，線形時間で求まるのは非常に強力です．距離を求めるべき入力の分布が

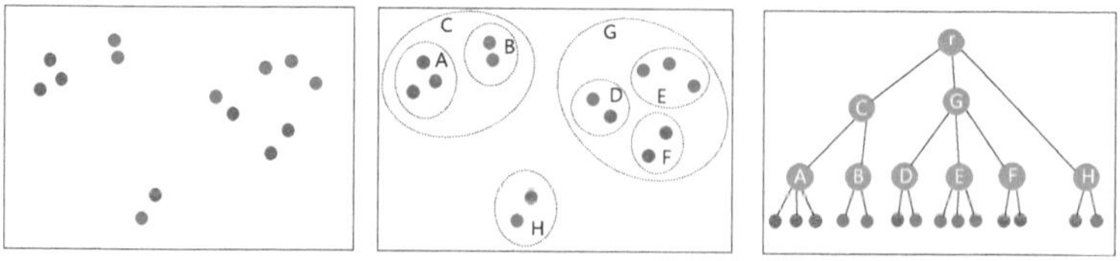

図 5.10 クラスタリング木．左：比較する点群．中央：クラスタリング結果．右：クラスタリングにより得られる木．エッジの長さはすべてを 1 とする場合や，クラスタ中心間の距離を用いる場合などがある．

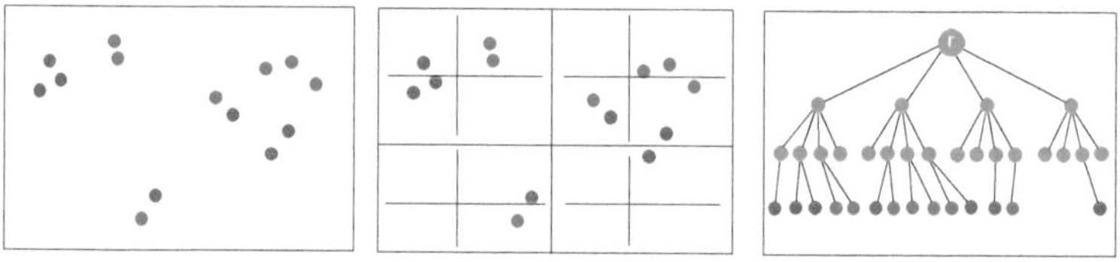

図 5.11 四分木．空間全体の各軸を半分に分け，得られた部分をさらに分けることを再帰的に繰り返す．これを各部分に一つの点が含まれるようになるか，一定回数に到達するまで繰り返す．左：比較する点群．中央：分割結果．右：四分木．エッジの長さはすべてを 1 とする場合や，分割中心間の距離を用いる場合などがある．

木として表現されないことも多いですが，そのような場合，スライス法で多次元の点群の比較を一次元に帰着させたように，多次元の点群の比較を木上の点群の比較に帰着できます．代表的な方法としては，図 5.10 のように，点群を**階層クラスタリング**して木を構築する方法が挙げられます．こうして定義される木においては，同じクラスタに属する点どうしは近く，異なるクラスタに属するどうしは遠くなり，元の空間での距離を反映していると考えられます．もちろん，どれほど構造が保存できているかは用いるクラスタリング手法次第であり，適用するタスクに応じて適切なクラスタリング手法を選択することになります．たとえば，Le ら [47] は，**最遠クラスタリング** (farthest clustering) を用いて木を定義すると文書分類やトポロジー構造の分類で高い精度が出ることを報告しています．木の構築方法の代表的なもう一つの方法は，図 5.11 に示される**四分木**と呼ばれる手続き的な構築方法です．二次元の場合が有名なので四分木と呼ばれますが，一般に d 次元の場合は各ノードで 2^d 分割されることになります．愚直に構築すると次元が高いときにノード数が指数的に大きくなりますが，$(n+m) \times$ 深さ 個のノードの部分木にのみ質量が含まれるので，そこに注意して実装すれば高次元の場合であっても線形時間で四分木を構築できます．構築方法がデータに依存するクラスタリング木と異なり，四分木は定義のシンプルさゆえに理論解析しやすく，ユークリッド空間上で計算した 1-ワッサースタイン距離と四分木上で計算した 1-ワッサースタイン距離についての近似度の理論保証が与えられていること [40] が利点となります．

Chapter 6

他のダイバージェンスとの比較*

ここまでの章では，最適輸送の最適化問題としての側面に集中して議論してきました．本章では，最適輸送コストが確率分布の「距離」としてどのような振る舞いをするか，そして，確率分布を経験分布に置き換えたときの振る舞いについて，他のダイバージェンスと比較しながら議論します．他のダイバージェンスと比較することで，ワッサースタイン距離の性質を浮き彫りにすることが本章のねらいです．本章での議論は，1.4 節で直観的に述べた KL ダイバージェンスとワッサースタイン距離の定性的な違いを理論的に定式化しなおし，一般化したものとなっています．

6.1 ダイバージェンスとは

ダイバージェンスとは確率分布の間の「距離」を一般化した概念です．KL ダイバージェンス，JS ダイバージェンス，ワッサースタイン距離はすべてダイバージェンスの特殊例です．ダイバージェンスは以下のように定義されます．

定義 6.1（ダイバージェンス）

関数 $f\colon \mathcal{X} \times \mathcal{X} \to \mathbb{R}$ は,

- $\forall x, y \in \mathcal{X}, f(x, y) \geq 0$
- $x = y \Longleftrightarrow f(x, y) = 0$

を満たすときダイバージェンスという.

ダイバージェンスは直観的には距離のような振る舞いをしますが，対称性や三角不等式など，距離の公理は必ずしも満たさないことに注意してください．距離の公理を満たす尺度はダイバージェンスの公理を満たしますが，この逆は成り立ちません.

以降しばらくは簡単のため離散分布を考えますが，連続分布についても和を積分に取り替えるだけで同様の議論が成り立ちます.

定理 6.2（KL ダイバージェンス）

KL ダイバージェンス

$$\mathrm{KL}(\boldsymbol{a} \parallel \boldsymbol{b}) = \sum_i \boldsymbol{a}_i \log \frac{\boldsymbol{a}_i}{\boldsymbol{b}_i} - \boldsymbol{a}_i + \boldsymbol{b}_i \tag{6.1}$$

はダイバージェンスの定義を満たす.

証明

ピンスカーの不等式 [65, Theorem 2.4] より，

$$\frac{1}{2}\|\boldsymbol{a} - \boldsymbol{b}\|_1^2 \leq \mathrm{KL}(\boldsymbol{a} \parallel \boldsymbol{b}) \tag{6.2}$$

であるので，$\mathrm{KL}(\boldsymbol{a} \parallel \boldsymbol{b}) \geq 0$ および $\boldsymbol{a} \neq \boldsymbol{b} \Rightarrow \mathrm{KL}(\boldsymbol{a} \parallel \boldsymbol{b}) > 0$ である．また，

$$\mathrm{KL}(\boldsymbol{a} \parallel \boldsymbol{a}) = \sum_i \boldsymbol{a}_i \log \frac{\boldsymbol{a}_i}{\boldsymbol{a}_i} - \boldsymbol{a}_i + \boldsymbol{a}_i$$

$$
\begin{aligned}
&= \sum_i \boldsymbol{a}_i \log 1 \\
&= 0 \qquad (6.3)
\end{aligned}
$$

である. □

定理 6.3（JS ダイバージェンス）

JS ダイバージェンス

$$
\mathrm{JS}(\boldsymbol{a} \parallel \boldsymbol{b}) = \frac{1}{2}\mathrm{KL}\left(\boldsymbol{a} \,\middle\|\, \frac{\boldsymbol{a}+\boldsymbol{b}}{2}\right) + \frac{1}{2}\mathrm{KL}\left(\boldsymbol{b} \,\middle\|\, \frac{\boldsymbol{a}+\boldsymbol{b}}{2}\right) \qquad (6.4)
$$

はダイバージェンスの定義を満たす.

証明

KL ダイバージェンスの非負性より，JS ダイバージェンスも非負である．$\boldsymbol{a} \neq \boldsymbol{b}$ のとき，$\boldsymbol{a} \neq \frac{\boldsymbol{a}+\boldsymbol{b}}{2}$ であるので，このとき JS ダイバージェンスは正である．また，

$$
\begin{aligned}
\mathrm{JS}(\boldsymbol{a} \parallel \boldsymbol{a}) &= \frac{1}{2}\mathrm{KL}\left(\boldsymbol{a} \,\middle\|\, \frac{\boldsymbol{a}+\boldsymbol{a}}{2}\right) + \frac{1}{2}\mathrm{KL}\left(\boldsymbol{a} \,\middle\|\, \frac{\boldsymbol{a}+\boldsymbol{a}}{2}\right) \\
&= \frac{1}{2}\mathrm{KL}(\boldsymbol{a} \parallel \boldsymbol{a}) + \frac{1}{2}\mathrm{KL}(\boldsymbol{a} \parallel \boldsymbol{a}) \\
&= 0 \qquad (6.5)
\end{aligned}
$$

である. □

定理 6.4（ワッサースタイン距離）

ワッサースタイン距離はダイバージェンスの定義を満たす.

証明
定理 2.5 よりワッサースタイン距離は距離の公理を満たすので，非負であり，二つの引数が一致するときかつそのときのみ 0 となる． □

6.2 ϕ-ダイバージェンスと積分確率距離

世の中にはさまざまな確率分布間の距離があり，似た性質を持つ距離がクラスとしてまとめられています．たとえば，1-ワッサースタイン距離は積分確率距離と呼ばれるクラスの一例であり，KL ダイバージェンスは ϕ-ダイバージェンスと呼ばれるクラスの一例です．本節では，ここまでの議論を ϕ-ダイバージェンスと積分確率距離を用いて一般化します．

6.2.1 ϕ-ダイバージェンス

下半連続[*1] な凸関数 $\phi\colon [0,\infty) \to (-\infty,\infty]$ で $\phi(1) = 0$ となるものを一つ定めると，**ϕ-ダイバージェンス**という確率分布間の「距離」[*2] を定義できます．まず，ϕ の成長率 $\phi_\infty \in (-\infty,\infty]$ を

$$\phi_\infty \stackrel{\text{def}}{=} \lim_{x\to\infty} \frac{\phi(x)}{x} \tag{6.6}$$

と定義します．

---

*1 各点 x_0 で $\liminf_{x\to x_0} f(x) \geq f(x_0)$ のとき f を下半連続といいます．これは凸共役を考えるために必要な仮定です．

*2 ϕ-ダイバージェンスも最適輸送コストと同様，必ずしも距離の公理を満たしませんが，その直観的な意味からかぎかっこを使って表記しています．

定義 6.5（ϕ-ダイバージェンス（離散分布の場合））

$$\mathcal{D}_\phi(\boldsymbol{a} \parallel \boldsymbol{b}) \stackrel{\text{def}}{=} \sum_{i:\ \boldsymbol{b}_i \neq 0} \boldsymbol{b}_i \phi\left(\frac{\boldsymbol{a}_i}{\boldsymbol{b}_i}\right) + \phi_\infty \sum_{i:\ \boldsymbol{b}_i = 0} \boldsymbol{a}_i \tag{6.7}$$

定義 6.6（ϕ-ダイバージェンス（一般の分布の場合））

任意の測度 α と β について，α は β に絶対連続な成分 $\frac{d\alpha}{d\beta}\beta$ と特異な成分 $\alpha^\top$ を用いて $\alpha = \frac{d\alpha}{d\beta}\beta + \alpha^\top$ というように一意に分解できる（ルベーグ分解）．このとき，一般の分布に対する ϕ-ダイバージェンスは

$$\mathcal{D}_\phi(\alpha \parallel \beta) \stackrel{\text{def}}{=} \int_{\mathcal{X}} \phi\left(\frac{d\alpha}{d\beta}\right) d\beta + \phi_\infty \alpha^\top(\mathcal{X}) \tag{6.8}$$

と定義される．

ϕ-ダイバージェンスの ϕ という名前は，単に関数 ϕ の記号に由来します．関数の記号として f を用いて f-ダイバージェンスと呼ぶこともあります．

ϕ-ダイバージェンスは ϕ のとり方によってはダイバージェンスの公理を満たさないことに注意してください．たとえば，$\phi \equiv 0$ ととると，$\mathcal{D}_\phi$ は恒等的に 0 になるので，ダイバージェンスの公理を満たしません．しかし，非負性と，入力が等しければゼロという性質は自動的に成立します．

定理 6.7（ϕ-ダイバージェンスの性質）

ϕ-ダイバージェンス $\mathcal{D}_\phi$ と任意の α, β について，

1. $\mathcal{D}_\phi(\alpha \parallel \alpha) = 0$
2. $\mathcal{D}_\phi(\alpha \parallel \beta) \geq 0$

が成り立つ．

証明

$$\begin{aligned}
\mathcal{D}_\phi(\alpha \parallel \alpha) &= \int_{\mathcal{X}} \phi\left(\frac{d\alpha}{d\alpha}\right) d\alpha \\
&= \int_{\mathcal{X}} \phi(1)\, d\alpha \\
&= 0
\end{aligned} \tag{6.9}$$

となる．ただし，最後の等式は $\phi(1) = 0$ という ϕ-ダイバージェンスの仮定による．また，

$$\begin{aligned}
\mathcal{D}_\phi(\alpha \parallel \beta) &\overset{\text{(a)}}{=} \int_{\mathcal{X}} \phi\left(\frac{d\alpha}{d\beta}\right) d\beta + \phi_\infty \alpha^\top(\mathcal{X}) \\
&\overset{\text{(b)}}{\geq} \phi\left(\int_{\mathcal{X}} \frac{d\alpha}{d\beta} d\beta\right) + \phi_\infty \alpha^\top(\mathcal{X}) \\
&= \phi\left(1 - \alpha^\top(\mathcal{X})\right) + \phi_\infty \alpha^\top(\mathcal{X}) \\
&\overset{\text{(c)}}{\geq} \phi(1) - \phi_\infty \alpha^\top(\mathcal{X}) + \phi_\infty \alpha^\top(\mathcal{X}) \\
&= \phi(1) \\
&\overset{\text{(d)}}{=} 0
\end{aligned} \tag{6.10}$$

となる．ただし，(a) は ϕ-ダイバージェンスの定義より，(b) はイェンセンの不等式より，(c) は ϕ が凸関数であり，$\phi(x)$ の $x = 0$ にお

ける劣勾配が ϕ_∞ 以下であることから，(d) は $\phi(1)=0$ という ϕ-ダイバージェンスの仮定により従う． □

例 6.1 （KL ダイバージェンス）

$$\phi(x) = \begin{cases} x\log x - x + 1 & (x > 0) \\ 1 & (x = 0) \end{cases} \tag{6.11}$$

とおくと，

$$\begin{aligned} \phi_\infty &= \lim_{x\to\infty} \frac{\phi(x)}{x} \\ &= \lim_{x\to\infty} \log x - 1 + \frac{1}{x} \\ &= \infty \end{aligned} \tag{6.12}$$

となるので，$\boldsymbol{b}_i = 0, \boldsymbol{a}_i > 0$ となる i が存在するときには $\mathcal{D}_\phi(\boldsymbol{a} \parallel \boldsymbol{b}) = \infty$ であり，それ以外の場合には

$$\begin{aligned} \mathcal{D}_\phi(\boldsymbol{a} \parallel \boldsymbol{b}) &= \sum_i \boldsymbol{b}_i \phi\left(\frac{\boldsymbol{a}_i}{\boldsymbol{b}_i}\right) \\ &= \sum_i \boldsymbol{b}_i \left(\frac{\boldsymbol{a}_i}{\boldsymbol{b}_i}\log\frac{\boldsymbol{a}_i}{\boldsymbol{b}_i} - \frac{\boldsymbol{a}_i}{\boldsymbol{b}_i} + 1\right) \\ &= \sum_i \boldsymbol{a}_i \log\frac{\boldsymbol{a}_i}{\boldsymbol{b}_i} - \boldsymbol{a}_i + \boldsymbol{b}_i \end{aligned} \tag{6.13}$$

となり，これは KL ダイバージェンスです．

例 6.2 （JS ダイバージェンス）

$$\phi(x) = \frac{1}{2}x\log x - \frac{1}{2}(x+1)\log(x+1) + \log 2 \tag{6.14}$$

とおくと，

$$
\begin{aligned}
\phi_\infty &= \lim_{x\to\infty} \frac{\phi(x)}{x} \\
&= \lim_{x\to\infty} \frac{1}{2}\log x - \frac{1}{2}\log(x+1) - \frac{1}{2x}\log(x+1) + \frac{1}{x}\log 2 \\
&= \lim_{x\to\infty} \frac{1}{2}\log\frac{x}{x+1} - \frac{1}{2x}\log(x+1) + \frac{1}{x}\log 2 \\
&= 0
\end{aligned} \tag{6.15}
$$

であり，

$$
\begin{aligned}
&\mathcal{D}_\phi(\boldsymbol{a} \parallel \boldsymbol{b}) \\
&= \sum_i \boldsymbol{b}_i \phi\left(\frac{\boldsymbol{a}_i}{\boldsymbol{b}_i}\right) \\
&= \sum_i \boldsymbol{b}_i \left[\frac{1}{2}\frac{\boldsymbol{a}_i}{\boldsymbol{b}_i}\log\frac{\boldsymbol{a}_i}{\boldsymbol{b}_i} - \frac{1}{2}\left(\frac{\boldsymbol{a}_i}{\boldsymbol{b}_i}+1\right)\log\left(\frac{\boldsymbol{a}_i}{\boldsymbol{b}_i}+1\right) + \log 2\right] \\
&= \frac{1}{2}\sum_i \boldsymbol{a}_i \log\frac{\boldsymbol{a}_i}{\boldsymbol{b}_i} - \frac{1}{2}\sum_i (\boldsymbol{a}_i + \boldsymbol{b}_i)\log\frac{\boldsymbol{a}_i + \boldsymbol{b}_i}{\boldsymbol{b}_i} + \log 2 \\
&= \frac{1}{2}\sum_i \boldsymbol{a}_i \log \boldsymbol{a}_i - \frac{1}{2}\sum_i \boldsymbol{a}_i \log \boldsymbol{b}_i \\
&\quad - \frac{1}{2}\sum_i \boldsymbol{a}_i \log(\boldsymbol{a}_i + \boldsymbol{b}_i) - \frac{1}{2}\sum_i \boldsymbol{b}_i \log(\boldsymbol{a}_i + \boldsymbol{b}_i) \\
&\quad + \frac{1}{2}\sum_i \boldsymbol{a}_i \log \boldsymbol{b}_i + \frac{1}{2}\sum_i \boldsymbol{b}_i \log \boldsymbol{b}_i + \log 2 \\
&= \frac{1}{2}\sum_i \boldsymbol{a}_i \log \boldsymbol{a}_i - \frac{1}{2}\sum_i \boldsymbol{a}_i \log(\boldsymbol{a}_i + \boldsymbol{b}_i) \\
&\quad + \frac{1}{2}\sum_i \boldsymbol{b}_i \log \boldsymbol{b}_i - \frac{1}{2}\sum_i \boldsymbol{b}_i \log(\boldsymbol{a}_i + \boldsymbol{b}_i) + \log 2 \\
&= \frac{1}{2}\sum_i \boldsymbol{a}_i \log \boldsymbol{a}_i - \frac{1}{2}\sum_i \boldsymbol{a}_i \log\frac{\boldsymbol{a}_i + \boldsymbol{b}_i}{2} \\
&\quad + \frac{1}{2}\sum_i \boldsymbol{b}_i \log \boldsymbol{b}_i - \frac{1}{2}\sum_i \boldsymbol{b}_i \log\frac{\boldsymbol{a}_i + \boldsymbol{b}_i}{2}
\end{aligned}
$$

$$
\begin{aligned}
&= \frac{1}{2}\sum_i \boldsymbol{a}_i \log \frac{\boldsymbol{a}_i}{\frac{\boldsymbol{a}_i+\boldsymbol{b}_i}{2}} + \frac{1}{2}\sum_i \boldsymbol{b}_i \log \frac{\boldsymbol{b}_i}{\frac{\boldsymbol{a}_i+\boldsymbol{b}_i}{2}} \\
&= \frac{1}{2}\mathrm{KL}\left(\boldsymbol{a} \,\middle\|\, \frac{\boldsymbol{a}+\boldsymbol{b}}{2}\right) + \frac{1}{2}\mathrm{KL}\left(\boldsymbol{b} \,\middle\|\, \frac{\boldsymbol{a}+\boldsymbol{b}}{2}\right) \\
&= \mathrm{JS}(\boldsymbol{a} \parallel \boldsymbol{b})
\end{aligned} \tag{6.16}
$$

となるので，これは JS ダイバージェンスです．

例 6.3 （全変動距離）

$$
\phi(x) = |x-1| \tag{6.17}
$$

により定義される ϕ-ダイバージェンスを**全変動距離** (total variation) と呼びます．

$$
\begin{aligned}
\phi_\infty &= \lim_{x\to\infty} \frac{\phi(x)}{x} \\
&= \lim_{x\to\infty} \frac{1}{x}|x-1| \\
&= 1
\end{aligned} \tag{6.18}
$$

であり，

$$
\begin{aligned}
\mathcal{D}_\phi(\boldsymbol{a} \parallel \boldsymbol{b}) &= \sum_{i\colon \boldsymbol{b}_i \neq 0} \boldsymbol{b}_i \phi\left(\frac{\boldsymbol{a}_i}{\boldsymbol{b}_i}\right) + \phi_\infty \sum_{i\colon \boldsymbol{b}_i = 0} \boldsymbol{a}_i \\
&= \sum_{i\colon \boldsymbol{b}_i \neq 0} \boldsymbol{b}_i \left|\frac{\boldsymbol{a}_i}{\boldsymbol{b}_i} - 1\right| + \sum_{i\colon \boldsymbol{b}_i = 0} \boldsymbol{a}_i \\
&= \sum_{i\colon \boldsymbol{b}_i \neq 0} |\boldsymbol{a}_i - \boldsymbol{b}_i| + \sum_{i\colon \boldsymbol{b}_i = 0} |\boldsymbol{a}_i - 0| \\
&= \sum_i |\boldsymbol{a}_i - \boldsymbol{b}_i| \\
&= \|\boldsymbol{a} - \boldsymbol{b}\|_1
\end{aligned} \tag{6.19}
$$

となるので，これは ℓ_1 距離にほかなりません．つまり，全変動距離は ℓ_1 距離の別名です．以上により定義される全変動距離においては，確率分布どうしの距離は 0 から 2 の値をとることになります．文献によっては，0 から 1 の値をとるように $\frac{1}{2}$ 倍をかけたものを全変動距離と定義している場合もあるので注意してください．本書では正規化をしない，0 から 2 の値をとるものを考えます．

6.2.2 ϕ-ダイバージェンスの双対定理

第 4 章では，1-ワッサースタイン距離の双対問題は敵対的な定式化により表現できることを示しました．ϕ-ダイバージェンスも同様の定式化ができることを示します．まず，凸関数を解析するために有用な道具である凸共役について定義します．

定義 6.8（凸共役 (convex conjugate)）

凸関数 $\phi\colon \mathbb{R} \to [-\infty, \infty]$ の凸共役 $\phi^*\colon \mathbb{R} \to [-\infty, \infty]$ を以下で定義する．

$$\phi^*(y) = \sup_{x \in \mathbb{R}} xy - \phi(x) \tag{6.20}$$

ϕ^* を ϕ のルジャンドル変換ともいう．

凸共役の凸共役はもとに戻ることが知られています．

定理 6.9（フェンシェル・モーローの定理：二重凸共役 [14, Theorem 4.2.1]）

$\phi\colon \mathbb{R} \to (-\infty, \infty]$ が下半連続な凸関数のとき，

$$\phi^{**}(x) = \phi(x) \tag{6.21}$$

が成り立つ．

KL ダイバージェンスや JS ダイバージェンスを含む，本書で考えている

ϕ-ダイバージェンスで用いる関数 ϕ はすべてこのフェンシェル・モーローの定理を満たします．これをもとに ϕ-ダイバージェンスの双対定理が示せます．

定理 6.10（ϕ-ダイバージェンスの双対定理 [54, Lemma 1]）

∂ を劣微分とし，$\partial\phi\left(\frac{d\alpha}{d\beta}\right)$ に可測関数が含まれるとき，ϕ-ダイバージェンスについて以下の等式が成り立つ．

$$\begin{aligned}\mathcal{D}_\phi(\alpha \parallel \beta) &= \sup_{f\colon \mathcal{X}\to\mathbb{R}} \int_{\mathcal{X}} f(x)d\alpha(x) - \int_{\mathcal{X}} \phi^*(f(x))d\beta(x) \\ &= \sup_{f\colon \mathcal{X}\to\mathbb{R}} \mathbb{E}_{x\sim\alpha}[f(x)] - \mathbb{E}_{x\sim\beta}[\phi^*(f(x))] \qquad (6.22)\end{aligned}$$

ただし，f は可測関数であり $\phi^*(f(x)) = \infty$ とならないようにとるとする．

証明

ϕ-ダイバージェンスの仮定より，$\phi\colon [0,\infty) \to (-\infty,\infty]$ であるので，$\phi^*(y) = \infty$ となるのは $\lim_{x\to\infty} xy - \phi(x) = \infty$ となるときかつそのときのみである．また，成長率の定義より $\lim_{x\to\infty} \frac{\phi(x)}{x} = \phi_\infty$ であり，

$$\begin{aligned}\phi^*(y) &= \sup_x xy - \phi(x) \\ &= \sup_x x\left(y - \frac{\phi(x)}{x}\right) \qquad (6.23)\end{aligned}$$

であるので，

$$\sup\{y\colon \phi^*(y) < \infty\} = \phi_\infty \qquad (6.24)$$

である．よって，

$$\sup_{f\colon \mathcal{X}\to\mathbb{R}} \int_{\mathcal{X}} f(x)d\alpha(x) - \int_{\mathcal{X}} \phi^*(f(x))d\beta(x)$$

$$
\begin{aligned}
&\overset{\text{(a)}}{=} \sup_{f\colon \mathcal{X}\to\mathbb{R}} \int_{\mathcal{X}} f(x)\frac{d\alpha}{d\beta}(x)d\beta(x) + \int_{\mathcal{X}} f(x)d\alpha^{\top}(x) \\
&\quad - \int_{\mathcal{X}} \phi^*(f(x))d\beta(x) \\
&\overset{\text{(b)}}{=} \sup_{f\colon \mathcal{X}\to\mathbb{R}} \int_{\mathcal{X}} f(x)\frac{d\alpha}{d\beta}(x)d\beta(x) + \phi_{\infty}\alpha^{\top}(\mathcal{X}) - \int_{\mathcal{X}} \phi^*(f(x))d\beta(x) \\
&= \sup_{f\colon \mathcal{X}\to\mathbb{R}} \int_{\mathcal{X}} \left(\frac{d\alpha}{d\beta}(x)f(x) - \phi^*(f(x))\right) d\beta(x) + \phi_{\infty}\alpha^{\top}(\mathcal{X}) \\
&\overset{\text{(c)}}{=} \int_{\mathcal{X}} \left(\sup_{y\in\mathbb{R}} \frac{d\alpha}{d\beta}(x)y - \phi^*(y)\right) d\beta(x) + \phi_{\infty}\alpha^{\top}(\mathcal{X}) \\
&\overset{\text{(d)}}{=} \int_{\mathcal{X}} \phi^{**}\left(\frac{d\alpha}{d\beta}(x)\right) d\beta(x) + \phi_{\infty}\alpha^{\top}(\mathcal{X}) \\
&\overset{\text{(e)}}{=} \int_{\mathcal{X}} \phi\left(\frac{d\alpha}{d\beta}(x)\right) d\beta(x) + \phi_{\infty}\alpha^{\top}(\mathcal{X}) \\
&= \mathcal{D}_{\phi}(\alpha \parallel \beta) \qquad (6.25)
\end{aligned}
$$

となる．ただし，(a) は測度 α の β に対するルベーグ分解より，(b) は β のサポート外の点 x についての値 $f(x)$ は第一項と第三項には影響せず，$\phi^*(f(x)) < \infty$ という制約と式 (6.24) より $f(x) = \phi_{\infty}$ のとき第二項が最大となることから，(d) は凸共役の定義より，(e) はフェンシェル・モーローの定理（定理 6.9）より従う．(c) では $f(x)$ を y と書き換えた．(c) の右辺の積分内の関数は以降の式変形より $\phi\left(\frac{d\alpha}{d\beta}(x)\right)$ であるので可測関数である．また，凸共役と劣微分の関係 [76, 定理 2.19] より，$\sup_{y\in\mathbb{R}} \frac{d\alpha}{d\beta}(x)y - \phi^*(y)$ は

$$
y \in \partial\phi\left(\frac{d\alpha}{d\beta}(x)\right) \qquad (6.26)
$$

のときに達成されるので，f を $\partial\phi\left(\frac{d\alpha}{d\beta}\right)$ に含まれる可測関数とすると (c) の等号が成り立つ． □

定理 6.11（KL ダイバージェンスの双対表現）

KL ダイバージェンスの双対表現は

$$\mathrm{KL}(\alpha \parallel \beta) = \sup_{f\colon \mathcal{X}\to\mathbb{R}} \mathbb{E}_{x\sim\alpha}[f(x)] - \mathbb{E}_{x\sim\beta}[\exp(f(x))] + 1 \quad (6.27)$$

となる．

証明

例 6.1 より，

$$\phi(x) = \begin{cases} x\log x - x + 1 & (x > 0) \\ 1 & (x = 0) \end{cases} \quad (6.28)$$

に対する ϕ-ダイバージェンスが KL ダイバージェンスである．まず ϕ の凸共役を求める．$x > 0$ のとき，

$$\begin{aligned} \frac{\partial}{\partial x}(xy - \phi(x)) &= y - \frac{\partial}{\partial x}\phi(x) \\ &= y - (\log x + 1 - 1) \\ &= y - \log x \end{aligned} \quad (6.29)$$

である．よって，$\sup_{x\in\mathbb{R}} xy - \phi(x)$ は $x = \exp(y)$ のときに達成される．ゆえに凸共役は

$$\begin{aligned} \phi^*(y) &= y\exp(y) - \phi(\exp(y)) \\ &= y\exp(y) - (y\exp(y) - \exp(y) + 1) \\ &= \exp(y) - 1 \end{aligned} \quad (6.30)$$

となる．よって，双対表現は双対定理（定理 6.10）より，

$$
\begin{aligned}
\mathcal{D}_\phi(\alpha \parallel \beta) &= \sup_{f\colon \mathcal{X}\to\mathbb{R}} \int_{\mathcal{X}} f(x)d\alpha(x) - \int_{\mathcal{X}} \phi^*(f(x))d\beta(x) \\
&= \sup_{f\colon \mathcal{X}\to\mathbb{R}} \int_{\mathcal{X}} f(x)d\alpha(x) - \int_{\mathcal{X}} (\exp(f(x)) - 1)d\beta(x) \\
&= \sup_{f\colon \mathcal{X}\to\mathbb{R}} \int_{\mathcal{X}} f(x)d\alpha(x) - \int_{\mathcal{X}} \exp(f(x))d\beta(x) + 1
\end{aligned} \tag{6.31}
$$

となる． □

KL ダイバージェンスの双対表現としては，**ドンスカー・ヴァラダン表現** (Donsker Varadhan representation) と呼ばれる以下の表現もしばしば用いられます．

定理 6.12（ドンスカー・ヴァラダン表現 [10, Theorem 1][25]）

$$
\mathrm{KL}(\alpha \parallel \beta) = \sup_{f\colon \mathcal{X}\to\mathbb{R}} \mathbb{E}_{x\sim\alpha}[f(x)] - \log\left(\mathbb{E}_{x\sim\beta}[\exp(f(x))]\right) \tag{6.32}
$$

この表現は，双対をとる空間を定理 6.10 から変えると得られることが知られており，他の ϕ-ダイバージェンスへの拡張も提案されています [60]．一つ f を固定すると，定理 6.10 よりもドンスカー・ヴァラダン下限の方が常に大きい値が得られることから，ドンスカー・ヴァラダン表現はよりタイトな表現となっています．定理 6.10 は期待値が外側にあるのでサンプリングにより目的関数の不偏推定量が得られる一方，ドンスカー・ヴァラダン下限は非線形な対数関数が存在するため目的関数の不偏推定量が得られないことも両表現の定性的な相違点です．以下では定理 6.10 による双対表現を扱います．

定理 6.13（JS ダイバージェンスの双対表現）

JS ダイバージェンスの双対表現は

$$\begin{aligned}
&\mathrm{JS}(\alpha \parallel \beta) \\
&= \sup_{f\colon \mathcal{X}\to(0,1)} \frac{1}{2}\mathbb{E}_{x\sim\alpha}[\log f(x)] + \frac{1}{2}\mathbb{E}_{x\sim\beta}[\log(1-f(x))] + \log 2 \\
&= -\frac{1}{2}\left(\inf_{f\colon \mathcal{X}\to(0,1)} \mathrm{BCEntropy}(f;\alpha,\beta)\right) + \log 2
\end{aligned} \tag{6.33}$$

となる．ただし BCEntropy は，α を正例分布，β を負例分布，f を分類器としたときの二値クロスエントロピー誤差である．

つまり，JS ダイバージェンスを求めるということは，α と β の二値分類問題を解くことと等価となります．このことは，第 4 章の敵対的生成ネットワークにおいても利用しました（定理 4.6）．

証明

例 6.2 より，

$$\phi(x) = \frac{1}{2}x\log x - \frac{1}{2}(x+1)\log(x+1) + \log 2 \tag{6.34}$$

に対する ϕ-ダイバージェンスが JS ダイバージェンスである．まず ϕ の凸共役を求める．

$$\begin{aligned}
\frac{\partial}{\partial x}(xy - \phi(x)) &= y - \frac{d}{dx}\phi(x) \\
&= y - \left(\frac{1}{2}\log x - \frac{1}{2}\log(x+1)\right) \\
&= y - \frac{1}{2}\log\frac{x}{x+1}
\end{aligned} \tag{6.35}$$

となる．よって，$y \in [0,\infty)$ のとき，$\phi^*(y) = \infty$ であり，$y \in (-\infty, 0)$ のとき，$\sup_{x\in\mathbb{R}} xy - \phi(x)$ は

$$y = \frac{1}{2}\log\frac{x^*}{x^*+1} \tag{6.36}$$

つまり

$$x^* = \frac{\exp(2y)}{1-\exp(2y)} \tag{6.37}$$

のときに達成される．ゆえに，$y \in (-\infty, 0)$ のとき，凸共役は

$$\begin{aligned}
\phi^*(y) &= yx^* - \phi(x^*) \\
&= yx^* - \left(\frac{1}{2}x^*\log x^* - \frac{1}{2}(x^*+1)\log(x^*+1) + \log 2\right) \\
&= yx^* - \frac{1}{2}x^*\left(\log\frac{x^*}{x^*+1}\right) + \frac{1}{2}\log(x^*+1) - \log 2 \\
&\overset{\text{(a)}}{=} yx^* - yx^* + \frac{1}{2}\log(x^*+1) - \log 2 \\
&= \frac{1}{2}\log(x^*+1) - \log 2 \\
&= \frac{1}{2}\log\left(\frac{\exp(2y)}{1-\exp(2y)} + 1\right) - \log 2 \\
&= \frac{1}{2}\log\left(\frac{1}{1-\exp(2y)}\right) - \log 2 \\
&= -\frac{1}{2}\log(1-\exp(2y)) - \log 2
\end{aligned} \tag{6.38}$$

となる．ただし，(a) では $y = \frac{1}{2}\log\frac{x^*}{x^*+1}$ を用いた．よって，双対表現は双対定理（定理 6.10）より，

$$\begin{aligned}
&\mathrm{JS}(\alpha \parallel \beta) \\
&= \sup_{f\colon \mathcal{X}\to(-\infty,0)} \int_{\mathcal{X}} f(x)d\alpha(x) - \int_{\mathcal{X}} \phi^*(f(x))d\beta(x) \\
&= \sup_{f\colon \mathcal{X}\to(-\infty,0)} \int_{\mathcal{X}} f(x)d\alpha(x) \\
&\quad - \int_{\mathcal{X}} \left(-\frac{1}{2}\log(1-\exp(2f(x))) - \log 2\right) d\beta(x)
\end{aligned}$$

$$= \sup_{f\colon \mathcal{X}\to(-\infty,0)} \int_{\mathcal{X}} f(x)d\alpha(x) + \frac{1}{2}\int_{\mathcal{X}} \log(1-\exp(2f(x)))d\beta(x) + \log 2 \tag{6.39}$$

ここで，$g(x) = \exp(2f(x))$ とおくと，$f(x) = \frac{1}{2}\log g(x)$ であり，

$$\begin{aligned}
&\mathrm{JS}(\alpha \parallel \beta)\\
&= \sup_{f\colon \mathcal{X}\to(-\infty,0)} \int_{\mathcal{X}} f(x)d\alpha(x) + \frac{1}{2}\int_{\mathcal{X}} \log(1-\exp(2f(x)))d\beta(x)\\
&\quad + \log 2\\
&= \sup_{g\colon \mathcal{X}\to(0,1)} \int_{\mathcal{X}} \frac{1}{2}\log g(x)d\alpha(x) + \frac{1}{2}\int_{\mathcal{X}} \log(1-g(x))d\beta(x) + \log 2\\
&= \sup_{g\colon \mathcal{X}\to(0,1)} \frac{1}{2}\mathbb{E}_{x\sim\alpha}[\log g(x)] + \frac{1}{2}\mathbb{E}_{x\sim\beta}[\log(1-g(x))] + \log 2
\end{aligned} \tag{6.40}$$

となる． □

6.2.3 積分確率距離

ϕ-ダイバージェンスでは，先に ϕ を用いた定義を行ってから，等価な双対表現を導出しました．**積分確率距離** (integral probability metric) では，最初から双対形式の表現を用いて距離が定義されます．

定義 6.14（積分確率距離）

$f \in \mathcal{B}$ ならば $-f \in \mathcal{B}$ となる，$\mathcal{X}$ から $\mathbb{R}$ への関数族 $\mathcal{B} \subset \mathbb{R}^{\mathcal{X}}$ を考える．$\mathcal{B}$ についての積分確率距離を以下で定義する．

$$\begin{aligned}\mathcal{D}_{\mathcal{B}}(\alpha \parallel \beta) &\stackrel{\text{def}}{=} \sup_{f \in \mathcal{B}} \int_{\mathcal{X}} f(x) d\alpha(x) - \int_{\mathcal{X}} f(x) d\beta(x) \\ &= \sup_{f \in \mathcal{B}} \mathbb{E}_{x \sim \alpha}[f(x)] - \mathbb{E}_{x \sim \beta}[f(x)] \end{aligned} \tag{6.41}$$

$f \in \mathcal{B}$ はしばしばテスト関数とも呼ばれます．各 f は

$$\mathbb{E}_{x \sim \alpha}[f(x)] - \mathbb{E}_{x \sim \beta}[f(x)] \tag{6.42}$$

という式に従い α と β が似ているかのチェックを行います．$f \equiv 0$ のように簡単に似ていると判断され通過できるテストもあるでしょう．積分確率距離は，最も厳しいテストにおける距離を「分布の距離」と定義しています．

積分確率距離は $\mathcal{B}$ のとり方によっては距離の公理を満たしません．しかし，非負性と，三角不等式と，入力が等しければゼロという三つの性質は自動的に満たされます．

定理 6.15（積分確率距離の性質）

任意の積分確率距離 $\mathcal{D}_{\mathcal{B}}$ と任意の α, β, γ について，

1. $\mathcal{D}_{\mathcal{B}}(\alpha \parallel \alpha) = 0$
2. $\mathcal{D}_{\mathcal{B}}(\alpha \parallel \beta) \geq 0$
3. $\mathcal{D}_{\mathcal{B}}(\alpha \parallel \beta) + \mathcal{D}_{\mathcal{B}}(\beta \parallel \gamma) \geq \mathcal{D}_{\mathcal{B}}(\alpha \parallel \gamma)$

が成り立つ．

証明

1. 明らかに

$$\sup_{f \in \mathcal{B}} \mathbb{E}_{x \sim \alpha}[f(x)] - \mathbb{E}_{x \sim \alpha}[f(x)] = 0 \tag{6.43}$$

である．

2. 適当な $f \in \mathcal{B}$ について

$$\mathbb{E}_{x \sim \alpha}[f(x)] - \mathbb{E}_{x \sim \beta}[f(x)] \geq 0 \tag{6.44}$$

であれば，式 (6.41) の上限 sup をとった結果は非負であるし，

$$\mathbb{E}_{x \sim \alpha}[f(x)] - \mathbb{E}_{x \sim \beta}[f(x)] < 0 \tag{6.45}$$

であれば，

$$\mathbb{E}_{x \sim \alpha}[-f(x)] - \mathbb{E}_{x \sim \beta}[-f(x)] > 0 \tag{6.46}$$

であるので，やはり式 (6.41) の上限 sup をとった結果は非負である．

3.

$$\begin{aligned}
&\mathcal{D}_{\mathcal{B}}(\alpha \parallel \gamma) \\
&= \sup_{f \in \mathcal{B}} \mathbb{E}_{x \sim \alpha}[f(x)] - \mathbb{E}_{x \sim \gamma}[f(x)] \\
&= \sup_{f \in \mathcal{B}} \mathbb{E}_{x \sim \alpha}[f(x)] - \mathbb{E}_{x \sim \beta}[f(x)] + \mathbb{E}_{x \sim \beta}[f(x)] - \mathbb{E}_{x \sim \gamma}[f(x)] \\
&\leq \sup_{f \in \mathcal{B}} (\mathbb{E}_{x \sim \alpha}[f(x)] - \mathbb{E}_{x \sim \beta}[f(x)]) + \sup_{f \in \mathcal{B}} (\mathbb{E}_{x \sim \beta}[f(x)] - \mathbb{E}_{x \sim \gamma}[f(x)]) \\
&= \mathcal{D}_{\mathcal{B}}(\alpha \parallel \beta) + \mathcal{D}_{\mathcal{B}}(\beta \parallel \gamma)
\end{aligned} \tag{6.47}$$

□

例 6.4 （1-ワッサースタイン距離）

第 4 章で見た 1-ワッサースタイン距離の双対表現（定理 4.1，式 (4.10)）より，$\mathcal{B}_{\mathrm{Lip}}$ を 1-リプシッツ連続な関数全体ととると，1-ワッサースタイ

ン距離は $\mathcal{B}_{\mathrm{Lip}}$ についての積分確率距離です.

例 6.5 （全変動距離）

全変動距離の ϕ 関数

$$\phi(x) = |x - 1| \tag{6.48}$$

の凸共役は,

$$\phi^*(x) = \begin{cases} x & (-1 \le x \le 1) \\ -1 & (x < -1) \\ \infty & (x > 1) \end{cases} \tag{6.49}$$

であるので, ϕ-ダイバージェンスの双対定理（定理 6.10）より,

$$\mathcal{D}_{\mathrm{TV}}(\alpha \parallel \beta) = \sup_{f\colon \mathcal{X} \to [-1,1]} \int_{x \in \mathcal{X}} f(x) d\alpha(x) - \int_{x \in \mathcal{X}} f(x) d\beta(x) \tag{6.50}$$

となります. よって, $\mathcal{B}_\infty = \{f \mid \|f\|_\infty \le 1\}$ ととると, 全変動距離は $\mathcal{B}_\infty$ についての積分確率距離です.

全変動距離は ϕ-ダイバージェンスと積分確率距離の両方のクラスに属しますが, これはむしろ例外であり, $\mathcal{B}_\infty = \{f \mid \|f\|_\infty \le s\}$ という形式の積分確率距離と自明な距離以外は両方に属さないことが Sriperumbudur ら [68] により示されています.

例 6.6 （最大平均差異）

$\mathcal{H}$ を $\mathcal{X}$ 上の再生核ヒルベルト空間とすると, $\mathcal{B}_\mathcal{H} = \{f \mid \|f\|_\mathcal{H} \le 1\}$ についての積分確率距離を**最大平均差異** (maximum mean discrepancy; MMD) といいます. $\mathrm{MMD}(\alpha, \beta) \stackrel{\mathrm{def}}{=} \mathcal{D}_{\mathcal{B}_\mathcal{H}}(\alpha \parallel \beta)$ と書き表します.

補足 6.1 カーネル関数と再生核ヒルベルト空間

カーネル関数とは，$\mathcal{X}$ の二つの引数を受け取り実数値を返す関数 $k\colon \mathcal{X} \times \mathcal{X} \to \mathbb{R}$ であり，以下の条件を満たすものを指します．

対称性 任意の $x, y \in \mathcal{X}$ について $k(x, y) = k(y, x)$

半正定値性 任意の $n \in \mathbb{Z}_+$, $x_1, \ldots, x_n \in \mathcal{X}$, $c_1, \ldots, c_n \in \mathbb{R}$ について

$$\sum_{i=1}^{n}\sum_{j=1}^{n} c_i c_j k(x_i, x_j) \geq 0 \tag{6.51}$$

ガウスカーネルが $\mathcal{X} = \mathbb{R}^d$ 上のカーネル関数の代表例であり，直観的にはカーネル関数とは二つの引数の類似度を測る関数です．カーネル関数 $k\colon \mathcal{X} \times \mathcal{X} \to \mathbb{R}$ を一つとり固定します．任意に要素 $x_{\text{fix}} \in \mathcal{X}$ をとり，カーネル関数の片方の引数を x_{fix} で固定すると $k(\cdot, x_{\text{fix}})\colon \mathcal{X} \to \mathbb{R}$ という一変数関数を得ることができます．つまり，$\mathcal{X}$ の一つの要素 x_{fix} につき $\mathbb{R}^{\mathcal{X}}$ の一つの要素 $k(\cdot, x_{\text{fix}})$ が対応します．この x_{fix} を受け取り $k(\cdot, x_{\text{fix}})$ を返す関数 $\phi\colon \mathcal{X} \to \mathbb{R}^{\mathcal{X}}$ を**特徴マップ**といいます．すべての要素 $x \in \mathcal{X}$ についてその特徴を集めた集合 $\mathcal{H}' = \{\phi(x) \mid x \in \mathcal{X}\} \subset \mathbb{R}^{\mathcal{X}}$ は関数の集合ですが，この集合の要素を一つの点とみなし，$\langle \phi(x), \phi(y) \rangle_{\mathcal{H}} \overset{\text{def}}{=} k(x, y) \in \mathbb{R}$ というように内積 $\langle \cdot, \cdot \rangle_{\mathcal{H}}\colon \mathbb{R}^{\mathcal{X}} \times \mathbb{R}^{\mathcal{X}} \to \mathbb{R}$ を定めます．これにより関数どうしの類似度が定まります．$\mathcal{H}'$ は $|\mathcal{X}|$ 個の要素のみを含む「小さな」集合ですが，これを種として，$\mathcal{H}'$ の要素の線形和を $\mathcal{H}'$ に追加し，さらに特定の性質（完備性）を満たすよう $\mathcal{H}'$ に適当に要素を追加してできた集合を k により誘導される**再生核ヒルベルト空間** $\mathcal{H} \subset \mathbb{R}^{\mathcal{X}}$ といいます．$\mathcal{H}$ の要素は関数ですが，内積 $\langle \cdot, \cdot \rangle_{\mathcal{H}}$ を用いて各要素の類似度を測ることができ，あたかも点のように扱うことができます．また，$\|f\|_{\mathcal{H}} \overset{\text{def}}{=} \sqrt{\langle f, f \rangle_{\mathcal{H}}}$ により関数 $f \in \mathcal{H}$ の長さを測ることもできます．内積の定め方より，関数 $f \in \mathcal{H}$ について $\langle f, \phi(x) \rangle_{\mathcal{H}} = f(x)$ が成り立ち，これを**再生性**といいます．カーネル法と再生核ヒルベルト空間についての詳しい内容についてはカーネル法の教科書[75,79,80]

を参照してください．

MMD はしばしば，以下の形で定義されます．この等価性を示しておきます．

定理 6.16（MMD の等価な定式化）

$\mathcal{H}$ をカーネル $k\colon \mathcal{X} \times \mathcal{X} \to \mathbb{R}$ より誘導される再生核ヒルベルト空間とし，特徴マップを $\phi(x) = k(\cdot, x)$ と表すと，

$$\mathrm{MMD}(\alpha, \beta) = \|\mathbb{E}_{x\sim\alpha}[\phi(x)] - \mathbb{E}_{x\sim\beta}[\phi(x)]\|_{\mathcal{H}} \tag{6.52}$$

および

$$\begin{aligned}&\mathrm{MMD}(\alpha, \beta)^2 \\ &= \mathbb{E}_{x,x'\sim\alpha}[k(x,x')] - 2\mathbb{E}_{x\sim\alpha, y\sim\beta}[k(x,y)] + \mathbb{E}_{y,y'\sim\beta}[k(y,y')]\end{aligned} \tag{6.53}$$

が成り立つ．

証明

$$\begin{aligned}&\|\mathbb{E}_{x\sim\alpha}[\phi(x)] - \mathbb{E}_{x\sim\beta}[\phi(x)]\|_{\mathcal{H}} \\ &= \sup_{f\colon \|f\|_{\mathcal{H}}\le 1} \langle f, \mathbb{E}_{x\sim\alpha}[\phi(x)] - \mathbb{E}_{x\sim\beta}[\phi(x)]\rangle_{\mathcal{H}} \\ &= \sup_{f\colon \|f\|_{\mathcal{H}}\le 1} \langle f, \mathbb{E}_{x\sim\alpha}[\phi(x)]\rangle_{\mathcal{H}} - \langle f, \mathbb{E}_{x\sim\beta}[\phi(x)]\rangle_{\mathcal{H}} \\ &= \sup_{f\colon \|f\|_{\mathcal{H}}\le 1} \mathbb{E}_{x\sim\alpha}[\langle f, \phi(x)\rangle_{\mathcal{H}}] - \mathbb{E}_{x\sim\beta}[\langle f, \phi(x)\rangle_{\mathcal{H}}] \\ &\overset{\text{(a)}}{=} \sup_{f\colon \|f\|_{\mathcal{H}}\le 1} \mathbb{E}_{x\sim\alpha}[f(x)] - \mathbb{E}_{x\sim\beta}[f(x)] \\ &= \mathrm{MMD}(\alpha, \beta)\end{aligned} \tag{6.54}$$

となる．ただし，(a) は再生性より従う．また，

$$
\begin{aligned}
&\mathrm{MMD}(\alpha,\beta)^2\\
&= \|\mathbb{E}_{x\sim\alpha}[\phi(x)] - \mathbb{E}_{x\sim\beta}[\phi(x)]\|_{\mathcal{H}}^2\\
&= \langle \mathbb{E}_{x\sim\alpha}[\phi(x)], \mathbb{E}_{x\sim\alpha}[\phi(x)]\rangle_{\mathcal{H}} - 2\langle \mathbb{E}_{x\sim\alpha}[\phi(x)], \mathbb{E}_{x\sim\beta}[\phi(x)]\rangle_{\mathcal{H}}\\
&\quad + \langle \mathbb{E}_{x\sim\beta}[\phi(x)], \mathbb{E}_{x\sim\beta}[\phi(x)]\rangle_{\mathcal{H}}\\
&= \mathbb{E}_{x,x'\sim\alpha}[\langle\phi(x),\phi(x')\rangle_{\mathcal{H}}] - 2\mathbb{E}_{x\sim\alpha,y\sim\beta}[\langle\phi(x),\phi(y)\rangle_{\mathcal{H}}]\\
&\quad + \mathbb{E}_{y,y'\sim\beta}[\langle\phi(y),\phi(y')\rangle_{\mathcal{H}}]\\
&= \mathbb{E}_{x,x'\sim\alpha}[k(x,x')] - 2\mathbb{E}_{x\sim\alpha,y\sim\beta}[k(x,y)] + \mathbb{E}_{y,y'\sim\beta}[k(y,y')]
\end{aligned} \tag{6.55}
$$

となる. □

以上をまとめると，ϕ-ダイバージェンスと積分確率距離の関係は図 6.1 のようになります.

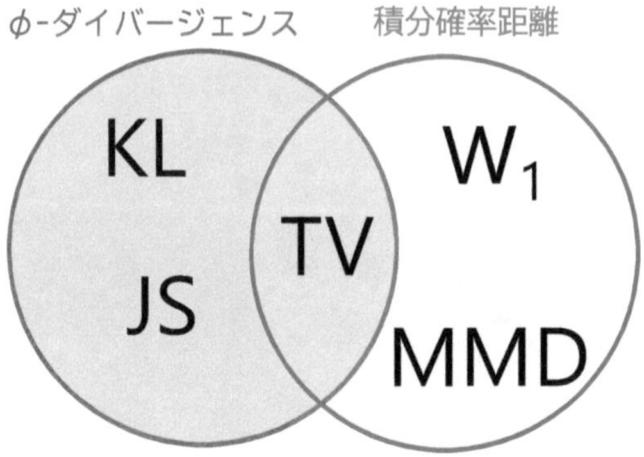

図 6.1 ϕ-ダイバージェンスと積分確率距離の関係. KL ダイバージェンス, JS ダイバージェンス, 全変動距離 (TV) が ϕ-ダイバージェンスの例であり, 1-ワッサースタイン距離 (W_1), MMD, 全変動距離が積分確率距離の例である. 全変動距離は ϕ-ダイバージェンスと積分確率距離の両方に属する特殊例である.

6.2.4 双対表現の比較

表 6.1 にダイバージェンスの双対表現をまとめます. 一見して分かる違い

表 6.1 双対表現の比較.

KL ダイバージェンス	$\sup_{f\colon \mathcal{X}\to\mathbb{R}} \mathbb{E}_{x\sim\alpha}[f(x)] - \mathbb{E}_{x\sim\beta}[\exp(f(x))] + 1$
JS ダイバージェンス	$\sup_{f\colon \mathcal{X}\to(0,1)} \frac{1}{2}\mathbb{E}_{x\sim\alpha}[\log f(x)] - \frac{1}{2}\mathbb{E}_{x\sim\beta}[\log(1 - f(x))] + \log 2$
全変動距離	$\sup_{\|f\|_1\le 1} \mathbb{E}_{x\sim\alpha}[f(x)] - \mathbb{E}_{x\sim\beta}[f(x)]$
1-ワッサースタイン距離	$\sup_{f\colon 1 \text{ Lipschitz}} \mathbb{E}_{x\sim\alpha}[f(x)] - \mathbb{E}_{x\sim\beta}[f(x)]$
MMD	$\sup_{\|f\|_{\mathcal{H}}\le 1} \mathbb{E}_{x\sim\alpha}[f(x)] - \mathbb{E}_{x\sim\beta}[f(x)]$

は，ϕ-ダイバージェンスでは関数のとれる範囲は単純であり，目的関数の違いにより個性が表現されています．一方，積分確率距離では目的関数はすべて同じであり，関数のとれる範囲の違いにより個性が表現されています．

ϕ-ダイバージェンスと積分確率距離の最も大きな違いは，ϕ-ダイバージェンスでは sup をとるテスト関数のクラスが制限されず，不連続な関数も許容される点です．これにより，ϕ-ダイバージェンスのテスト関数では点 $x \in \mathcal{X}$ ごとに任意に値を決められることとなり，空間 $\mathcal{X}$ 内での点の遠近は考慮されないこととなります．一方，積分確率距離である 1-ワッサースタイン距離や MMD では，テスト関数はリプシッツ性や再生核ヒルベルト空間上のノルム $\|\cdot\|_{\mathcal{H}}$ により制限されます．これにより，テスト関数に $\mathcal{X}$ 上での連続性が課され，空間内質量が近くにある分布ほど距離が近いと判断されます．全変動距離においては，テスト関数が L_∞ ノルムで制限されています．これは点ごとの制約で表されるため，点ごと独立に値を決められることとなり，空間 $\mathcal{X}$ 内での点の遠近は考慮されないこととなります．

図 6.2 に離散分布を例にとって最適な f を示します．いずれの場合も，f は α を表す赤点において高い値を，β を表す青点において低い値をとると sup の中身が大きくなるよい関数となります．ϕ-ダイバージェンスのクラスでは，値は点ごとに貪欲に値を定められ，不連続な関数となっています．一方，1-ワッサースタイン距離ではリプシッツ連続であり，近い点では似た値がとられています．また，傾きは 1 または -1 であり，これは定理 4.4 に対応しています．MMD では，各赤点 x で $k(\cdot, x)$ というカーネル窓を，青点 y で $-k(\cdot, y)$ というカーネル窓を作り混合したものが最適です [68, Section 2.2]．この関数は正例 α と負例 β に対するパルツェン分類器とも呼ばれま

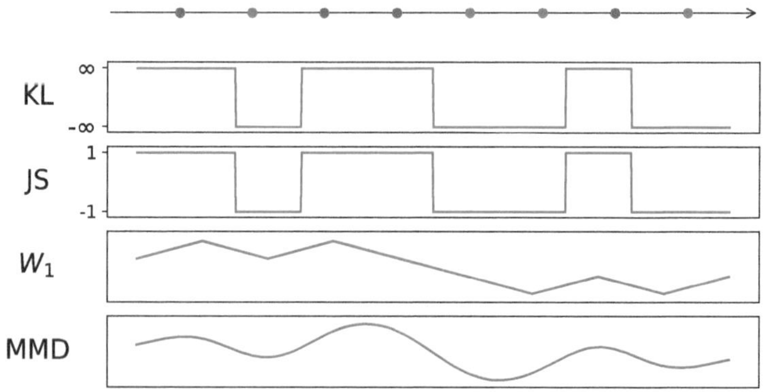

図 6.2 一次元離散分布に対する各ダイバージェンスの最適な f の例．一段目：入力分布の図示．α は赤点をそれぞれ確率 1/4 でとる離散分布，β は青点をそれぞれ確率 1/4 でとる離散分布とする．二段目：KL ダイバージェンスにおける最適な f．サポートが一致していないのでこのとき値は無限大となる．三段目：JS ダイバージェンスにおける最適な f．赤点上では β は確率 0 であるので，f は 1 を出力し，青点上では α は確率 0 であるので f は -1 を出力するのが最適．四段目：1-ワッサースタイン距離における最適な f．勾配の絶対値が 1 を超えないように，赤点ではできるだけ大きく，青点ではできるだけ小さくするのが最適であるので，図のような折れ線となる．五段目：ガウシアンカーネルにより誘導される MMD における最適な f．赤点で正のガウシアンカーネル窓を，青点で負のガウシアンカーネル窓をおいた形となる．

す [63, Section 2.4] [64, Section 5.1.2].

6.3 確率分布の弱収束

ダイバージェンスの性質の違いを確率分布の弱収束という観点から議論します．本節では，技術的な理由から $\mathcal{X}$ がコンパクトであると仮定します[*3]．以下の議論において位相を用いる場合は，ワッサースタイン距離で用いる距離関数 d により定義される位相を用いることとします．

*3 弱収束の概念や関連する定理はコンパクトでない場合にも拡張することができますが，関数が発散することを防ぐため追加の制約が必要となります．

6.3.1 弱収束とワッサースタイン距離の収束の等価性

まず，弱収束について定義します．

定義 6.17（弱収束 (weak convergence)）

確率分布の列 $\alpha_1, \alpha_2, \ldots$ が α に弱収束するとは，任意の連続関数 $g\colon \mathcal{X} \to \mathbb{R}$ について，$\int_{\mathcal{X}} g(x) d\alpha_i(x) \to \int_{\mathcal{X}} g(x) d\alpha(x)$ が成り立つことである．

つまり，弱収束とは確率分布を関数の積分値という視点で見たときの収束です．確率変数の分布が弱収束するとき，確率変数は法則収束するといいます．

確率分布の弱収束とワッサースタイン距離の収束は同値であることが知られています．まず，$p = 1$ の場合に集中するため，異なる p におけるワッサースタイン距離の大小関係について示します．

補題 6.18（1-ワッサースタイン距離と p-ワッサースタイン距離の関係）

$p \geq 1$ について，

$$W_1(\alpha, \beta) \leq W_p(\alpha, \beta) \leq \mathrm{diam}(\mathcal{X})^{\frac{p-1}{p}} W_1(\alpha, \beta)^{1/p} \tag{6.56}$$

が成り立つ．ここで，

$$\mathrm{diam}(\mathcal{X}) \stackrel{\text{def}}{=} \sup_{x, y \in \mathcal{X}} d(x, y) \tag{6.57}$$

は $\mathcal{X}$ の直径である．

証明

イェンセンの不等式より，確率分布 π について

$$\left(\int_{\mathcal{X}} d(x, y) d\pi(x, y) \right)^p \leq \int_{\mathcal{X}} d(x, y)^p d\pi(x, y) \tag{6.58}$$

が成り立つ．よって，

$$\int_{\mathcal{X}} d(x,y)d\pi(x,y) \le \left(\int_{\mathcal{X}} d(x,y)^p d\pi(x,y)\right)^{\frac{1}{p}} \tag{6.59}$$

となり，

$$W_1(\alpha,\beta) \le W_p(\alpha,\beta) \tag{6.60}$$

となる．また，$d(x,y) \le \mathrm{diam}(\mathcal{X})$ より

$$\left(\int_{\mathcal{X}} d(x,y)^p d\pi(x,y)\right)^{\frac{1}{p}} \le \mathrm{diam}(\mathcal{X})^{\frac{p-1}{p}} \left(\int_{\mathcal{X}} d(x,y)d\pi(x,y)\right)^{\frac{1}{p}} \tag{6.61}$$

となるので，

$$W_p(\alpha,\beta) \le \mathrm{diam}(\mathcal{X})^{\frac{p-1}{p}} W_1(\alpha,\beta)^{1/p} \tag{6.62}$$

が成り立つ． □

続いて，確率分布の弱収束とワッサースタイン距離の収束の同値性を示します．

定理 6.19（弱収束とワッサースタイン距離の収束の同値性）

確率分布の列 $\alpha_1, \alpha_2, \ldots$ が α に弱収束するときかつそのときのみ，$W_p(\alpha_i, \alpha) \to 0$ が成り立つ．

証明

補題 6.18 より，W_1 の収束と W_p の収束は同値であるので，W_1 の場合のみ示せば十分である．

必要条件 ⇒：確率分布の列 $\alpha_1, \alpha_2, \ldots$ が α に弱収束すると仮定する．

$$\lim_{k\to\infty} W_1(\alpha_{i_k}, \alpha) = \limsup_{i\to\infty} W_1(\alpha_i, \alpha) \tag{6.63}$$

となるように部分列 i_k をとる．$W_1(\alpha_{i_k}, \alpha)$ の双対問題の最適解を

g_k とすると，

$$W_1(\alpha_{i_k}, \alpha) = \int_{\mathcal{X}} g_k(x) d\alpha_{i_k}(x) - \int_{\mathcal{X}} g_k(x) d\alpha(x) \tag{6.64}$$

である．$x_0 \in \mathcal{X}$ を適当に固定する．双対解は定数の加算によって目的関数が変化しないので，一般性を失うことなく $g_k(x_0) = 0$ であると仮定できる．$\mathcal{X}$ のコンパクト性と $g_k(x_0) = 0$ と g_k の連続性より $\{g_k\}$ は一様有界であり，リプシッツ性より同程度連続であるので，アスコリ・アルツェラの定理より，ある 1-リプシッツ関数 g に一様収束する部分列 $\{g_{j_k}\}$ がとれる．各 j_k に対応する α_i の添字を i'_k とすると，

$$\begin{aligned} W_1(\alpha_{i'_k}, \alpha) &= \int_{\mathcal{X}} g_{j_k}(x) d\alpha_{i'_k}(x) - \int_{\mathcal{X}} g_{j_k}(x) d\alpha(x) \\ &\xrightarrow{k \to \infty} \int_{\mathcal{X}} g(x) d\alpha(x) - \int_{\mathcal{X}} g(x) d\alpha(x) \\ &= 0 \end{aligned} \tag{6.65}$$

となる．式 (6.63) の i_k のとり方より $W_1(\alpha_{i_k}, \alpha)$ は収束し，その部分列が 0 に収束するということは $W_1(\alpha_{i_k}, \alpha)$ 自身も 0 に収束する．ゆえに $W_1(\alpha_i, \alpha)$ の上極限は 0 であり，ワッサースタイン距離の非負性より下極限は 0 であるので，

$$\lim_{i \to \infty} W_1(\alpha_i, \alpha) = 0 \tag{6.66}$$

となる．

十分条件 $\Leftarrow$：確率分布の列 $\alpha_1, \alpha_2, \ldots$ と確率分布 α について，$W_p(\alpha_i, \alpha) \to 0$ が成り立つと仮定する．このとき，任意の 1-リプシッツ連続関数 g について，

$$\int_{\mathcal{X}} g(x) d\alpha_i(x) - \int_{\mathcal{X}} g(x) d\alpha(x) \to 0 \tag{6.67}$$

が成り立つ．K-リプシッツ連続関数については値が K 倍されるだけであるので，式 (6.67) は任意のリプシッツ関数について成り立

つ．リプシッツ関数は連続関数内で稠密であるので，式 (6.67) は任意の連続関数について成り立つ．よって，$\alpha_1, \alpha_2, \ldots$ は α に弱収束する． □

KL ダイバージェンスについては，KL ダイバージェンスが収束するならば弱収束する，という方向は正しいです．

定理 6.20（KL ダイバージェンスの収束は弱収束を導く）

確率分布の列 $\alpha_1, \alpha_2, \ldots$ と確率分布 α について，$\mathrm{KL}(\alpha_i \parallel \alpha) \to 0$ が成り立つならば，$\alpha_1, \alpha_2, \ldots$ は α に弱収束する．

証明

ピンスカーの不等式 [65, Theorem 2.4] より

$$\frac{1}{2}\mathcal{D}_{\mathrm{TV}}(\alpha_i \parallel \alpha)^2 \leq \mathrm{KL}(\alpha_i \parallel \alpha) \tag{6.68}$$

であるので，$\mathcal{D}_{\mathrm{TV}}(\alpha_i \parallel \alpha) \to 0$ となる．よって，全変動距離の双対表現（例 6.5）より，任意の $g\colon \mathcal{X} \to [-1, 1]$ について

$$\int_{\mathcal{X}} g(x) d\alpha_i(x) - \int_{\mathcal{X}} g(x) d\alpha(x) \to 0 \tag{6.69}$$

となる．ここで g の値域を $[-K, K]$ としても K 倍されるだけであるので，式 (6.69) は成り立つ．$\mathcal{X}$ はコンパクトであるので，任意の $\mathcal{X}$ 上の連続関数は有界であり，式 (6.69) は任意の連続関数について成立する．よって，$\alpha_1, \alpha_2, \ldots$ は α に弱収束する． □

しかし，KL ダイバージェンスについてはこの逆は成り立ちません．

定理 6.21（弱収束は KL ダイバージェンスの収束を導かない）

確率分布の列 $\alpha_1, \alpha_2, \ldots$ が α に弱収束するが $\mathrm{KL}(\alpha_i \parallel \alpha) \to 0$ が成り立たない場合が存在する．

証明

反例を構築することで証明する．$\mathcal{X} = [0,1] \subset \mathbb{R}$ とし，$\alpha_n = \delta_{\frac{1}{n}}$，$\alpha = \delta_0$ とする．ただし，δ_x はディラック測度．任意に連続関数 g をとると，g の連続性より

$$\begin{aligned}\int_{\mathcal{X}} g(x) d\alpha_n(x) &= g\left(\frac{1}{n}\right) \\ &\xrightarrow{n \to \infty} g(0) \\ &= \int_{\mathcal{X}} g(x) d\alpha(x)\end{aligned} \tag{6.70}$$

となる．よって，$\alpha_1, \alpha_2, \ldots$ は α に弱収束する．一方，任意の n について $\mathrm{KL}(\alpha_n \parallel \alpha) = \infty$ であるので，$\mathrm{KL}(\alpha_n \parallel \alpha) \to 0$ が成り立たない． □

この反例を図 6.3 に示します．この例は，確率分布の収束を KL ダイバージェンスという指標でモニタリングしている限り，収束に気づけないことがあるということを示しています．このように，弱収束の観点からも，確率分布が別の確率分布に近づいているかを測るにはワッサースタイン距離が適しているといえます．

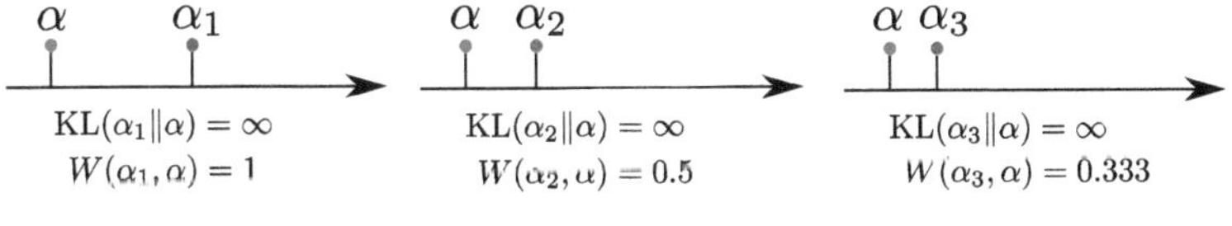

図 6.3 KL ダイバージェンスの弱収束の反例．α_i は α に近づいていくが，KL ダイバージェンスは 0 に収束しないので，KL ダイバージェンスをモニタリングしている限りは収束に気づけない．一方，ワッサースタイン距離は α_i が α に近づいていくとともに値が 0 に収束していく．

6.3.2 経験分布の弱収束

多くの場合，コンピュータの上では連続分布は直接扱えません．また，機械学習や統計において，理想的な母分布を仮定したとしても，多くの場合，

母分布の情報に直接アクセスできません．そのような場合には，α, β から i.i.d. サンプリングを行い，得られた有限サンプル

$$\{x_1, x_2, \ldots, x_n\} \sim \alpha \tag{6.71}$$

$$\{y_1, y_2, \ldots, y_n\} \sim \beta \tag{6.72}$$

をもとに距離を推定します．得られた i.i.d. サンプルを用いた経験分布を

$$\alpha_n = \sum_{i=1}^{n} \frac{1}{n} \delta_{x_i} \tag{6.73}$$

$$\beta_n = \sum_{i=1}^{n} \frac{1}{n} \delta_{y_i} \tag{6.74}$$

とします．経験分布は母分布に弱収束することがいえます．

定理 6.22（経験分布の弱収束）

$$\alpha_n = \sum_{i=1}^{n} \frac{1}{n} \delta_{x_i} \tag{6.75}$$

を α の経験分布とすると α_n は確率 1 で α に弱収束する．

証明

まず，$\mathcal{X}$ 上の連続関数の中から高々可算濃度集合 $\{g_i\}$ であって稠密なものがとれることを示す．$\mathcal{B}(x, r)$ を中心 $x \in \mathcal{X}$，半径 r の開球とする．各 $n \in \mathbb{Z}_+$ について，$\mathcal{O}_n = \{\mathcal{B}(x, \frac{1}{n}) \mid x \in \mathcal{X}\}$ という開被覆を考えると $\mathcal{X}$ のコンパクト性より有限開被覆 $\tilde{\mathcal{O}}_n = \{\mathcal{B}(x_{n,1}, \frac{1}{n}), \ldots, \mathcal{B}(x_{n,l_n}, \frac{1}{n})\} (\subset \mathcal{O}_n)$ がとれる．球の中心の集合を $\mathcal{C}_n = \{x_{n,1}, \ldots, x_{n,l_n}\}$ とする．$\mathcal{C} = \cup_{n \in \mathbb{Z}_+} \mathcal{C}_n$ は高々可算集合であり，$\mathcal{C}$ の各点を中心とする任意に小さい球が $\mathcal{X}$ を被覆する．つまり $\mathcal{C}$ は $\mathcal{X}$ 中で稠密である．$d_x \colon \mathcal{X} \to \mathbb{R}$ を $d_x(y) = d(x, y)$ と定義し，$\mathcal{F} = \{d_x \mid x \in \mathcal{C}\}$ と定義する．$s, t \in \mathcal{X}$ を任意にとる．$\mathcal{C}$ の稠密性より s から距離 $d(s,t)/3$ 以下の点 $x \in \mathcal{C}$ をとることができ，三角不

等式より $d_x(s) \neq d_x(t)$ となる．つまり $\mathcal{F}$ は $\mathcal{X}$ を分離する．$\mathcal{F}$ から生成される部分代数 $\mathcal{A}$ は高々可算であり，$\mathcal{X}$ を分離する．ストーン・ワイエルシュトラスの定理より，$\mathcal{A}$ は稠密である．これで $\mathcal{X}$ 上の連続関数の中から高々可算濃度であって稠密な集合 $\mathcal{A} = \{g_i\}$ がとれた．
連続関数 g を一つ固定すると，大数の強法則より，

$$\begin{aligned}\int_{\mathcal{X}} g(x) d\alpha_i(x) &= \frac{1}{n}\sum_{i=1}^{n} g(x_i) \\ &\to \mathbb{E}_{x\sim\alpha}[g(x)] \\ &= \int_{\mathcal{X}} g(x) d\alpha(x) \qquad (6.76)\end{aligned}$$

が確率 1 で成立する．各 g_i で式 (6.76) について成り立たない確率が 0 であり，可算個の和事象の確率は総和である 0 であるので，$\{g_i\}$ のうち少なくとも一つの g_i で式 (6.76) が成り立たない確率も 0 である．すなわち，すべての $\{g_i\}$ で同時に式 (6.76) が成立する確率は 1 である．すべての $\{g_i\}$ で同時に式 (6.76) が成立するという事象内では，$\{g_i\}$ の稠密性より任意の連続関数 g で式 (6.76) が成立する．よって，α_n は確率 1 で α に弱収束する． □

定理 6.19 より，$W_p(\alpha_i, \beta_i)$ は $W_p(\alpha, \beta)$ に収束することが分かります．

定理 6.23（ワッサースタイン距離の収束）

$W_p(\alpha_i, \beta_i)$ は確率 1 で $W_p(\alpha, \beta)$ に収束する．

証明

$$\begin{aligned}W_p(\alpha_i, \beta_i) &\leq W_p(\alpha_i, \alpha) + W_p(\alpha, \beta) + W_p(\beta, \beta_i) \\ &\to W_p(\alpha, \beta) \qquad (6.77)\end{aligned}$$

となる．1行目の不等式は三角不等式より，2行目の収束は定理 6.19 より従う．また，

$$W_p(\alpha_i, \beta_i) \geq -W_p(\alpha_i, \alpha) + W_p(\alpha, \beta) - W_p(\beta, \beta_i) \\ \to W_p(\alpha, \beta) \tag{6.78}$$

となる．よって，$W_p(\alpha_i, \beta_i) \to W_p(\alpha, \beta)$ となる． □

この定理により，経験分布を表す点群を用いてワッサースタイン距離を測れば，母分布どうしのワッサースタイン距離に近づいていくことが分かります．

一方，定理 6.21 より，経験分布が母分布に弱収束するからといって KL ダイバージェンスは母分布の KL ダイバージェンスに収束するとは限りません．むしろ，連続分布においては α_n, β_n のサポートが被る確率は 0 であるので，経験分布どうしの KL ダイバージェンスは常に無限大となり，経験分布の KL ダイバージェンスからは母分布の KL ダイバージェンスの情報は得られません．

6.4 サンプル複雑性

前節では，有限サンプルを使って推定したワッサースタイン距離が，真の距離に収束することを見ました．では，定量的には誤差はどのくらいになるでしょうか．逆に，所望の誤差を達成するためにはサンプルをいくつ集めればよいでしょうか．この問題を考えるのが**サンプル複雑性**です．以下で考える収束レートのオーダーとは，サンプル数 n についての真の距離との誤差の減少率を表しています．たとえば，収束レートが $O(n^{-2})$ であるとは，サンプル数 n のとき誤差が n^{-2} に比例する程度で上から抑えられることを示しています．

肯定的な結果としては，少なくとも $O(n^{-\frac{1}{d}})$ のオーダーで収束することが知られています．

定理 6.24（ワッサースタイン距離の収束の上界 [26]）

分布 α と実数 $k > 2$ について，$K \in \mathbb{R}$ が存在し，任意の $\varepsilon \in (0, 1]$ について，半径 ε の $K\varepsilon^{-k}$ 個の球の集合 $\{B_i\}_{i=1}^{K\varepsilon^{-k}}$ が存在し，$\alpha(\cup_i B_i) \geq 1 - \varepsilon^{\frac{k}{k-2}}$ とできると仮定する．$\{x_1, \ldots, x_n\}$ を α からの i.i.d. サンプル，

$$\alpha_n = \sum_{i=1}^{n} \frac{1}{n} \delta_{x_i} \tag{6.79}$$

を α の経験分布とすると，

$$\mathbb{E}[W_p(\alpha_n, \alpha)] = O(n^{-\frac{1}{k}}) \tag{6.80}$$

となる．ここで，$\mathbb{E}$ はサンプル $\{x_1, \ldots, x_n\}$ のとり方に対する期待値を表す．

証明は Dudley[26] を参照してください．特に，$\mathcal{X}$ が $\mathbb{R}^d$ 内のコンパクト集合であるとき，半径 ε の $O(\varepsilon^{-d})$ 個の球で $\mathcal{X}$ 全体を被覆できるので，コンパクト集合のときには少なくとも $O(n^{-\frac{1}{d}})$ の収束レートを達成できます．以上の結果は，少なくともこの収束レートが達成できる，というものですが，重要なのはこの収束レートが限界であるという以下の定理です．

定理 6.25（ワッサースタイン距離の収束の下界 [26]）

$\mathcal{X} = \mathbb{R}^d$ とし，α を $\mathcal{X}$ 上の密度関数を持つ確率分布とし，$\mathcal{S} = \{x_1, \ldots, x_n\}$ を α からの i.i.d. サンプル，

$$\alpha_n = \sum_{i=1}^{n} \frac{1}{n} \delta_{x_i} \tag{6.81}$$

を α の経験分布とする．このとき，定数 $c \in \mathbb{R}$ と $n_0 \in \mathbb{Z}_+$ が存在し，任意の $n \geq n_0$ について常に

$$W_1(\alpha_n, \alpha) \geq cn^{-\frac{1}{d}} \tag{6.82}$$

が成り立つ．ランダウのオーダー記法を用いると

$$W_1(\alpha_n, \alpha) = \Omega(n^{-\frac{1}{d}}) \tag{6.83}$$

である．

証明

α は密度関数を持つ，すなわち絶対連続な分布であるので，ある $\delta > 0$ が存在し，$\mathcal{A} \subset \mathcal{X}$ について

$$\lambda(\mathcal{A}) \leq \delta \Longrightarrow \alpha(\mathcal{A}) \leq \frac{1}{2} \tag{6.84}$$

が成り立つ．ただし λ はルベーグ測度 *4 である．点 $x \in \mathcal{X}$ を中心とする半径 $r > 0$ の d 次元球 $\mathcal{B}(x, r)$ の体積は $c' \in \mathbb{R}$ を用いて

$$\lambda(\mathcal{B}(x, r)) = c'r^d \tag{6.85}$$

と表すことができるので，半径を

*4 ルベーグ測度はユークリッド空間上の体積を表す測度です．確率分布の密度関数を考えるときには通常ルベーグ測度に対する密度を考えます．厳密な定義は [43, Definition 1.3.8] を参照してください．

$$r = \left(\frac{\delta}{nc'}\right)^{\frac{1}{d}} \tag{6.86}$$

とすると，$\mathcal{S} = \{x_1, \ldots, x_n\}$ を中心とする n 個の球の和集合

$$U_r \stackrel{\text{def}}{=} \bigcup_{i=1}^{n} \mathcal{B}(x_i, r) \tag{6.87}$$

の体積は $\lambda(U_r) \leq \delta$ となり，式 (6.84) より $\alpha(U_r) \leq \frac{1}{2}$ となる．ここで，

$$g(x) \stackrel{\text{def}}{=} \min_i \|x - x_i\|_2 \tag{6.88}$$

とすると，g は 1-リプシッツ連続であり，

$$\begin{aligned}
W_1(\alpha_n, \alpha) &\geq \int_{\mathcal{X}} g(x) d\alpha(x) - \int_{\mathcal{X}} g(x) d\alpha_n(x) \\
&\stackrel{\text{(a)}}{=} \int_{\mathcal{X}} g(x) d\alpha(x) \\
&= \int_{U_r} g(x) d\alpha(x) + \int_{\mathcal{X} \setminus U_r} g(x) d\alpha(x) \\
&\geq \int_{\mathcal{X} \setminus U_r} g(x) d\alpha(x) \\
&\stackrel{\text{(b)}}{\geq} \int_{\mathcal{X} \setminus U_r} r d\alpha \\
&\stackrel{\text{(c)}}{\geq} \frac{1}{2} r \\
&= \frac{1}{2} \left(\frac{\delta}{nc'}\right)^{\frac{1}{d}}
\end{aligned} \tag{6.89}$$

となる．ただし，(a) は $x \in \mathcal{S}(= \{x_1, \ldots, x_n\})$ 上で $g(x) = 0$ となることから，(b) は $x \in \mathcal{X} \setminus U_r$ 上では $g(x) \geq r$ となることから，(c) は $\alpha(U_r) \leq \frac{1}{2}$ から従う． □

すなわち，1-ワッサースタイン距離は次元数 d が大きいとき，母分布への

収束が非常に遅くなります．しかもこれは乱数によらず，どのような場合にも成立するという強力な結果です．たとえば $d = 100$ 次元だとすると，誤差を $\frac{1}{k}$ 以下にしたければ，$\Omega(k^{100})$ 個のサンプルが必要ということで，これを用意するのは現実的に不可能です．

この結果は，MMD の収束が次元によらず高速であるという以下の定理とは対照的です．

定理 6.26（MMD の収束の上界）

$\mathcal{H}$ を有界なカーネル k に付随する再生核ヒルベルト空間とし，$\{x_1, \ldots, x_n\}$ を α からの i.i.d. サンプル，

$$\alpha_n = \sum_{i=1}^{n} \frac{1}{n} \delta_{x_i} \tag{6.90}$$

を α の経験分布とすると，

$$\mathbb{E}[\mathrm{MMD}(\alpha_n, \alpha)] = O(n^{-\frac{1}{2}}) \tag{6.91}$$

となる．ここで，$\mathbb{E}$ はサンプル $\{x_1, \ldots, x_n\}$ のとり方に対する期待値を表す．

証明

有界性よりある $K \in \mathbb{R}_+$ について $k(x, x') \leq K \ (\forall x, x' \in \mathcal{X})$ が成り立つ．$\phi(x) = k(\cdot, x)$ を特徴マップとする．

$$\begin{aligned}
&\mathbb{E}_{\{x_i\}}[\mathrm{MMD}(\alpha_n, \alpha)] \\
&\overset{\text{(a)}}{=} \mathbb{E}_{\{x_i\}}\Big[(\mathbb{E}_{x, x' \sim \alpha_n}[k(x, x')] - 2\mathbb{E}_{x \sim \alpha_n, x' \sim \alpha}[k(x, x')] \\
&\qquad + \mathbb{E}_{x, x' \sim \alpha}[k(x, x')])^{1/2}\Big]
\end{aligned}$$

$$
\begin{aligned}
&= \mathbb{E}_{\{x_i\}}\left[\left(\frac{1}{n^2}\sum_i\sum_j k(x_i,x_j) - \frac{2}{n}\sum_i \mathbb{E}_{x\sim\alpha}[k(x_i,x)]\right.\right. \\
&\qquad \left.\left. + \mathbb{E}_{x,x'\sim\alpha}[k(x,x')]\right)^{1/2}\right] \\
&\overset{\text{(b)}}{\leq} \left(\mathbb{E}_{\{x_i\}}\left[\frac{1}{n^2}\sum_i\sum_j k(x_i,x_j) - \frac{2}{n}\sum_i \mathbb{E}_{x\sim\alpha}[k(x_i,x)]\right.\right. \\
&\qquad \left.\left. + \mathbb{E}_{x,x'\sim\alpha}[k(x,x')]\right]\right)^{1/2} \\
&= \left(\frac{1}{n}\mathbb{E}_{x\sim\alpha}[k(x,x)] - \frac{1}{n}\mathbb{E}_{x,x'\sim\alpha}[k(x,x')]\right)^{1/2} \\
&\leq \left(\frac{1}{n}\mathbb{E}_{x\sim\alpha}[k(x,x)]\right)^{1/2} \\
&\overset{\text{(c)}}{\leq} \left(\frac{K}{n}\right)^{1/2}
\end{aligned}
\tag{6.92}
$$

ただし，(a) は定理 6.16 より，(b) はイェンセンの不等式より，(c) は $k(x,x') \leq K$ より従う． □

素晴らしいことに，MMD の収束速度は $\mathcal{X}$ の次元に影響を受けません．ここでは母分布への収束を示しましたが，三角不等式を用いて定理 6.22 と同様の議論を行えば，経験分布どうしの MMD がこの速度で母分布どうしの MMD に収束することが示せます．この MMD の収束レートと比べると，定理 6.25 のワッサースタイン距離の収束レートは非常に低速です．高次元へワッサースタイン距離を適用する解決策として，第 3 章で導入したエントロピー正則化が有用であることが知られています [33]．

定理 6.27（エントロピー正則化つき最適輸送の収束レート）

$\mathcal{X}$ を $\mathbb{R}^d$ 内のコンパクト集合とし，コスト関数 C を L-リプシッツ連続な関数とする．$D \in \mathbb{R}_+$ を $\mathcal{X}$ の直径，$\{x_1, \ldots, x_n\}$ と $\{y_1, \ldots, y_n\}$ をそれぞれ α, β からの i.i.d. サンプル，

$$\alpha_n = \sum_{i=1}^{n} \frac{1}{n} \delta_{x_i} \tag{6.93}$$

$$\beta_n = \sum_{i=1}^{n} \frac{1}{n} \delta_{y_i} \tag{6.94}$$

をそれぞれ α と β の経験分布とすると，

$$\begin{aligned} &\mathbb{E}[|\mathrm{OT}_\varepsilon(\alpha, \beta) - \mathrm{OT}_\varepsilon(\alpha_n, \beta_n)|] \\ &= O\left(\frac{\exp(\frac{2LD + \|C\|_\infty}{\varepsilon})}{\sqrt{n}} \left(1 + \frac{1}{\varepsilon^{\mathrm{floor}(d/2)}}\right)\right) \end{aligned} \tag{6.95}$$

となる．ここで，$\mathbb{E}$ はサンプル $\{x_1, \ldots, x_n\}, \{y_1, \ldots, y_n\}$ のとり方に対する期待値を表す．

証明は Genevay[33] を参照してください．この定理より，エントロピー正則化係数 ε を大きくとれば次元の呪いは緩和され，$\varepsilon \to \infty$ の極限では次元に依存しない $O(n^{-1/2})$ の収束レートが得られることが分かります．また，3.7 節で導入したシンクホーンダイバージェンスについてもこの定理より同様の収束レートが得られます．機械学習や統計の多くの応用例では，手元にある経験分布の距離を計算するのが最終目標ではなく，背後にある真の分布の関係を調べることが最終目標となります．収束レートが速いということは，少量のサンプルから真の分布間の距離が計算できるということであり，サンプル数を多く得られない場面でも信頼して用いることができます．

しかし，収束レートが速い手法があらゆる面で優れているというわけでもありません．少ないサンプル数での値が真の値とほとんど同じということは，その指標は分布を大雑把にしか見ていないといえます．多くのサンプル

数が得られる場面では，収束レートが遅くとも，細かい分布の違いを区別できる距離を用いる方がよいでしょう．エントロピー正則化つき最適輸送やシンクホーンダイバージェンスは正則化係数 ε を調整することで，得られるサンプル数のオーダーと相談しつつ，収束レートを柔軟に調整できる点で優れた指標といえます．

Chapter 7

不均衡最適輸送

これまでの章は確率分布どうしの比較，すなわち比較するヒストグラムや点群の質量の総和が 1 となる場合について考えてきました．また，これまでの定式化ではすべての質量が互いにマッチするという制約を厳格に課してきました．しかし現実には，比較するヒストグラムどうしや点群どうしの質量の総和が異なる場合や，すべての質量をマッチングさせたくない状況がしばしばあります．本章では，最適輸送の概念を拡張し，質量の総和が 1 とはならない状況に適用できる不均衡最適輸送という考え方を導入します．

7.1 不均衡最適輸送の導入

不均衡最適輸送は最適輸送から質量保存制約を緩めた定式化です．基本的なアイデアは，一定のコストを支払えば，質量を消滅させたり生成したりできるように定式化することです．不均衡最適輸送コストは，一方の分布を他方の分布に一致させるのに必要な，輸送コストと生成・消滅コストの総和の最小値として定義されます．質量生成・消滅コストの定義次第でさまざまな不均衡の変種が考えられます．定式化は次節に譲ることとして，ここでは通常の最適輸送と比べたときの不均衡最適輸送の利点について考えます．

7.1.1 質量の総和が異なる場合

質量の総和が 1 とはならないヒストグラムや点群の比較を行う場面はしば

しばあります．たとえば，画像が与えられたとき，その画像中に含まれる物体クラスをすべて出力するマルチラベル分類問題を考えます．クラスを犬・猫・虎・鳥とすると，犬と猫が写っている画像に対しては $(1, 1, 0, 0)$ と出力するのが正解です．分類モデルは各クラスに対して確率値を出力します．たとえば，$(0.9, 0.7, 0, 0)$ であれば，犬と猫の確信度が高いことを表します．このヒストグラムは一般に総和が 1 とならないので，最適輸送コストを損失関数として用いることができません．単純な解決策として，総和が 1 となるように正規化することが考えられますが，そのようにすると $(0.9, 0.9, 0, 0)$ というヒストグラムと，$(0.1, 0.1, 0, 0)$ というヒストグラムが同じものとして扱われてしまいます．しかし，前者は犬と猫に対して強い確信を持っているのに対し，後者はどのクラスも存在しないと推定されているため，これらを同一と扱うのは不合理です．不均衡最適輸送を用いることで，質量の総和が 1 とはならないヒストグラムに対しても自然に最適輸送コストが定義できるようになります．

7.1.2 外れ値への鋭敏性

質量の総和が 1 であっても，最適輸送が適さない場面があります．図 7.1 のように，一部の点が外れ値をとっている場合の点群の比較を考えます．通常の最適輸送の定式化では，すべての点が漏れなく輸送されなければならず，外れ値となる点についても例外ではありません．しかし，外れ値の点をもう

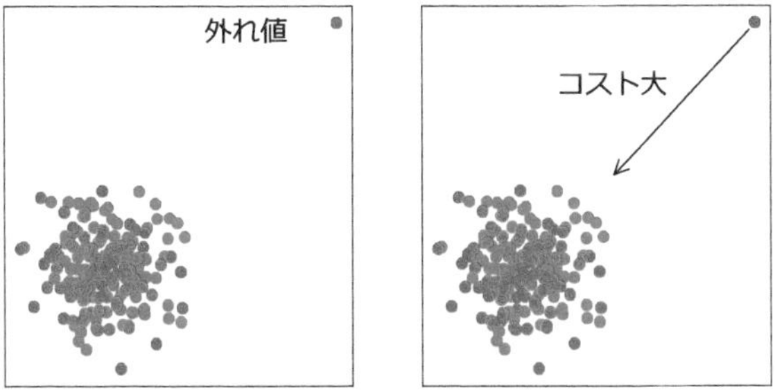

図 7.1 外れ値がある分布の比較．通常の最適輸送の定式化では，外れ値が全体のコストを支配し，主要な部分を無視してしまう場合がある．

一方の分布の点まで輸送するのには非常に大きなコストがかかり，これが全体を支配する項となってしまいます．外れ値 x がたった 1 点であったとしても，$\|x\| \to \infty$ と無限遠に遠ざかるにつれて最適輸送コストは無限大になります．外れ値は，計測機械のエラーなどで生じた意味のない値かもしれません．そのような場合，無意味な情報によって距離が大きく変わってしまうのは望ましくありません．不均衡最適輸送の定式化を用いると，外れ値となる点は生成・消滅の対象となり，ノイズに対して頑健な距離が得られます．

ただし，外れ値が存在するときにはいつでも不均衡最適輸送が優れているというわけではありません．たとえば，異常検知タスクにおいては，外れ値が存在する点群の距離が大きいと定義される方が望ましいでしょう．そのような場合には通常の最適輸送を使うべきです．不均衡最適輸送が有用であるのは，ノイズ成分の影響を打ち消して距離を測りたい場合であることに注意してください．

7.2 不均衡最適輸送の定式化

通常の最適輸送問題では，

$$\boldsymbol{P}\mathbb{1}_m = \boldsymbol{a} \tag{7.1}$$

$$\boldsymbol{P}^\top\mathbb{1}_n = \boldsymbol{b} \tag{7.2}$$

が厳密に成り立っている必要がありました．この定義域が空とならないためには，$\|\boldsymbol{a}\|_1 = \|\boldsymbol{b}\|_1$ が成立する必要があります．不均衡最適輸送ではこの制約を厳密に課すことをやめ，代わりにペナルティ関数 $\mathcal{F}\colon \mathbb{R}^n \times \mathbb{R}^n \to \mathbb{R}$ と $\mathcal{G}\colon \mathbb{R}^m \times \mathbb{R}^m \to \mathbb{R}$ を用いて

$$\mathcal{F}(\boldsymbol{P}\mathbb{1}_m \parallel \boldsymbol{a}) + \mathcal{G}(\boldsymbol{P}^\top\mathbb{1}_n \parallel \boldsymbol{b}) \tag{7.3}$$

という罰則を科します．不均衡最適輸送では，総和が 1 とは限らない任意の非負ベクトル $\boldsymbol{a} \in \mathbb{R}^n_{\geq 0}, \boldsymbol{b} \in \mathbb{R}^m_{\geq 0}$ を入力にとり，最適化問題としては以下のように定式化されます．

$$\underset{\boldsymbol{P}\in\mathbb{R}^{n\times m}_{\geq 0}}{\text{minimize}} \langle \boldsymbol{C}, \boldsymbol{P}\rangle + \mathcal{F}(\boldsymbol{P}\mathbb{1}_m \| \boldsymbol{a}) + \mathcal{G}(\boldsymbol{P}^\top\mathbb{1}_n \parallel \boldsymbol{b}) \tag{7.4}$$

この問題の最適値を不均衡最適輸送コストと呼びます．$\mathcal{F}$ と $\mathcal{G}$ の設定次第でさまざまな不均衡最適輸送の変種が考えられます．

7.2.1 通常の最適輸送

$$\mathcal{F}(\boldsymbol{x} \parallel \boldsymbol{y}) = \begin{cases} 0 & (\boldsymbol{x} = \boldsymbol{y}) \\ \infty & (\boldsymbol{x} \neq \boldsymbol{y}) \end{cases} \tag{7.5}$$

$$\mathcal{G}(\boldsymbol{x} \parallel \boldsymbol{y}) = \begin{cases} 0 & (\boldsymbol{x} = \boldsymbol{y}) \\ \infty & (\boldsymbol{x} \neq \boldsymbol{y}) \end{cases} \tag{7.6}$$

とすると，$\boldsymbol{P} \notin \mathcal{U}(\boldsymbol{a}, \boldsymbol{b})$ のとき目的関数が無限大となり，実質的に $\boldsymbol{P} \in \mathcal{U}(\boldsymbol{a}, \boldsymbol{b})$ に制限されます．$\boldsymbol{P} \in \mathcal{U}(\boldsymbol{a}, \boldsymbol{b})$ のとき $\mathcal{F} = \mathcal{G} = 0$ なので目的関数は $\langle \boldsymbol{C}, \boldsymbol{P} \rangle$ となり，式 (7.5)，(7.6) を用いた不均衡最適輸送は通常の最適輸送に一致します．よって，不均衡最適輸送は通常の最適輸送の一般化になっています．

7.2.2 ℓ_1 ペナルティ

単位あたりの質量を生成・消滅するのに一定数のコストがかかるとします．すなわち，

$$\mathcal{F}(\boldsymbol{x} \parallel \boldsymbol{y}) = \lambda \|\boldsymbol{x} - \boldsymbol{y}\|_1 \tag{7.7}$$

$$\mathcal{G}(\boldsymbol{x} \parallel \boldsymbol{y}) = \lambda \|\boldsymbol{x} - \boldsymbol{y}\|_1 \tag{7.8}$$

です．$\lambda \in \mathbb{R}_+$ は生成・消滅のコストを表します．この定式化は**部分最適輸送** (optimal partial transport)[16, 19, 30]，**カントロヴィチ・ルービンシュタイン距離***1[39, 49]，**平坦距離** (flat metric)[58] などと，文献によってさまざまな呼び名があります．本書ではこれを平坦距離という名前で統一して呼ぶこととし，以下のように記号 FM で表現します．

*1 歴史的経緯から，不均衡でない通常の最適輸送コストのこともカントロヴィチ・ルービンシュタイン距離と呼ぶ場合があるので注意してください．

$$\mathrm{FM}(\boldsymbol{a},\boldsymbol{b},\boldsymbol{C}) \stackrel{\mathrm{def}}{=} \min_{\boldsymbol{P}\in\mathbb{R}^{n\times m}_{\geq 0}} \langle \boldsymbol{C},\boldsymbol{P}\rangle + \lambda\|\boldsymbol{P}\mathbb{1}_m - \boldsymbol{a}\|_1 + \lambda\|\boldsymbol{P}^\top\mathbb{1}_n - \boldsymbol{b}\|_1 \quad (7.9)$$

コスト行列 $\boldsymbol{C}$ が文脈から明らかな場合には $\boldsymbol{C}$ は省略して表記します．

定理 7.1（平坦距離）

$n = m$ の場合を考える．コスト行列 $\boldsymbol{C} \in \mathbb{R}^{n\times n}$ が距離の公理を満たすとき，平坦距離は距離の公理を満たす．すなわち，

1. $\mathrm{FM}(\boldsymbol{a},\boldsymbol{b},\boldsymbol{C}) = 0$ のときかつそのときのみ $\boldsymbol{a} = \boldsymbol{b}$
2. $\mathrm{FM}(\boldsymbol{a},\boldsymbol{b},\boldsymbol{C}) = \mathrm{FM}(\boldsymbol{b},\boldsymbol{a},\boldsymbol{C}) \quad \forall \boldsymbol{a},\boldsymbol{b} \in \mathbb{R}^n_{\geq 0}$
3. $\mathrm{FM}(\boldsymbol{a},\boldsymbol{b},\boldsymbol{C}) + \mathrm{FM}(\boldsymbol{b},\boldsymbol{c},\boldsymbol{C}) \geq \mathrm{FM}(\boldsymbol{a},\boldsymbol{c},\boldsymbol{C}) \quad \forall \boldsymbol{a},\boldsymbol{b},\boldsymbol{c} \in \mathbb{R}^n_{\geq 0}$

証明

1. ケース (a) $\boldsymbol{a} = \boldsymbol{b}$ の場合：このとき質量は等しい．$r = \|\boldsymbol{a}\|_1 = \|\boldsymbol{b}\|_1$ とする．$\boldsymbol{P}^* \in \mathcal{U}(\boldsymbol{a}/r, \boldsymbol{b}/r)$ を入力 $\boldsymbol{a}/r, \boldsymbol{b}/r, \boldsymbol{C}$ についての通常の最適輸送問題の最適輸送行列とする．$\boldsymbol{a} = \boldsymbol{b}$ なので最適輸送コストは 0 である．平坦距離の最適化問題に $r\boldsymbol{P}^*$ を代入すると，第一項は最適輸送コストの r 倍なので 0 であり，第二・第三項は $\boldsymbol{P}^* \in \mathcal{U}(\boldsymbol{a}/r, \boldsymbol{b}/r)$ より 0 となる．目的関数は非負なので，$\mathrm{FM}(\boldsymbol{a},\boldsymbol{b},\boldsymbol{C}) = 0$ となる．
ケース (b) $\boldsymbol{a} \neq \boldsymbol{b}$ の場合：$\mathcal{F}(\boldsymbol{P}\mathbb{1}_n \parallel \boldsymbol{a})$ と $\mathcal{G}(\boldsymbol{P}^\top\mathbb{1}_n \parallel \boldsymbol{b})$ のいずれかが正となり，目的関数の第一項は非負であるので $\mathrm{FM}(\boldsymbol{a},\boldsymbol{b}) > 0$ となる．
2. 距離の公理より $\boldsymbol{C}$ は対称であり，$\mathrm{FM}(\boldsymbol{a},\boldsymbol{b},\boldsymbol{C})$ についての $\boldsymbol{P}$ の目的関数値は $\mathrm{FM}(\boldsymbol{b},\boldsymbol{a},\boldsymbol{C})$ についての $\boldsymbol{P}^\top$ の目的関数値と等しいため，最適値は等しくなる．
3. $\boldsymbol{P}^*, \boldsymbol{Q}^*$ をそれぞれ $(\boldsymbol{a},\boldsymbol{b})$ および $(\boldsymbol{b},\boldsymbol{c})$ についての最適化問題の最適値とする．

$$\boldsymbol{y} \stackrel{\text{def}}{=} \min(\boldsymbol{P}^{*\top}\mathbb{1}_n, \boldsymbol{Q}^*\mathbb{1}_n) \tag{7.10}$$

と定義する．ただし min 関数は成分ごとにとる．また，

$$\boldsymbol{R} \stackrel{\text{def}}{=} \boldsymbol{P}^*\text{Diag}\left(\frac{\boldsymbol{y}}{(\boldsymbol{P}^{*\top}\mathbb{1}_n) \odot (\boldsymbol{Q}^*\mathbb{1}_n)}\right)\boldsymbol{Q}^* \tag{7.11}$$

とする．ただし $\odot$ と $\div$ は成分ごとのかけ算と割り算であり，分母が 0 のとき割り算の結果は 0 とする．このとき，

$$\begin{aligned}
&\text{FM}(\boldsymbol{a}, \boldsymbol{c}, \boldsymbol{C}) \\
&\overset{\text{(a)}}{\leq} \sum_{ik} \boldsymbol{C}_{ik}\boldsymbol{R}_{ik} + \lambda\|\boldsymbol{R}\mathbb{1}_n - \boldsymbol{a}\|_1 + \lambda\|\boldsymbol{R}^\top\mathbb{1}_n - \boldsymbol{c}\|_1 \\
&\overset{\text{(b)}}{=} \sum_{ik} \boldsymbol{C}_{ik} \sum_j \boldsymbol{P}^*_{ij} \left(\frac{\boldsymbol{y}}{(\boldsymbol{P}^{*\top}\mathbb{1}_n) \odot (\boldsymbol{Q}^*\mathbb{1}_n)}\right)_j \boldsymbol{Q}^*_{jk} \\
&\quad + \lambda\|\boldsymbol{R}\mathbb{1}_n - \boldsymbol{a}\|_1 + \lambda\|\boldsymbol{R}^\top\mathbb{1}_n - \boldsymbol{c}\|_1 \\
&= \sum_{ijk} \boldsymbol{C}_{ik}\boldsymbol{P}^*_{ij} \left(\frac{\boldsymbol{y}}{(\boldsymbol{P}^{*\top}\mathbb{1}_n) \odot (\boldsymbol{Q}^*\mathbb{1}_n)}\right)_j \boldsymbol{Q}^*_{jk} \\
&\quad + \lambda\|\boldsymbol{R}\mathbb{1}_n - \boldsymbol{a}\|_1 + \lambda\|\boldsymbol{R}^\top\mathbb{1}_n - \boldsymbol{c}\|_1 \\
&\overset{\text{(c)}}{\leq} \sum_{ijk} \boldsymbol{C}_{ij}\boldsymbol{P}^*_{ij} \left(\frac{\boldsymbol{y}}{(\boldsymbol{P}^{*\top}\mathbb{1}_n) \odot (\boldsymbol{Q}^*\mathbb{1}_n)}\right)_j \boldsymbol{Q}^*_{jk} \\
&\quad + \sum_{ijk} \boldsymbol{C}_{jk}\boldsymbol{P}^*_{ij} \left(\frac{\boldsymbol{y}}{(\boldsymbol{P}^{*\top}\mathbb{1}_n) \odot (\boldsymbol{Q}^*\mathbb{1}_n)}\right)_j \boldsymbol{Q}^*_{jk} \\
&\quad + \lambda\|\boldsymbol{R}\mathbb{1}_n - \boldsymbol{a}\|_1 + \lambda\|\boldsymbol{R}^\top\mathbb{1}_n - \boldsymbol{c}\|_1 \\
&= \sum_{ij} \boldsymbol{C}_{ij}\boldsymbol{P}^*_{ij} \left(\frac{\boldsymbol{y}}{(\boldsymbol{P}^{*\top}\mathbb{1}_n) \odot (\boldsymbol{Q}^*\mathbb{1}_n)}\right)_j (\boldsymbol{Q}^*\mathbb{1}_n)_j \\
&\quad + \sum_{jk} \boldsymbol{C}_{jk}(\boldsymbol{P}^{*\top}\mathbb{1}_n)_j \left(\frac{\boldsymbol{y}}{(\boldsymbol{P}^{*\top}\mathbb{1}_n) \odot (\boldsymbol{Q}^*\mathbb{1}_n)}\right)_j \boldsymbol{Q}^*_{jk} \\
&\quad + \lambda\|\boldsymbol{R}\mathbb{1}_n - \boldsymbol{a}\|_1 + \lambda\|\boldsymbol{R}^\top\mathbb{1}_n - \boldsymbol{c}\|_1
\end{aligned}$$

$$
\begin{aligned}
&= \sum_{ij} \boldsymbol{C}_{ij} \boldsymbol{P}^*_{ij} \left(\frac{\boldsymbol{y}}{\boldsymbol{P}^{*\top} \mathbb{1}_n} \right)_j + \sum_{jk} \boldsymbol{C}_{jk} \left(\frac{\boldsymbol{y}}{\boldsymbol{Q}^* \mathbb{1}_n} \right)_j \boldsymbol{Q}^*_{jk} \\
&\quad + \lambda \|\boldsymbol{R} \mathbb{1}_n - \boldsymbol{a}\|_1 + \lambda \|\boldsymbol{R}^\top \mathbb{1}_n - \boldsymbol{c}\|_1 \\
&\overset{\text{(d)}}{\le} \sum_{ij} \boldsymbol{C}_{ij} \boldsymbol{P}^*_{ij} + \sum_{jk} \boldsymbol{C}_{jk} \boldsymbol{Q}^*_{jk} + \lambda \|\boldsymbol{R} \mathbb{1}_n - \boldsymbol{a}\|_1 + \lambda \|\boldsymbol{R}^\top \mathbb{1}_n - \boldsymbol{c}\|_1 \\
&\overset{\text{(e)}}{\le} \sum_{ij} \boldsymbol{C}_{ij} \boldsymbol{P}^*_{ij} + \sum_{jk} \boldsymbol{C}_{jk} \boldsymbol{Q}^*_{jk} + \lambda \|\boldsymbol{P}^* \mathbb{1}_n - \boldsymbol{a}\|_1 + \lambda \|\boldsymbol{Q}^{*\top} \mathbb{1}_n - \boldsymbol{c}\|_1 \\
&\quad + \lambda \|\boldsymbol{P}^* \mathbb{1}_n - \boldsymbol{R} \mathbb{1}_n\|_1 + \lambda \|\boldsymbol{Q}^{*\top} \mathbb{1}_n - \boldsymbol{R}^\top \mathbb{1}_n\|_1 \\
&\overset{\text{(f)}}{=} \sum_{ij} \boldsymbol{C}_{ij} \boldsymbol{P}^*_{ij} + \sum_{jk} \boldsymbol{C}_{jk} \boldsymbol{Q}^*_{jk} + \lambda \|\boldsymbol{P}^* \mathbb{1}_n - \boldsymbol{a}\|_1 + \lambda \|\boldsymbol{Q}^{*\top} \mathbb{1}_n - \boldsymbol{c}\|_1 \\
&\quad + \lambda \left\| \boldsymbol{P}^* \mathbb{1}_n - \boldsymbol{P}^* \frac{\boldsymbol{y}}{\boldsymbol{P}^{*\top} \mathbb{1}_n} \right\|_1 + \lambda \left\| \boldsymbol{Q}^{*\top} \mathbb{1}_n - \boldsymbol{Q}^{*\top} \frac{\boldsymbol{y}}{\boldsymbol{Q}^* \mathbb{1}_n} \right\|_1 \\
&\overset{\text{(g)}}{=} \sum_{ij} \boldsymbol{C}_{ij} \boldsymbol{P}^*_{ij} + \sum_{jk} \boldsymbol{C}_{jk} \boldsymbol{Q}^*_{jk} + \lambda \|\boldsymbol{P}^* \mathbb{1}_n - \boldsymbol{a}\|_1 + \lambda \|\boldsymbol{Q}^{*\top} \mathbb{1}_n - \boldsymbol{c}\|_1 \\
&\quad + \lambda \sum_{ij} \boldsymbol{P}^*_{ij} - \boldsymbol{P}^*_{ij} \left(\frac{\boldsymbol{y}}{\boldsymbol{P}^{*\top} \mathbb{1}_n} \right)_j + \lambda \sum_{ij} \boldsymbol{Q}^{*\top}_{ij} - \boldsymbol{Q}^{*\top}_{ij} \left(\frac{\boldsymbol{y}}{\boldsymbol{Q}^* \mathbb{1}_n} \right)_j \\
&= \sum_{ij} \boldsymbol{C}_{ij} \boldsymbol{P}^*_{ij} + \sum_{jk} \boldsymbol{C}_{jk} \boldsymbol{Q}^*_{jk} + \lambda \|\boldsymbol{P}^* \mathbb{1}_n - \boldsymbol{a}\|_1 + \lambda \|\boldsymbol{Q}^{*\top} \mathbb{1}_n - \boldsymbol{c}\|_1 \\
&\quad + \lambda \sum_j (\boldsymbol{P}^{*\top} \mathbb{1}_n)_j - \boldsymbol{y}_j + \lambda \sum_j (\boldsymbol{Q}^* \mathbb{1}_n)_j - \boldsymbol{y}_j \\
&= \sum_{ij} \boldsymbol{C}_{ij} \boldsymbol{P}^*_{ij} + \sum_{jk} \boldsymbol{C}_{jk} \boldsymbol{Q}^*_{jk} + \lambda \|\boldsymbol{P}^* \mathbb{1}_n - \boldsymbol{a}\|_1 + \lambda \|\boldsymbol{Q}^{*\top} \mathbb{1}_n - \boldsymbol{c}\|_1 \\
&\quad + \lambda \|\boldsymbol{P}^{*\top} \mathbb{1}_n - \boldsymbol{y}\|_1 + \lambda \|\boldsymbol{Q}^* \mathbb{1}_n - \boldsymbol{y}\|_1 \\
&\overset{\text{(h)}}{\le} \sum_{ij} \boldsymbol{C}_{ij} \boldsymbol{P}^*_{ij} + \sum_{jk} \boldsymbol{C}_{jk} \boldsymbol{Q}^*_{jk} + \lambda \|\boldsymbol{P}^* \mathbb{1}_n - \boldsymbol{a}\|_1 + \lambda \|\boldsymbol{Q}^{*\top} \mathbb{1}_n - \boldsymbol{c}\|_1 \\
&\quad + \lambda \|\boldsymbol{P}^{*\top} \mathbb{1}_n - \boldsymbol{b}\|_1 + \lambda \|\boldsymbol{Q}^* \mathbb{1}_n - \boldsymbol{b}\|_1 \\
&= \mathrm{FM}(\boldsymbol{a}, \boldsymbol{b}, \boldsymbol{C}) + \mathrm{FM}(\boldsymbol{b}, \boldsymbol{c}, \boldsymbol{C}) \qquad (7.12)
\end{aligned}
$$

となる．ただし，(a) は最適値は $\boldsymbol{R}$ での目的関数値以下であることから，(b) は $\boldsymbol{R}$ の定義から，(c) は $\boldsymbol{C}$ についての三角不等式から，(d) は $\boldsymbol{y} \le \boldsymbol{P}^{*\top}\mathbb{1}_n$ および $\boldsymbol{y} \le \boldsymbol{Q}^{*}\mathbb{1}_n$ から，(e) は ℓ_1 ノルムについての三角不等式から，(f) は $\boldsymbol{R}$ の定義から，(g) は $\boldsymbol{y} \le \boldsymbol{P}^{*\top}\mathbb{1}_n$ および $\boldsymbol{y} \le \boldsymbol{Q}^{*}\mathbb{1}_n$ から，(h) は $\min(\boldsymbol{P}^{*\top}\mathbb{1}_n, \boldsymbol{Q}^{*}\mathbb{1}_n) \le \boldsymbol{y} \le \max(\boldsymbol{P}^{*\top}\mathbb{1}_n, \boldsymbol{Q}^{*}\mathbb{1}_n)$ より，$\boldsymbol{y}$ が $\|\boldsymbol{P}^{*\top}\mathbb{1}_n - \cdot\|_1 + \|\boldsymbol{Q}^{*}\mathbb{1}_n - \cdot\|_1$ の最小値をとることから従う． □

平坦距離は入力を少し変形させることで，通常の最適輸送問題に帰着できます．具体的には，空間 $\mathcal{X}$ にダミーの要素 $\boldsymbol{d}$ を追加し，

$$\mathcal{X}' \stackrel{\text{def}}{=} \mathcal{X} \cup \{\boldsymbol{d}\} \tag{7.13}$$

とし，新しいコスト $\boldsymbol{C}' \in \mathbb{R}^{\mathcal{X}' \times \mathcal{X}'}$ を

$$\boldsymbol{C}'_{ij} = \begin{cases} \boldsymbol{C}_{ij} & i, j \in \mathcal{X} \\ \lambda & i \in \mathcal{X}, j = \boldsymbol{d} \\ \lambda & i = \boldsymbol{d}, j \in \mathcal{X} \\ 0 & i = j = \boldsymbol{d} \end{cases} \tag{7.14}$$

とし，新しいヒストグラムを

$$\boldsymbol{a}'_i = \begin{cases} \boldsymbol{a}_i & i \in \mathcal{X} \\ \sum_j \boldsymbol{b}_j & i = \boldsymbol{d} \end{cases} \tag{7.15}$$

$$\boldsymbol{b}'_j = \begin{cases} \boldsymbol{b}_j & j \in \mathcal{X} \\ \sum_i \boldsymbol{a}_i & j = \boldsymbol{d} \end{cases} \tag{7.16}$$

とします．この新しい問題例 $(\boldsymbol{a}', \boldsymbol{b}', \boldsymbol{C}')$ についての最適輸送コスト $\mathrm{OT}(\boldsymbol{a}', \boldsymbol{b}', \boldsymbol{C}')$ は元の入力 $(\boldsymbol{a}, \boldsymbol{b}, \boldsymbol{C})$ についての平坦距離に一致します．解釈としては，$\boldsymbol{d}$ に輸送された質量は消滅し，$\boldsymbol{d}$ から輸送される質量は生成されたということです（図 7.2）．$\boldsymbol{d}$ はしばしば**ゴミ箱** (dustbin) と呼ばれます．構成法より，

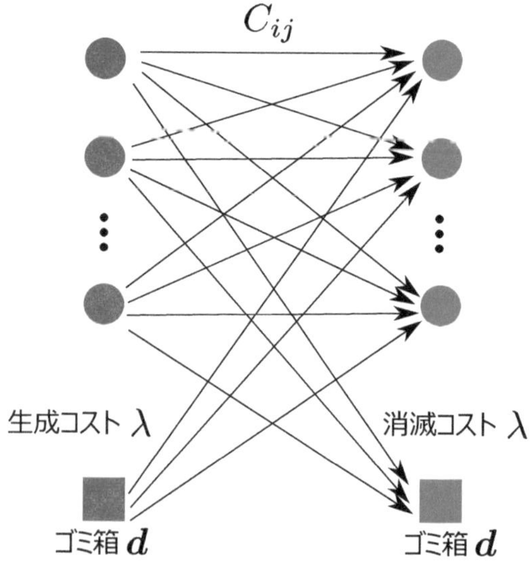

図 7.2 新たな要素 $\boldsymbol{d}$ を追加することで平坦距離から最適輸送問題に帰着できる.

$$\|\boldsymbol{a}'\|_1 = \|\boldsymbol{b}'\|_1 \quad (= \|\boldsymbol{a}\|_1 + \|\boldsymbol{b}\|_1) \tag{7.17}$$

であるので，入力 $(\boldsymbol{a}', \boldsymbol{b}', \boldsymbol{C}')$ についての通常の最適輸送問題 (2.21) は求まります．正確には，$\|\boldsymbol{a}'\|_1 = 1$ とは限らないので厳密な意味では最適輸送の定式化に従わないですが，総和が 1 でなくとも問題 (2.21) の定義には問題ありません．また，$\boldsymbol{a}', \boldsymbol{b}'$ を $\|\boldsymbol{a}'\|_1$ で割れば総和は 1 となり，このとき最適値は $1/\|\boldsymbol{a}'\|_1$ となるだけであるので，このように前処理してから答えを $\|\boldsymbol{a}'\|_1$ 倍すれば厳密な意味での最適輸送問題に帰着できます．このプロセスにより，線形計画アルゴリズムや最小費用流アルゴリズムなど，通常の最適輸送ソルバーを用いて平坦距離を計算できます．

7.2.3 KL ペナルティ

ペナルティ関数として KL ダイバージェンスもしばしば用いられます [19]．特定のコスト関数を用いる特殊ケースには以下のように名前がついています．

定義 7.2（ガウス・ヘリンジャー距離）

コスト関数を

$$c(x,y) = \|x-y\|_2^2 \tag{7.18}$$

と定義し，$\mathcal{F}$ と $\mathcal{G}$ として KL ダイバージェンスを用いたときの不均衡最適輸送コストの平方根をガウス・ヘリンジャー距離という．

定義 7.3（ワッサースタイン・フィッシャー・ラオ距離）

距離関数 $d\colon \mathcal{X} \times \mathcal{X} \to \mathbb{R}$ を用いてコスト関数を

$$c(x,y) = -\log\cos\min\left(d(x,y), \frac{\pi}{2}\right) \tag{7.19}$$

と定義し，$\mathcal{F}$ と $\mathcal{G}$ として KL ダイバージェンスを用いたときの不均衡最適輸送コストの平方根をワッサースタイン・フィッシャー・ラオ距離という．

ガウス・ヘリンジャー距離やワッサースタイン・フィッシャー・ラオ距離は平坦距離のように通常の最適輸送に帰着させることはできません．多くの場合，次節で見るようなエントロピー正則化と一般化シンクホーンアルゴリズムを用いて解くことになります．

7.3 一般化シンクホーンアルゴリズム

第 3 章で扱ったシンクホーンアルゴリズムを不均衡最適輸送に一般化します．第 3 章の繰り返しになるため，式変形は適宜省略し，強双対性などの細やかな議論はここでは述べないこととします．詳細な議論については第 3 章，および不均衡最適輸送特有の厳密な条件などは Chizat ら [19] を参照してください．

まず，エントロピー正則化つきの不均衡最適輸送問題を

$$\underset{\boldsymbol{P}\in\mathbb{R}_{\geq 0}^{n\times m}}{\text{minimize}} \quad \langle \boldsymbol{C}, \boldsymbol{P}\rangle + \mathcal{F}(\boldsymbol{P}\mathbb{1}_m \parallel \boldsymbol{a}) + \mathcal{G}(\boldsymbol{P}^\top\mathbb{1}_n \parallel \boldsymbol{b}) - \varepsilon H(\boldsymbol{P}) \tag{7.20}$$

と定義します．シンクホーンアルゴリズムの導出にあたって，これを以下の等価な問題に変換します．

$$\underset{\substack{\boldsymbol{P}\in\mathbb{R}_{\geq 0}^{n\times m}\\ \boldsymbol{x}\in\mathbb{R}^n\\ \boldsymbol{y}\in\mathbb{R}^m}}{\text{minimize}} \quad \langle \boldsymbol{C}, \boldsymbol{P}\rangle + \mathcal{F}(\boldsymbol{x} \parallel \boldsymbol{a}) + \mathcal{G}(\boldsymbol{y} \parallel \boldsymbol{b}) - \varepsilon H(\boldsymbol{P}) \tag{7.21}$$

$$\boldsymbol{P}\mathbb{1}_m = \boldsymbol{x} \tag{7.22}$$

$$\boldsymbol{P}^\top\mathbb{1}_n = \boldsymbol{y} \tag{7.23}$$

この問題のラグランジュ関数は

$$\begin{aligned} L = \langle \boldsymbol{C}, \boldsymbol{P}\rangle + \mathcal{F}(\boldsymbol{x} \parallel \boldsymbol{a}) + \mathcal{G}(\boldsymbol{y} \parallel \boldsymbol{b}) - \varepsilon H(\boldsymbol{P}) \\ + \boldsymbol{f}^\top(\boldsymbol{x} - \boldsymbol{P}\mathbb{1}_m) + \boldsymbol{g}^\top(\boldsymbol{y} - \boldsymbol{P}^\top\mathbb{1}_n) \end{aligned} \tag{7.24}$$

となります．これを $\boldsymbol{P}$ で微分すると

$$\frac{\partial L}{\partial \boldsymbol{P}_{ij}} = \boldsymbol{C}_{ij} + \varepsilon \log \boldsymbol{P}_{ij} - \boldsymbol{f}_i - \boldsymbol{g}_j \tag{7.25}$$

となり，これをゼロとおくと，

$$\boldsymbol{P}^*_{ij} = \exp((\boldsymbol{f}_i + \boldsymbol{g}_j - \boldsymbol{C}_{ij})/\varepsilon) \tag{7.26}$$

となります．これをラグランジュ関数に代入すると，双対問題は

$$\begin{aligned} &\max_{\substack{\boldsymbol{f}\in\mathbb{R}^n\\ \boldsymbol{g}\in\mathbb{R}^m}} \min_{\substack{\boldsymbol{x}\in\mathbb{R}^n\\ \boldsymbol{y}\in\mathbb{R}^m}} \mathcal{F}(\boldsymbol{x} \parallel \boldsymbol{a}) + \mathcal{G}(\boldsymbol{y} \parallel \boldsymbol{b}) + \boldsymbol{f}^\top\boldsymbol{x} + \boldsymbol{g}^\top\boldsymbol{y} \\ &- \varepsilon \sum_{i,j} \exp(\boldsymbol{f}_i/\varepsilon + \boldsymbol{g}_j/\varepsilon - \boldsymbol{C}_{ij}/\varepsilon) \end{aligned} \tag{7.27}$$

となります．シンクホーンアルゴリズムと同様に $\boldsymbol{f}, \boldsymbol{g}$ を交互に最適化することを考えます．$\boldsymbol{g}$ を固定すると最適な $\boldsymbol{f}$ を求める問題は，

$$\begin{aligned} &\max_{\boldsymbol{f}\in\mathbb{R}^n} \min_{\substack{\boldsymbol{x}\in\mathbb{R}^n\\ \boldsymbol{y}\in\mathbb{R}^m}} \mathcal{F}(\boldsymbol{x} \parallel \boldsymbol{a}) + \mathcal{G}(\boldsymbol{y} \parallel \boldsymbol{b}) + \boldsymbol{f}^\top\boldsymbol{x} + \boldsymbol{g}^\top\boldsymbol{y} \\ &- \varepsilon \sum_{i,j} \exp(\boldsymbol{f}_i/\varepsilon + \boldsymbol{g}_j/\varepsilon - \boldsymbol{C}_{ij}/\varepsilon) \end{aligned} \tag{7.28}$$

となります．この問題の双対

$$\min_{\substack{\boldsymbol{x}\in\mathbb{R}^n\\ \boldsymbol{y}\in\mathbb{R}^m}} \max_{\boldsymbol{f}\in\mathbb{R}^n} \mathcal{F}(\boldsymbol{x} \parallel \boldsymbol{a}) + \mathcal{G}(\boldsymbol{y} \parallel \boldsymbol{b}) + \boldsymbol{f}^\top \boldsymbol{x} + \boldsymbol{g}^\top \boldsymbol{y}$$
$$- \varepsilon \sum_{i,j} \exp(\boldsymbol{f}_i/\varepsilon + \boldsymbol{g}_j/\varepsilon - \boldsymbol{C}_{ij}/\varepsilon) \tag{7.29}$$

を考えます．中身の $\boldsymbol{f}$ についての最適化は $(\boldsymbol{x}, \boldsymbol{y}, \boldsymbol{C})$ を入力としたエントロピー正則化つきの最適輸送の双対問題にほかならないので，式 (3.24) より，最適解は

$$\boldsymbol{f}^* = \varepsilon \log \frac{\boldsymbol{x}}{\boldsymbol{K} \exp(\boldsymbol{g}/\varepsilon)} \tag{7.30}$$

となります．ここで，$\boldsymbol{K} = \exp(-\boldsymbol{C}/\varepsilon)$ はギブスカーネル行列です．これを式 (7.29) の目的関数に代入すると，$\boldsymbol{x}$ が関与する項は

$$\mathcal{F}(\boldsymbol{x} \parallel \boldsymbol{a}) + \varepsilon \mathrm{KL}(\boldsymbol{x} \parallel \boldsymbol{K} \exp(\boldsymbol{g}/\varepsilon)) + \text{const.} \tag{7.31}$$

と整理できます．近接作用素を

$$\mathrm{prox}_f^{\mathrm{KL}}(y) \stackrel{\mathrm{def}}{=} \mathop{\mathrm{argmin}}_x f(x) + \mathrm{KL}(x \parallel y) \tag{7.32}$$

と定義すると，式 (7.31) を最小化する $\boldsymbol{x}$ は近接作用素を用いて

$$\boldsymbol{x}^* = \mathrm{prox}^{\mathrm{KL}}_{\mathcal{F}(\cdot \parallel \boldsymbol{a})/\varepsilon}(\boldsymbol{K} \exp(\boldsymbol{g}/\varepsilon)) \tag{7.33}$$

と表せます．これを式 (7.30) に代入すると，

$$\boldsymbol{f}^* = \varepsilon \log \frac{\mathrm{prox}^{\mathrm{KL}}_{\mathcal{F}(\cdot \parallel \boldsymbol{a})/\varepsilon}(\boldsymbol{K} \exp(\boldsymbol{g}/\varepsilon))}{\boldsymbol{K} \exp(\boldsymbol{g}/\varepsilon)} \tag{7.34}$$

となります．役割を交代すれば $\boldsymbol{g}^*$ についても同様の式が得られます．通常のシンクホーンアルゴリズムにおいて行ったように

$$\boldsymbol{u} = \exp(\boldsymbol{f}/\varepsilon) \tag{7.35}$$
$$\boldsymbol{v} = \exp(\boldsymbol{g}/\varepsilon) \tag{7.36}$$

と指数領域に変数変換すると，一般化シンクホーンアルゴリズムの更新式は

$$
\begin{aligned}
\boldsymbol{u} &\leftarrow \frac{\mathrm{prox}^{\mathrm{KL}}_{\mathcal{F}(\cdot \,\|\, \boldsymbol{a})/\varepsilon}(\boldsymbol{K}\boldsymbol{v})}{\boldsymbol{K}\boldsymbol{v}} \\
\boldsymbol{v} &\leftarrow \frac{\mathrm{prox}^{\mathrm{KL}}_{\mathcal{G}(\cdot \,\|\, \boldsymbol{b})/\varepsilon}(\boldsymbol{K}^\top\boldsymbol{u})}{\boldsymbol{K}^\top\boldsymbol{u}}
\end{aligned}
\tag{7.37}
$$

と表せます．アルゴリズム 7.1 に疑似コードを示します．

アルゴリズム 7.1 一般化シンクホーンアルゴリズム

入力：非負ベクトル $\boldsymbol{a} \in \mathbb{R}^n_{\geq 0}, \boldsymbol{b} \in \mathbb{R}^m_{\geq 0}$,
コスト行列 $\boldsymbol{C} \in \mathbb{R}^{n \times m}$, 正則化係数 $\varepsilon > 0$

出力：エントロピー正則化つきの不均衡最適輸送問題 (7.20) の最適解 $\boldsymbol{P}^*$

1 $\boldsymbol{K} \leftarrow \exp(-\boldsymbol{C}/\varepsilon)$ // 指数関数は成分ごとに適用
2 $\boldsymbol{v}^{(0)} \leftarrow \mathbb{1}_m$
3 **for** $k = 1, 2, \ldots$ **do**
4 　$\boldsymbol{u}^{(k)} \leftarrow \frac{\mathrm{prox}^{\mathrm{KL}}_{\mathcal{F}(\cdot \,\|\, \boldsymbol{a})/\varepsilon}(\boldsymbol{K}\boldsymbol{v}^{(k-1)})}{\boldsymbol{K}\boldsymbol{v}^{(k-1)}}$
5 　$\boldsymbol{v}^{(k)} \leftarrow \frac{\mathrm{prox}^{\mathrm{KL}}_{\mathcal{G}(\cdot \,\|\, \boldsymbol{b})/\varepsilon}(\boldsymbol{K}^\top\boldsymbol{u}^{(k)})}{\boldsymbol{K}^\top\boldsymbol{u}^{(k)}}$
end
6 $\boldsymbol{P}^* \leftarrow \mathrm{Diag}(\boldsymbol{u}^{(k)})\boldsymbol{K}\mathrm{Diag}(\boldsymbol{v}^{(k)})$

以下に見るように，代表的なペナルティ関数 $\mathcal{F}, \mathcal{G}$ については，アルゴリズム 7.1 の手順 4 と 5 の右辺の近接作用素は閉じた式で計算できます．

例 7.1 （通常の最適輸送）

$$
\mathcal{F}(\boldsymbol{x} \,\|\, \boldsymbol{y}) = \begin{cases} 0 & (\boldsymbol{x} = \boldsymbol{y}) \\ \infty & (\boldsymbol{x} \neq \boldsymbol{y}) \end{cases}
\tag{7.38}
$$

とすると，

$$\begin{aligned}\mathrm{prox}^{\mathrm{KL}}_{\mathcal{F}(\cdot\,\|\,\boldsymbol{a})/\varepsilon}(\boldsymbol{y}) &= \operatorname*{argmin}_{\boldsymbol{x}}\ \frac{1}{\varepsilon}\mathcal{F}(\boldsymbol{x}\,\|\,\boldsymbol{a}) + \mathrm{KL}(\boldsymbol{x}\|\boldsymbol{y})\\ &= \boldsymbol{a}\end{aligned} \tag{7.39}$$

となるので，式 (7.37) は

$$\boldsymbol{u} \leftarrow \frac{\boldsymbol{a}}{\boldsymbol{K}\boldsymbol{v}} \tag{7.40}$$

$$\boldsymbol{v} \leftarrow \frac{\boldsymbol{b}}{\boldsymbol{K}^{\top}\boldsymbol{u}} \tag{7.41}$$

となり，通常のシンクホーンアルゴリズムに一致します．

例 7.2 （ℓ_1 ペナルティ）

$$\mathcal{F}(\boldsymbol{x}\,\|\,\boldsymbol{y}) = \lambda\|\boldsymbol{x}-\boldsymbol{y}\|_1 \tag{7.42}$$

とすると，

$$\begin{aligned}\mathrm{prox}^{\mathrm{KL}}_{\mathcal{F}(\cdot\,\|\,\boldsymbol{a})/\varepsilon}(\boldsymbol{y}) &= \operatorname*{argmin}_{\boldsymbol{x}}\ \frac{\lambda}{\varepsilon}\|\boldsymbol{x}-\boldsymbol{a}\|_1 + \mathrm{KL}(\boldsymbol{x}\|\boldsymbol{y})\\ &\overset{\text{(a)}}{=} \max\left(e^{-\frac{\lambda}{\varepsilon}}\boldsymbol{y}, \min\left(\boldsymbol{a}, e^{\frac{\lambda}{\varepsilon}}\boldsymbol{y}\right)\right)\end{aligned} \tag{7.43}$$

となります．ただし，$\min, \max$ は成分ごとに適用するとします．(a) は劣勾配を計算しゼロとおくことで得られます．また，罰則係数を $\lambda \to \infty$ とすると，

$$\mathrm{prox}^{\mathrm{KL}}_{\mathcal{F}(\cdot\,\|\,\boldsymbol{a})/\varepsilon}(\boldsymbol{y}) \to \boldsymbol{a} \tag{7.44}$$

となり，通常のシンクホーンアルゴリズムとなります．

例 7.3 （KL ペナルティ）

$$\mathcal{F}(\boldsymbol{x} \parallel \boldsymbol{y}) - \lambda \mathrm{KL}(\boldsymbol{x} \| \boldsymbol{y}) \tag{7.45}$$

とすると，

$$\begin{aligned}\mathrm{prox}^{\mathrm{KL}}_{\mathcal{F}(\cdot \parallel \boldsymbol{a})/\varepsilon}(\boldsymbol{y}) &= \operatorname*{argmin}_{\boldsymbol{x}} \frac{\lambda}{\varepsilon} \mathrm{KL}(\boldsymbol{x} \| \boldsymbol{a}) + \mathrm{KL}(\boldsymbol{x} \| \boldsymbol{y}) \\ &\overset{\text{(a)}}{=} \boldsymbol{y}^{\frac{\varepsilon}{\varepsilon+\lambda}} \boldsymbol{a}^{\frac{\lambda}{\varepsilon+\lambda}}\end{aligned} \tag{7.46}$$

となります．ただし，指数関数は成分ごとに適用するとします．(a) は勾配を計算しゼロとおくことで得られます．また，罰則係数を $\lambda \to \infty$ とすると，

$$\mathrm{prox}^{\mathrm{KL}}_{\mathcal{F}(\cdot \parallel \boldsymbol{a})/\varepsilon}(\boldsymbol{y}) \to \boldsymbol{a} \tag{7.47}$$

となり，通常のシンクホーンアルゴリズムとなります．

Chapter 8

ワッサースタイン重心

複数の確率分布が与えられたとき，その重心となる分布を与えるのがワッサースタイン重心です．ワッサースタイン重心は k 平均クラスタリング問題の一般化になっているほか，ある図形を別の図形に変える途中の状態を計算する「図形モーフィング」などの魅力的な応用があります．

まずは分布ではなくベクトルの重心を考えます．ベクトル $\boldsymbol{x}_1, \boldsymbol{x}_2, \ldots, \boldsymbol{x}_N \in \mathbb{R}^d$ が与えられたとき，これらの重心ベクトルは

$$\underset{\boldsymbol{x} \in \mathbb{R}^d}{\operatorname{argmin}} \sum_{i=1}^{N} \|\boldsymbol{x} - \boldsymbol{x}_i\|_2^2 \tag{8.1}$$

で与えられます．すなわち，すべての点への距離の二乗和が最小となる点が重心です．また，各ベクトルに重み $\lambda_1, \ldots, \lambda_N \in \mathbb{R}_+$ が与えられている場合には，

$$\underset{\boldsymbol{x} \in \mathbb{R}^d}{\operatorname{argmin}} \sum_{i=1}^{N} \lambda_i \|\boldsymbol{x} - \boldsymbol{x}_i\|_2^2 \tag{8.2}$$

と定義されます．

ワッサースタイン重心は，ベクトルの重心と同様に，以下のように定義されます．

定義 8.1（ワッサースタイン重心 (Wasserstein barycenter)）

確率分布 $\alpha_1, \alpha_2, \ldots, \alpha_N \in \mathcal{P}(\mathcal{X})$ と重み $\lambda_1, \ldots, \lambda_N \in \mathbb{R}_+$ が与えられたとき，ワッサースタイン重心を

$$\underset{\alpha \in \mathcal{Q}}{\operatorname{argmin}} \sum_{i=1}^{N} \lambda_i W_p(\alpha, \alpha_i)^p \tag{8.3}$$

と定義する．

$\mathcal{Q} \subset \mathcal{P}(\mathcal{X})$ は最適化領域で，以下に見るように $\mathcal{Q}$ の設定を変えることで，さまざまな変種を考えることができます．

例 8.1（ディラック測度の場合）

各分布が $\alpha_i = \delta_{x_i}$ と 1 点のみをサポートに持つディラック測度の場合を考えます．最適化領域を $\mathcal{Q} = \{\delta_x \mid x \in \mathcal{X}\}$ とすると，$W_p(\delta_x, \delta_y)^p = \|x - y\|_2^p$ であるので，$p = 2$ のときはベクトルについての重心と一致します．

8.1 固定サポートと自由サポートの定式化

$\mathcal{Q}$ の設定次第で式 (8.3) の意味する問題が変わってきます．設定の仕方には，大きく分けて固定サポートと自由サポートの二種類が考えられます．

8.1.1 固定サポートの定式化

固定サポート (fixed-support) の定式化では，重心の確率値がとる有限サイズのサポートを $\mathcal{S} = \{s_1, s_2, \ldots, s_n\} \subset \mathcal{X}$ と固定してしまい，最適化の領域を

$$\mathcal{Q}_{\mathcal{S}} = \left\{ \sum_{i=1}^{n} \boldsymbol{a}_i \delta_{s_i} \mid \boldsymbol{a} \in \Sigma_n \right\} \tag{8.4}$$

とします．この定式化は n 次元ベクトル $\boldsymbol{a}$ の最適化問題になります．サポート $\mathcal{S}$ は格子点や，ランダムな点や，適当なデータ分布からのサンプルを用いることが一般的です．

例 8.2 （固定サポートによる分布の近似）

入力分布が $N = 1$ 個の点群

$$\alpha_1 = \sum_{i=1}^{m} \boldsymbol{b}_i \delta_{x_i} \tag{8.5}$$

である場合を考えます．このとき，ワッサースタイン重心 (8.3) は

$$\operatorname*{argmin}_{\alpha \in \mathcal{Q}} W_p(\alpha, \alpha_1)^p \tag{8.6}$$

となり，これは $\mathcal{Q}$ の範囲で α_1 にできるだけ似ている分布を計算することに相当します．各 $j \in [m]$ について，入力点 x_j から重心のサポート内の最も近い点を

$$i(j) \in \operatorname*{argmin}_{i} d(s_i, x_j) \tag{8.7}$$

とします．輸送行列が

$$\boldsymbol{P}_{ij}^{\text{best}} = \begin{cases} \boldsymbol{b}_j & (i = i(j)) \\ 0 & (\text{それ以外}) \end{cases} \tag{8.8}$$

のとき，すべての点が最近傍の点に輸送できるので，このときの目的関数が最適値の下界であり，

$$\boldsymbol{a}_i = \sum_{j\colon\, i(j)=i} \boldsymbol{b}_j \tag{8.9}$$

のときこの $\boldsymbol{P}^{\text{best}}$ が実行可能となり最適値を達成します．よって，この $\boldsymbol{a}$ が $N = 1$ の場合の固定サポートのワッサースタイン重心の最適解です．図 8.1 に例を示します．

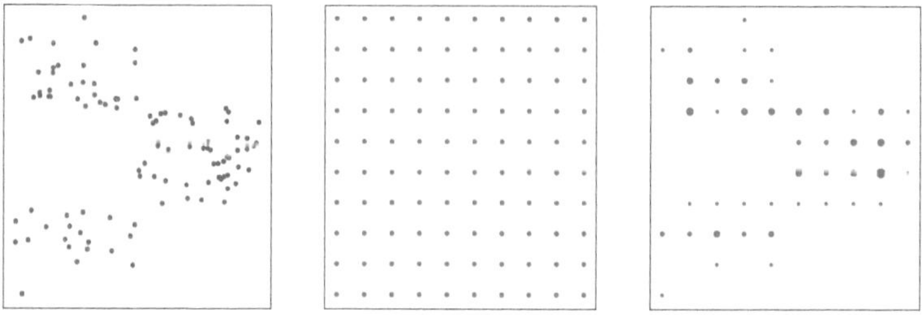

図 8.1 入力分布が 1 つのときの固定サポートのワッサースタイン重心．このときのワッサースタイン重心は，固定サポート内で入力分布とできるだけ似ている分布を計算することに相当する．左：入力分布．中央：重心のサポート．右：ワッサースタイン重心．

例 8.3 （図形の要約）

二次元図形を $n \times n$ のモノクロのラスタ画像として表現し，ピクセル値の総和が 1 となるように正規化すると，n^2 サイズの固定サポート上の離散分布として扱うことができます．たとえば，**図 8.2** 左の各マスに掲載されている $28 \times 28 = 784$ 画素の手書き文字は Σ_{784} の要素として表現できます． イメージとしては，図 8.1 中央や右の分布のサポートをより細かくしたものと捉えればよいでしょう．

同種であるが，微妙に形に差異があったり，掲載位置がずれていたりする N 個の図形が与えられたとします．これらに対してワッサースタイン重心を適用すると，そこから少ないコストで全図形に変形できる「型」となる図形が得られ，この型は共通する特徴を取り出した要約と考えることができます．図 8.2 左が $N = 9$ 個の入力図形，中央がこれらを 784 次元のベクトルとみなして単純に平均した画像です．単純な平均では位置や形のずれを吸収できていません．一方，右側の画像は $p = 1$ のワッサースタイン重心を，以下で述べるアルゴリズム 8.3 を用いて計算した画像であり，$N = 9$ 個の図形に共通する輪っかの構造を取り出せています．

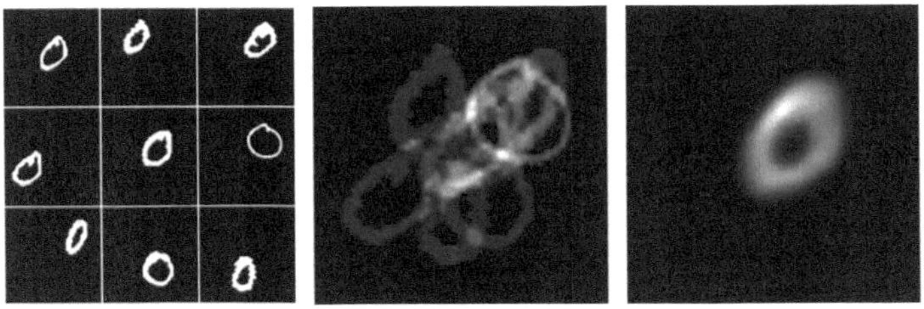

図 8.2 固定サポートのワッサースタイン重心を用いた図形の要約．左：$N = 9$ 個の入力図形．中央：単純平均．右：ワッサースタイン重心．

例 8.4 （アンサンブル学習）

ヒストグラムの要約も固定サポートのワッサースタイン重心の範疇です．$\mathcal{X} = \mathcal{S} = \{$ 犬, 猫, 虎, 鳥 $\}$ とし，データ x に対して複数の分類モデルが予測 $\hat{\boldsymbol{y}}_1, \ldots, \hat{\boldsymbol{y}}_N \in \Sigma_{\mathcal{X}}$ を出力したとします．ワッサースタイン重心を用いてこれらの予測分布を一つにまとめることが提案されています [24]．単純な平均に比べて，クラス間の類似度を考慮して予測をまとめることができるのが，このアプローチの利点です．

8.1.2 自由サポートの定式化

自由サポート (free-support) の定式化では，サポート点の個数 n を固定する一方，各点の位置は自由なパラメータとし，最適化のドメインを

$$\mathcal{Q}_n = \left\{ \sum_{i=1}^{n} \boldsymbol{a}_i \delta_{s_i} \mid s_i \in \mathcal{X}, \boldsymbol{a} \in \Sigma_n \right\} \tag{8.10}$$

とします．$\mathcal{X}$ を d 次元ユークリッド空間とすると，自由サポートの定式化は $dn + n$ 次元の最適化問題となります．

例 8.5 （k 平均クラスタリング問題）

入力分布が $N = 1$ 個の点群

$$\alpha_1 = \sum_{i=1}^{m} \boldsymbol{b}_i \delta_{x_i} \tag{8.11}$$

である場合を考えます．重心のサポートの位置 $\{s_1, \ldots, s_n\}$ をいったん固定します．このとき，例 8.2 での議論と同様に，重心の各点 s_i の質量 $\boldsymbol{a}_i$ が，s_i が最近傍となるような x_j の質量の総和と等しくなるとき，コストが最小となります．このとき，コストは

$$\sum_{j=1}^{m} \min_{i \in [n]} \|x_j - s_i\|^p \tag{8.12}$$

です．続いて，このコストを $\{s_1, \ldots, s_n\}$ について最小化することを考えます．$p = 2$ のときはこの目的関数を最小化する問題は k 平均クラスタリング問題にほかなりません．すなわち，自由サポートのワッサースタイン重心における n 点のサポートがクラスタ中心となります．

例 8.6 （サイズ制約つき k 平均クラスタリング問題）

入力分布が $N = 1$ 個の点群であり，重心の各点の重み $\boldsymbol{a} \in \Sigma_n$ が固定されており，最適化のドメインが

$$\mathcal{Q}_n = \left\{ \sum_{i=1}^{n} \boldsymbol{a}_i \delta_{s_i} \mid s_i \in \mathcal{X} \right\} \tag{8.13}$$

である場合は，3.6.4 節で見たサイズ制約つきのクラスタリング問題となります．

自明なケース：$p = 1, N = 2$ の場合

入力分布が α_1, α_2 の $N = 2$ 個で $p = 1$ の場合を考えます．このとき，ワッサースタイン重心は以下のように自明に定まります．

定理 8.2 ($p = 1, N = 2$ の場合)

$N = 2$ の場合の 1-ワッサースタイン重心は $\lambda_1 \geq \lambda_2$ かつ $\alpha_1 \in \mathcal{Q}$ のとき α_1 であり，$\lambda_1 \leq \lambda_2$ かつ $\alpha_2 \in \mathcal{Q}$ のとき α_2 となる．

証明

必要であれば α_1, α_2 の役割を入れ替えることで，一般性を失うことなく $\lambda_1 \geq \lambda_2$ とできる．任意の分布 β について，

$$\begin{aligned}
&\lambda_1 W_1(\beta, \alpha_1) + \lambda_2 W_1(\beta, \alpha_2) \\
&= \lambda_2 (W_1(\beta, \alpha_1) + W_1(\beta, \alpha_2)) + (\lambda_1 - \lambda_2) W_1(\beta, \alpha_1) \\
&\geq \lambda_2 (W_1(\beta, \alpha_1) + W_1(\beta, \alpha_2)) \\
&\overset{(a)}{\geq} \lambda_2 W_1(\alpha_1, \alpha_2) \\
&= \lambda_1 W_1(\alpha_1, \alpha_1) + \lambda_2 W_1(\alpha_1, \alpha_2)
\end{aligned} \tag{8.14}$$

となり，α_1 が 1-ワッサースタイン重心問題の最小値をとることが分かる．ここで，(a) は三角不等式より従う． □

変位補間：$p = 2, N = 2$ の場合

入力分布が

$$\alpha_1 = \sum_{i=1}^{n} \boldsymbol{a}_i \delta_{x_i} \tag{8.15}$$

$$\alpha_2 = \sum_{i=1}^{m} \boldsymbol{b}_i \delta_{y_i} \tag{8.16}$$

の $N = 2$ 個で，$p = 2$ の場合を考えます．このとき，自由サポートのワッサースタイン重心

$$\operatorname*{argmin}_{\alpha \in \mathcal{Q}} \lambda_1 W_p(\alpha, \alpha_1)^2 + \lambda_2 W_p(\alpha, \alpha_2)^2 \tag{8.17}$$

は，以下で定義される**変位補間** (displacement interpolation) において $t =$

$\frac{\lambda_1}{\lambda_1+\lambda_2}$ とおいたときと等価であることが知られています [1,52].

定義 8.3（変位補間）

α_1, α_2 の間の最適輸送行列を $\boldsymbol{P}^* \in \mathbb{R}^{n \times m}$ としたとき，変位補間は

$$\sum_{i=1}^{n}\sum_{j=1}^{m} \boldsymbol{P}^*_{ij}\delta_{tx_i+(1-t)y_j} \tag{8.18}$$

で定義される．

直観的には，α_1 から α_2 への最適輸送においては x_i から y_j に向かって $\boldsymbol{P}^*_{ij}$ の質量だけ輸送されますが，この輸送プランの道半ばで，割合 t の地点 $tx_i + (1-t)y_j$ に輸送中の質量をおくとするのが変位補間です．変位補間はマッキャン補間 (McCann's interpolation) とも呼ばれます．

8.2 線形計画を用いた固定サポートの問題の解法

固定サポートの定式化は線形計画により表すことができます．空間を $\mathcal{X} = \{x_1, \ldots, x_m\}$，重心のサポートを $\mathcal{S} = \{s_1, s_2, \ldots, s_n\} \subset \mathcal{X}$ とし，入力分布を $\boldsymbol{b}^{(1)}, \ldots, \boldsymbol{b}^{(N)} \in \Sigma_m$ を用いて

$$\alpha_k = \sum_{i=1}^{m} \boldsymbol{b}_i^{(k)}\delta_{x_i} \tag{8.19}$$

と表し，重心分布を $\boldsymbol{a} \in \Sigma_n$ を用いて

$$\alpha = \sum_{i=1}^{n} \boldsymbol{a}_i\delta_{s_i} \tag{8.20}$$

と表すとします．また，コスト行列 $\boldsymbol{C} \in \mathbb{R}^{n \times m}$ を $\boldsymbol{C}_{ij} = d(s_i, x_j)^p$ とします．このとき，ワッサースタイン重心の目的関数は

$$\sum_{k=1}^{N} \lambda_k \mathrm{OT}(\boldsymbol{a}, \boldsymbol{b}^{(k)}, \boldsymbol{C}) = \sum_{k=1}^{N} \lambda_k \min_{\boldsymbol{P}^{(k)} \in \mathcal{U}(\boldsymbol{a}, \boldsymbol{b}^{(k)})} \langle \boldsymbol{C}, \boldsymbol{P}^{(k)} \rangle$$

$$= \min_{\substack{\boldsymbol{P}^{(1)},\ldots,\boldsymbol{P}^{(N)} \in \mathbb{R}^{n\times m} \\ \boldsymbol{P}^{(k)} \in \mathcal{U}(\boldsymbol{a},\boldsymbol{b}^{(k)})}} \sum_{k=1}^{N} \lambda_k \langle \boldsymbol{C}, \boldsymbol{P}^{(k)} \rangle \tag{8.21}$$

と表せるため，重心の最適化も含めた全体の最適化は

$$\begin{aligned} \underset{\boldsymbol{a}\in\mathbb{R}^n, \boldsymbol{P}^{(1)},\ldots,\boldsymbol{P}^{(N)} \in \mathbb{R}^{n\times m}}{\text{minimize}} \quad & \sum_{k=1}^{N} \lambda_k \langle \boldsymbol{C}, \boldsymbol{P}^{(k)} \rangle \\ & \boldsymbol{P}^{(k)} \geq 0 \qquad (k \in [N]) \\ & \boldsymbol{P}^{(k)} \mathbb{1}_m = \boldsymbol{a} \qquad (k \in [N]) \\ & \boldsymbol{P}^{(k)\top} \mathbb{1}_n = \boldsymbol{b}^{(k)} \qquad (k \in [N]) \end{aligned} \tag{8.22}$$

という線形計画問題になります．$\boldsymbol{a} \in \Sigma_n$ という制約は陽には課していませんが，$\boldsymbol{P}^{(k)} \geq 0$ と $\boldsymbol{P}^{(k)}\mathbb{1}_m = \boldsymbol{a}$ という制約から $\boldsymbol{a} \geq 0$ となり，$\boldsymbol{P}^{(k)\top}\mathbb{1}_n = \boldsymbol{b}^{(k)}$ という制約から $\|\boldsymbol{a}\|_1 = 1$ となり，$\boldsymbol{a} \in \Sigma_n$ が保証されます．

8.3 劣勾配を用いた固定サポートの問題の解法

8.2 節と同様の設定で，以下の最適化問題を考えます．

$$\underset{\boldsymbol{a}\in\Sigma_n}{\text{minimize}} \sum_{k=1}^{N} \lambda_k \mathrm{OT}(\boldsymbol{a}, \boldsymbol{b}^{(k)}, \boldsymbol{C}) \tag{8.23}$$

まず，目的関数が凸であることを示します．

定理 8.4（目的関数の凸性）

$$L(\boldsymbol{a}) \stackrel{\text{def}}{=} \sum_{k=1}^{N} \lambda_k \mathrm{OT}(\boldsymbol{a}, \boldsymbol{b}^{(k)}, \boldsymbol{C}) \tag{8.24}$$

は凸関数である．

証明

任意に $\boldsymbol{a}, \boldsymbol{a}' \in \Sigma_n$ と $k \in [N]$ をとり，$\boldsymbol{P}^*, \boldsymbol{P}'^*$ を $\mathrm{OT}(\boldsymbol{a}, \boldsymbol{b}^{(k)}, \boldsymbol{C})$ と $\mathrm{OT}(\boldsymbol{a}', \boldsymbol{b}^{(k)}, \boldsymbol{C})$ についての最適輸送行列とする．任意の $t \in [0, 1]$ について

$$\boldsymbol{a}'' \stackrel{\mathrm{def}}{=} t\boldsymbol{a} + (1-t)\boldsymbol{a}' \tag{8.25}$$

とすると，

$$\boldsymbol{P}'' \stackrel{\mathrm{def}}{=} t\boldsymbol{P}^* + (1-t)\boldsymbol{P}'^* \in \mathcal{U}(\boldsymbol{a}'', \boldsymbol{b}^{(k)}) \tag{8.26}$$

となる．つまり，$\boldsymbol{P}''$ は $(\boldsymbol{a}'', \boldsymbol{b}^{(k)}, \boldsymbol{C})$ についての最適輸送問題の実行可能解である．よって，

$$\begin{aligned}\mathrm{OT}(\boldsymbol{a}'', \boldsymbol{b}^{(k)}, \boldsymbol{C}) &\le \langle \boldsymbol{C}, \boldsymbol{P}'' \rangle \\ &= t\langle \boldsymbol{C}, \boldsymbol{P}^* \rangle + (1-t)\langle \boldsymbol{C}, \boldsymbol{P}'^* \rangle \\ &= t\mathrm{OT}(\boldsymbol{a}, \boldsymbol{b}^{(k)}, \boldsymbol{C}) + (1-t)\mathrm{OT}(\boldsymbol{a}', \boldsymbol{b}^{(k)}, \boldsymbol{C})\end{aligned} \tag{8.27}$$

となる．ゆえに $\mathrm{OT}(\boldsymbol{a}, \boldsymbol{b}^{(k)}, \boldsymbol{C})$ は $\boldsymbol{a}$ について凸であり，その重みつき和である $L(\boldsymbol{a})$ も凸である． □

劣勾配法を用いて問題 (8.23) の $\boldsymbol{a}$ についての最適化を解くことを考えます．そのためには，$\mathrm{OT}(\boldsymbol{a}, \boldsymbol{b}^{(k)}, \boldsymbol{C})$ の $\boldsymbol{a}$ についての劣勾配が必要となりますが，感度分析の理論より，双対問題の最適解 $\boldsymbol{f}^*$ は最適値の $\boldsymbol{a}$ についての劣勾配となります．よって，$k = 1, 2, \ldots, N$ について $\mathrm{OT}(\boldsymbol{a}, \boldsymbol{b}^{(k)}, \boldsymbol{C})$ の双対問題を解き，最適解 $\boldsymbol{f}^{(k)*}$ を得て，その平均 $\sum_{k=1}^{N} \lambda_k \boldsymbol{f}^{(k)*}$ をとると，これは L の $\boldsymbol{a}$ についての劣勾配になっています．

目的関数 L および最適化領域 Σ_n が凸で，劣勾配が計算できるので，固定サポートのワッサースタイン重心は，射影劣勾配など劣勾配を用いた制約最適化アルゴリズム [9] を用いることで解くことができます．疑似コードをアルゴリズム 8.1 に示します．

アルゴリズム 8.1 劣勾配法を用いたワッサースタイン重心アルゴリズム

入力：入力分布 $\boldsymbol{b}^{(1)}, \ldots, \boldsymbol{b}^{(N)} \in \Sigma_m$,
重み $\lambda_1, \ldots, \lambda_N \in \mathbb{R}_+$, コスト行列 $\boldsymbol{C} \in \mathbb{R}^{n \times m}$,
学習率 $\gamma_t \in \mathbb{R}_+$

出力：ワッサースタイン重心 $\boldsymbol{a} \in \Sigma_n$

$\boldsymbol{a}^{(0)}$ を初期化する.
for $t = 1, 2, \ldots$ **do**
OT$(\boldsymbol{a}, \boldsymbol{b}^{(k)}, \boldsymbol{C})$ の双対問題を解き，最適解 $\boldsymbol{f}^{(k)*}$ を得る.
L の劣勾配を $\boldsymbol{g} = \sum_{k=1}^{N} \lambda_k \boldsymbol{f}^{(k)*}$ と計算する.

$$\boldsymbol{a}^{(t)} \leftarrow \underset{\boldsymbol{a} \in \Sigma_n}{\operatorname{argmin}}\ \boldsymbol{g}^\top \boldsymbol{a} + \frac{1}{\gamma_t} \mathcal{D}(\boldsymbol{a} \parallel \boldsymbol{a}^{(t-1)})$$

end
Return $\boldsymbol{a}^{(t)}$

ここで，$\mathcal{D}$ は適当なブレグマンダイバージェンスを表します．たとえば，$\mathcal{D}$ を KL ダイバージェンスとすると，射影勾配法のステップは

$$\boldsymbol{a}^{(t)} \leftarrow \frac{\boldsymbol{a}^{(t-1)} \odot \exp(-\gamma_t \boldsymbol{g})}{\|\boldsymbol{a}^{(t-1)} \odot \exp(-\gamma_t \boldsymbol{g})\|_1} \tag{8.28}$$

と閉じた式で表せます.

8.4 交互最適化による自由サポートの問題の解法

続いて，自由サポートの定式化を考えます．$\mathcal{X} = \mathbb{R}^d$ であり，コストがユークリッド距離の二乗 $C(\boldsymbol{x}, \boldsymbol{y}) = \|\boldsymbol{x} - \boldsymbol{y}\|_2^2$ の場合を考えます．サポート集合を $\{\boldsymbol{s}_1, \ldots, \boldsymbol{s}_N\}$ と表し，$\boldsymbol{S} = [\boldsymbol{s}_1, \ldots, \boldsymbol{s}_N]$ とします．$\alpha = \sum_{i=1}^{n} \boldsymbol{a}_i \delta_{\boldsymbol{s}_i}$

と $\alpha_k = \sum_{i=1}^m \boldsymbol{b}_i^{(k)} \delta_{\boldsymbol{x}_i}$ の最適輸送行列を $\boldsymbol{P}^*(\boldsymbol{a}, \boldsymbol{S}, \alpha_k) \in \mathbb{R}^{n \times m}$ とすると，自由サポートの最適輸送問題は

$$\underset{\boldsymbol{s}_i \in \mathbb{R}^d, \boldsymbol{a} \in \Sigma_n}{\operatorname{argmin}} \sum_{k=1}^N \lambda_k \sum_{i=1}^n \sum_{j=1}^m \boldsymbol{P}^*(\boldsymbol{a}, \boldsymbol{S}, \alpha_k)_{ij} \|\boldsymbol{s}_i - \boldsymbol{x}_j\|_2^2 \tag{8.29}$$

となります．$\boldsymbol{P}^*(\boldsymbol{a}, \boldsymbol{S}, \alpha_k)$ を定数 $\boldsymbol{P}^{(k)*}$ とみなすと，

$$L' \stackrel{\text{def}}{=} \sum_{k=1}^N \lambda_k \sum_{i=1}^n \sum_{j=1}^m \boldsymbol{P}_{ij}^{(k)*} \|\boldsymbol{s}_i - \boldsymbol{x}_j\|_2^2 \tag{8.30}$$

は $\boldsymbol{S}$ についての二次関数です．L' を $\boldsymbol{s}_i$ について微分すると，

$$\frac{\partial L'}{\partial \boldsymbol{s}_i} = \sum_{k=1}^N \lambda_k \left(2\boldsymbol{a}_i \boldsymbol{s}_i - 2\sum_{j=1}^m \boldsymbol{P}_{ij}^{(k)*} \boldsymbol{x}_j \right) \tag{8.31}$$

となり，これを 0 とおくと，

$$\boldsymbol{s}_i = \frac{1}{\sum_{k=1}^N \lambda_k} \sum_{k=1}^N \lambda_k \sum_{j=1}^m \frac{\boldsymbol{P}_{ij}^{(k)*}}{\boldsymbol{a}_i} \boldsymbol{x}_j \tag{8.32}$$

となります．よって，$\boldsymbol{P}^*$ を固定すれば，$\boldsymbol{S}$ の厳密最小化は簡単に解けます．これをもとに，最適化変数を $(\boldsymbol{a}, \boldsymbol{S}, \boldsymbol{P})$ とブロックに分割したブロック座標降下法，すなわち，

1. $\boldsymbol{S}$ を固定し，$\boldsymbol{a}$ を固定サポートのアルゴリズムを用いて求める．
2. $\boldsymbol{a}, \boldsymbol{S}$ を固定し，最適輸送行列 $\boldsymbol{P}^{(k)*}$ を求める．
3. $\boldsymbol{a}, \boldsymbol{P}^*$ を固定し，$\boldsymbol{S}$ を式 (8.32) をもとに更新する．

を繰り返すアルゴリズムが考えられます．この疑似コードをアルゴリズム 8.2 に示します．非凸最適化であることと，制約つき最適化であることから，この交互最適化は一般には大域最適解や局所最適解に収束するとは限らないことに注意してください．

アルゴリズム 8.2 自由サポートのワッサースタイン重心の交互最適化

入力：入力分布 $\alpha_1, \ldots, \alpha_N$，重み $\lambda_1, \ldots, \lambda_N \in \mathbb{R}_+$，
サポート点数 $n \in \mathbb{Z}_+$
出力：ワッサースタイン重心 $\sum_{i=1}^{n} \boldsymbol{a}_i \delta_{\boldsymbol{s}_i}$

1 $\boldsymbol{S} = [\boldsymbol{s}_1, \ldots, \boldsymbol{s}_n]$ を初期化する．
2 **for** $t = 1, 2, \ldots$ **do**
3 　サポートを $\boldsymbol{s}_1, \ldots, \boldsymbol{s}_n$ に固定したときのワッサースタイン重心を固定サポート用のアルゴリズムを用いて計算し，重みを $\boldsymbol{a}$ に代入する．
4 　$\mathrm{OT}(\alpha, \alpha_k)$ の最適輸送行列 $\boldsymbol{P}^{(k)*}$ を $k = 1, \ldots, N$ について計算する．
5 　式 (8.32) を用いて $\boldsymbol{S}$ を更新する．
end
6 **Return** $\sum_{i=1}^{n} \boldsymbol{a}_i \delta_{\boldsymbol{s}_i}$

アルゴリズム 8.2 と k 平均法の共通点は特筆に値します．例 8.5 で述べたように，自由サポートの定式化において，入力分布の数を $N = 1$ とすると，k 平均クラスタリング問題と等価となります．アルゴリズム 8.2 の手順 3 において $\boldsymbol{a}$ を求めることは，クラスタ中心 $\boldsymbol{s}_i$ の重みを決定することに対応し，手順 4 において最適輸送行列 $\boldsymbol{P}^*$ を求めることは，各入力点 $\boldsymbol{x}_i$ が帰属するクラスタを決定することに対応し，手順 5 ではクラスタ中心 $\boldsymbol{s}_i$ が帰属する点の重心で更新されることになります．つまり，$N = 1$ のとき アルゴリズム 8.2 の動作は k 平均法と一致し，この意味でアルゴリズム 8.2 は k 平均法の一般化となっています．

8.5 エントロピー正則化による高速化

アルゴリズム 8.1 と 8.2 は各最適化ステップにおいて N 個の線形計画を

解く必要があるため，計算量は大きくなります．厳密に線形計画問題を解く代わりに，シンクホーンアルゴリズムを用いて $\boldsymbol{f}^*, \boldsymbol{P}^*$ の近似値を求め，アルゴリズム 8.1 と 8.2 における $\boldsymbol{f}^*, \boldsymbol{P}^*$ の代替値として用いることで高速化することが提案されています [21]．サイズ制約つきクラスタリングについていえば，これは 3.6.4 節で述べたアルゴリズム 3.5 に相当します．また，最適化の各反復で $\boldsymbol{a}, \boldsymbol{S}$ は大きく変化しないため，前回の反復での最適解から最適化を再開することで，さらに高速に次ステップの最適解を求めることができます．

以上の議論は単に勾配計算のためにシンクホーンアルゴリズムを利用するというものですが，シンクホーンアルゴリズムの変種を用いれば，固定サポートのワッサースタイン重心自体を直接解くこともできます．以下のように，問題 (8.22) にエントロピー正則化を加えた問題を考えます．

$$
\begin{aligned}
\underset{\boldsymbol{a} \in \mathbb{R}^n, \boldsymbol{P}^{(k)} \in \mathbb{R}^{n \times m}}{\text{minimize}} \quad & \sum_{k=1}^{N} \lambda_k (\langle \boldsymbol{C}, \boldsymbol{P}^{(k)} \rangle - \varepsilon H(\boldsymbol{P}^{(k)})) \\
& \boldsymbol{P}^{(k)} \mathbb{1}_m = \boldsymbol{a} \qquad\qquad (k \in [N]) \\
& \boldsymbol{P}^{(k)\top} \mathbb{1}_n = \boldsymbol{b}^{(k)} \qquad\qquad (k \in [N])
\end{aligned}
\tag{8.33}
$$

この問題のラグランジュ関数は

$$
\begin{aligned}
L = \sum_{k=1}^{N} & \lambda_k \langle \boldsymbol{C}, \boldsymbol{P}^{(k)} \rangle - \lambda_k \varepsilon H(\boldsymbol{P}^{(k)}) \\
& + \boldsymbol{f}^{(k)\top} (\boldsymbol{a} - \boldsymbol{P}^{(k)} \mathbb{1}_m) + \boldsymbol{g}^{(k)\top} (\boldsymbol{b}^{(k)} - \boldsymbol{P}^{(k)\top} \mathbb{1}_n)
\end{aligned}
\tag{8.34}
$$

となり，これを $\boldsymbol{P}_{ij}^{(k)}$ について微分して 0 とおくと，

$$
\boldsymbol{P}_{ij}^{(k)^*} = \exp(\boldsymbol{f}_i^{(k)} / (\varepsilon \lambda_k) + \boldsymbol{g}_j^{(k)} / (\varepsilon \lambda_k) - \boldsymbol{C}_{ij} / \varepsilon) \tag{8.35}
$$

となります．また，$\sum_k \boldsymbol{f}^{(k)} \neq \boldsymbol{0}_n$ であれば $\boldsymbol{a}$ について最小化することで目的関数は負の無限大となるので，$\sum_k \boldsymbol{f}^{(k)} = \boldsymbol{0}_n$ という制約が暗に生まれ，双対問題は

$$\underset{\boldsymbol{f}^{(k)}, \boldsymbol{g}^{(k)}}{\text{maximize}} \sum_{k=1}^{N} \boldsymbol{b}^{(k)\top} \boldsymbol{g}^{(k)} - \varepsilon \lambda_k \sum_{ij} \exp(\boldsymbol{f}_i^{(k)}/(\varepsilon \lambda_k) + \boldsymbol{g}_j^{(k)}/(\varepsilon \lambda_k) - \boldsymbol{C}_{ij}/\varepsilon) \tag{8.36}$$

$$\text{subject to} \sum_{k=1}^{N} \boldsymbol{f}^{(k)} = \boldsymbol{0}_n$$

となります．シンクホーンアルゴリズムの要領で $\boldsymbol{f}, \boldsymbol{g}$ を交互に最適化することを考えます．$\boldsymbol{g}$ についての最適化は通常のエントロピー正則化つき最適輸送とほとんど同等で，

$$\boldsymbol{g}^{(k)} \leftarrow \varepsilon \lambda_k \log \frac{\boldsymbol{b}^{(k)}}{\boldsymbol{K}^\top \exp(\boldsymbol{f}^{(k)}/\varepsilon \lambda_k)} \tag{8.37}$$

となります．ただし，$\boldsymbol{K} = \exp(-\boldsymbol{C}/\varepsilon)$ はギブスカーネル行列です．$\boldsymbol{f}$ についての最適化は，ラグランジュ乗数 $\boldsymbol{h}$ を導入し，目的関数を

$$\sum_{k=1}^{N} \boldsymbol{h}^\top \boldsymbol{f}^{(k)} + \boldsymbol{b}^{(k)\top} \boldsymbol{g}^{(k)} - \varepsilon \lambda_k \sum_{ij} \exp(\boldsymbol{f}_i^{(k)}/(\varepsilon \lambda_k) + \boldsymbol{g}_j^{(k)}/(\varepsilon \lambda_k) - \boldsymbol{C}_{ij}/\varepsilon) \tag{8.38}$$

とすると，やはり通常のエントロピー正則化つき最適輸送とほとんど同等で，

$$\boldsymbol{f}^{(k)} \leftarrow \varepsilon \lambda_k \log \frac{\boldsymbol{h}}{\boldsymbol{K} \exp(\boldsymbol{g}^{(k)}/\varepsilon \lambda_k)} \tag{8.39}$$

となります．この総和が 0 であるという条件を用いると，ラグランジュ乗数は

$$\boldsymbol{h} = \prod_{k=1}^{N} \left(\boldsymbol{K} \exp(\boldsymbol{g}^{(k)}/\varepsilon \lambda_k) \right)^{\frac{\lambda_k}{\sum_p \lambda_p}} \tag{8.40}$$

と定まります．ただし，積 $\prod$ および累乗は成分ごとにとるとします．双対変数を

$$\boldsymbol{u}^{(k)} = \exp(\boldsymbol{f}^{(k)}/(\varepsilon \lambda_k)) \qquad (k \in [N]) \tag{8.41}$$

$$\boldsymbol{v}^{(k)} = \exp(\boldsymbol{g}^{(k)}/(\varepsilon \lambda_k)) \qquad (k \in [N]) \tag{8.42}$$

と指数領域に変換すると，シンクホーンアルゴリズムの反復は

$$\boldsymbol{u}^{(k)} \leftarrow \frac{\prod_\ell (\boldsymbol{K}\boldsymbol{v}^{(\ell)})^{\frac{\lambda_\ell}{\sum_p \lambda_p}}}{\boldsymbol{K}\boldsymbol{v}^{(k)}} \qquad (k \in [N]) \tag{8.43}$$

$$\boldsymbol{v}^{(k)} \leftarrow \frac{\boldsymbol{b}^{(k)}}{\boldsymbol{K}^\top \boldsymbol{u}^{(k)}} \qquad (k \in [N]) \tag{8.44}$$

となります．ここで，上付き添字は反復数の添字ではなく，入力分布の添字であることに注意してください．また，最終的に求めたい重心は

$$\begin{aligned}\boldsymbol{a} &\overset{\text{(a)}}{=} \boldsymbol{P}^{(k)} \mathbb{1}_m \\ &\overset{\text{(b)}}{=} \mathrm{Diag}(\boldsymbol{u}^{(k)})\boldsymbol{K}\boldsymbol{v}^{(k)} \\ &\overset{\text{(c)}}{=} \prod_\ell (\boldsymbol{K}\boldsymbol{v}^{(\ell)})^{\frac{\lambda_\ell}{\sum_p \lambda_p}}\end{aligned} \tag{8.45}$$

により求まります．ここで，(a) は最適化の制約を，(b) は最適解の条件式 (8.35) を，(c) は式 (8.43) を用いました．

以上のプロセスより，2 段階の最適化を用いずとも，シンクホーンアルゴリズム的な反復アルゴリズムを 1 段階適用するだけで，エントロピー正則化つきのワッサースタイン重心を解くことができます．アルゴリズム 8.3 に疑似コードを示します．

アルゴリズム 8.3 エントロピー正則化つき固定サポートワッサースタイン重心アルゴリズム [11]

入力：入力分布 $\boldsymbol{b}^{(1)}, \ldots, \boldsymbol{b}^{(N)} \in \Sigma_m$,
　　　重み $\lambda_1, \ldots, \lambda_N \in \mathbb{R}_+$, コスト行列 $\boldsymbol{C} \in \mathbb{R}^{n \times m}$

出力：ワッサースタイン重心 $\boldsymbol{a} \in \Sigma_n$

$\boldsymbol{u}^{(0,k)} = \mathbb{1}_n \ (\forall k \in [N])$

$\boldsymbol{K} \leftarrow \exp(-\boldsymbol{C}/\varepsilon)$

for $t = 1, 2, \ldots$ **do**

$$\boldsymbol{v}^{(t,k)} \leftarrow \frac{\boldsymbol{b}^{(k)}}{\boldsymbol{K}^\top \boldsymbol{u}^{(t-1,k)}} \qquad (k \in [N])$$

$$\boldsymbol{u}^{(t,k)} \leftarrow \frac{\prod_\ell (\boldsymbol{K}\boldsymbol{v}^{(t,\ell)})^{\frac{\lambda_\ell}{\sum_p \lambda_p}}}{\boldsymbol{K}\boldsymbol{v}^{(t,k)}} \qquad (k \in [N])$$

end

Return $\prod_\ell (\boldsymbol{K}\boldsymbol{v}^{(t,\ell)})^{\frac{\lambda_\ell}{\sum_p \lambda_p}}$

8.6 応用例：図形モーフィング

二つの図形が与えられたとき，一方の図形をもう一方の図形に連続的に変化させる，**図形モーフィング**という問題を考えます．入力は，二つの図形と割合 $\lambda \in [0, 1]$ で，出力は，一方の図形をもう一方の図形に連続的に変化させたとき，割合 λ の時点に相当する図形です．さまざまな λ についてこの処理を行い，パラパラ漫画の要領でつなぎ合わせることで，二つの図形が連続的に変化するアニメーションを作ることができます．

ワッサースタイン重心を用いてこの問題を解くことを考えます．まず，図形は $H \times W$ グリッド上のラスタ画像として表現し，質量の総和が 1 となる

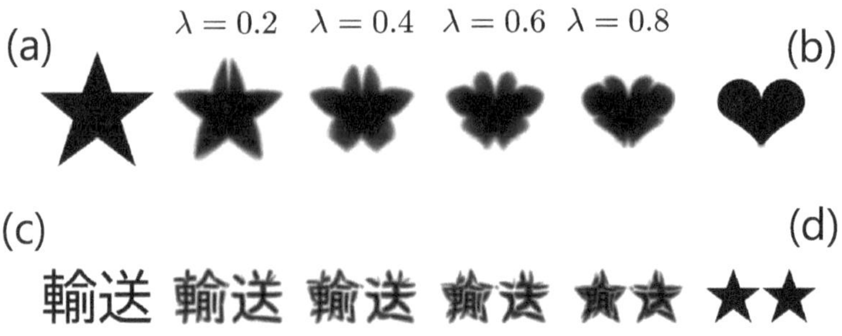

図 8.3 二次元図形モーフィングの例．一つの行が一つの入出力に対応している．上：(a) と (b) が入力図形の場合．下：(c) と (d) が入力図形の場合．

ように正規化することで確率分布として扱うことができます．二つの入力画像を表す確率分布を α_1, α_2 とし，これらについてのワッサースタイン重心

$$\underset{\alpha}{\operatorname{argmin}}\,(1-\lambda)W_p(\alpha,\alpha_1)^p + \lambda W_p(\alpha,\alpha_2)^p \tag{8.46}$$

は，$\lambda = 0$ のとき α_1 に一致，$\lambda = 1$ のとき α_2 に一致し，$0 < \lambda < 1$ のときには図形の質量の輸送という観点での「間」の図形が得られ，図形モーフィングに用いることができます．最適化領域としては，入力図形と同じグリッドを用いる固定サポートの定式化が自然な選択でしょう．

図 8.3 に二つの入出力例を示します．入力画像は $H \times W = 256 \times 256$ のラスタ画像であり，これを 256×256 の格子点上の点群として表現します．重心のサポート $\mathcal{S}$ は 256×256 の格子点とする固定サポートの定式化を考えます．問題サイズが大きいので，8.5 節で述べたエントロピー正則化を導入し，アルゴリズム 8.3 を用いてこの問題を解くこととします．次数は $p = 2$，コストはユークリッド距離を用います．サポートが規則的なグリッドであり，コストがユークリッド距離であるので，3.3.4 節で述べたように，ギブスカーネルと周辺分布のかけ算には高速な畳み込みアルゴリズムを用いることができます．図 8.3 を見ると，一方の図形がもう一方の図形に動いていくような形できれいに内挿できていることが見てとれます．出力が少しぼやけているのはエントロピー正則化の効果であり，ぼやけ具合と計算速度および安定性とのトレードオフとなります．ここではシンクホーンアルゴリズ

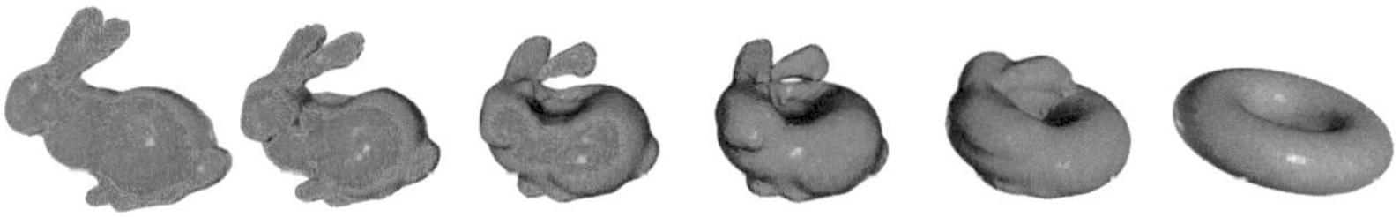

図 8.4 三次元図形モーフィングの例.

ムの出力をそのまま用いましたが，実用上は後処理により出力図形をシャープにすることも可能です.

また，同様の処理は三次元の図形についても適用可能です．ここでは一例として，うさぎの図形とトーラス体の図形の表面から $N = 5000$ 点をサンプリングしてきて，それらを変位補間により内挿した結果を図 8.4 に示します．やはりここでも一方の図形がもう一方の図形に動いていくような形で内挿できていることが見てとれます．ワッサースタイン重心のグラフィックスへのさらなる応用については Solomon ら [66] などを参照してください.

Chapter 9

グロモフ・ワッサースタイン距離

これまでは，比較する二つの確率分布が同じ空間に存在している場合を考えてきました．しかし，比較する二つの分布が同じ空間に属しているとは限りません．たとえば，一方の点群は二次元空間に分布しているのに対し，もう一方の点群は三次元空間に分布している場合が考えられます．本章では，比較する二つの確率分布が異なる空間に存在している場合でもその距離を比較できるグロモフ・ワッサースタイン距離を紹介します．

二つの異なる空間 $\mathcal{X}, \mathcal{Y}$ 上の確率分布 $\alpha \in \mathcal{P}(\mathcal{X})$ と $\beta \in \mathcal{P}(\mathcal{Y})$ を比較することを考えます．たとえば，

$$\mathcal{X} = \{\text{猫}, \text{犬}, \text{鳥}\} \tag{9.1}$$

$$\mathcal{Y} = \{\text{ペルシャ猫}, \text{三毛猫}, \text{土佐犬}, \text{マガモ}\} \tag{9.2}$$

や $\mathcal{X} = \mathbb{R}^2, \mathcal{Y} = \mathbb{R}^3$ などです．二次元ベクトル $(3.0, 4.0) \in \mathcal{X}$ から三次元ベクトル $(5.0, 2.0, 4.0) \in \mathcal{Y}$ への距離は計算できず，よって適切なコストが設計できないため，通常の最適輸送の定式化を用いることができません．一方，

$$\mathcal{X} = \{\text{猫}, \text{犬}, \text{鳥}\} \tag{9.3}$$

$$\mathcal{Y} = \{\text{ペルシャ猫}, \text{三毛猫}, \text{土佐犬}, \text{マガモ}\} \tag{9.4}$$

の場合であれば，$C(\text{猫}, \text{ペルシャ猫})$ は小さく，$C(\text{猫}, \text{マガモ})$ は大きくとい

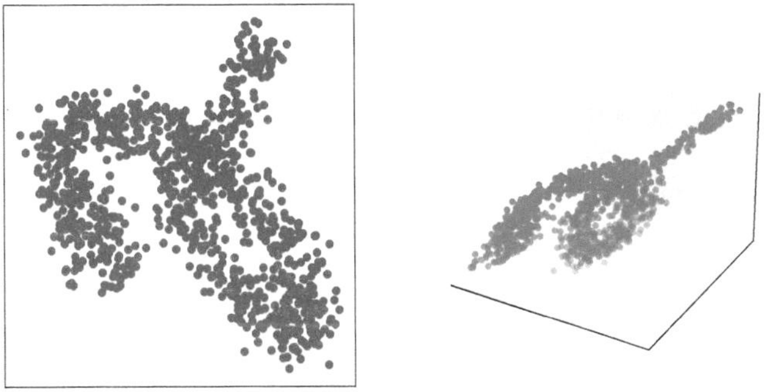

図 9.1 二次元と三次元の点群の比較．右の点群は左の点群を三次元上に移しただけであり，直観的には，両点群は同じ形を表している．しかし，$x \in \mathbb{R}^2$ と $y \in \mathbb{R}^3$ の間のコストを定義できないので，通常の最適輸送を用いて距離を測ることができない．この二つの点群の距離をどのように定義するか，ということを本章において考える．

うように $\mathcal{X}$ と $\mathcal{Y}$ の間の自然なコスト $C\colon \mathcal{X} \times \mathcal{Y} \to \mathbb{R}$ を設計できます．このような場合であれば，たとえ $\mathcal{X}$ と $\mathcal{Y}$ が異なっていようとも，α, β を $\mathcal{X} \cup \mathcal{Y}$ 上の確率分布として扱うことで，通常の最適輸送の定式化を用いることができます．よって，以下では $\mathcal{X} = \mathbb{R}^2, \mathcal{Y} = \mathbb{R}^3$ の場合のように，適切なコスト $C\colon \mathcal{X} \times \mathcal{Y} \to \mathbb{R}$ が設計できず，通常の最適輸送の定式化を用いることができない場合に集中して議論することとします（図 9.1）．また，簡単のため本章では点群のみを扱うことにします．

9.1 定式化

9.1.1 グロモフ・ワッサースタイン距離の定義

二つの距離空間 $(\mathcal{X}, d_{\mathcal{X}})$ と $(\mathcal{Y}, d_{\mathcal{Y}})$ とその上の確率分布

$$\alpha = \sum_{i=1}^{n} \boldsymbol{a}_i \delta_{x_i} \in \mathcal{P}(\mathcal{X}) \tag{9.5}$$

$$\beta = \sum_{i=1}^{m} \boldsymbol{b}_i \delta_{y_i} \in \mathcal{P}(\mathcal{Y}) \tag{9.6}$$

を考えます．α, β の距離を定義するのが目標です．

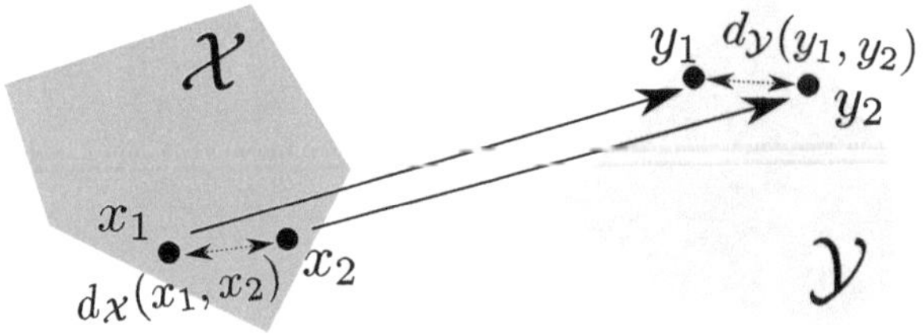

図 9.2 グロモフ・ワッサースタイン距離のイラスト．x_1 が y_1 に，x_2 が y_2 に輸送されるとき，$d_{\mathcal{X}}(x_1, x_2)$ と $d_{\mathcal{Y}}(y_1, y_2)$ が近い値であればよい輸送であるとする．[58, Figure 10.8] を参考に作成．

ここでも，輸送行列 $\boldsymbol{P} \in \mathcal{U}(\boldsymbol{a}, \boldsymbol{b})$ を用いた定式化を考えます．しかし，同じ空間内の点 $x_1, x_2 \in \mathcal{X}$ の間の距離 $d_{\mathcal{X}}(x_1, x_2)$ は計算できますが，異なる空間の点 $x \in \mathcal{X}, y \in \mathcal{Y}$ の間の距離 $d(x, y)$ は計算できません．そこで，**グロモフ・ワッサースタイン距離**の定式化は，点のマッチングによる歪みが最小となるようなものを最適なマッチングと定義します．具体的には，x_1 が y_1 とマッチし，x_2 が y_2 とマッチするのであれば，$d_{\mathcal{X}}(x_1, x_2)$ と $d_{\mathcal{Y}}(y_1, y_2)$ が近い値をとるものがよいとします（図 9.2）．これは以下のように定式化できます．

$$\mathrm{GW}_p(\alpha, \beta) \stackrel{\text{def}}{=} \left(\min_{\boldsymbol{P} \in \mathcal{U}(\boldsymbol{a}, \boldsymbol{b})} \sum_{\substack{x_1, x_2 \in \mathcal{X} \\ y_1, y_2 \in \mathcal{Y}}} \boldsymbol{P}_{x_1 y_1} \boldsymbol{P}_{x_2 y_2} |d_{\mathcal{X}}(x_1, x_2) - d_{\mathcal{Y}}(y_1, y_2)|^p \right)^{1/p} \tag{9.7}$$

9.1.2 グロモフ・ワッサースタイン距離の距離性

グロモフ・ワッサースタイン距離が距離であることを示す前に，まずは準備として異なる空間にある分布の同型性，すなわちどのような場合に異なる空間にある分布が「同じである」といえるかを定義します．

定義 9.1（異なる空間にある分布の同型性）

距離空間 $\mathcal{X}, \mathcal{Y}$ 上の確率分布

$$\alpha = \sum_{i=1}^{n} \boldsymbol{a}_i \delta_{x_i} \in \mathcal{P}(\mathcal{X}) \tag{9.8}$$

$$\beta = \sum_{i=1}^{m} \boldsymbol{b}_i \delta_{y_i} \in \mathcal{P}(\mathcal{Y}) \tag{9.9}$$

について，ある全単射 $f\colon \{x_1, \ldots, x_n\} \to \{y_1, \ldots, y_m\}$ が存在し，

$$\begin{aligned} \boldsymbol{a}_i &= \boldsymbol{b}_{f(x_i)} && \forall i \in [n] \\ d_{\mathcal{X}}(x_i, x_j) &= d_{\mathcal{Y}}(f(x_i), f(x_j)) && \forall i, j \in [n] \end{aligned} \tag{9.10}$$

が成り立つとき，二つの分布は同型であるという．式 (9.10) が成立する全単射を同型写像という．

恒等写像は α, α についての同型写像であるので反射律が成り立ち，逆写像 f^{-1} は β, α についての同型写像であるので対称律が成り立ち，合成写像は同型写像となるので推移律が成り立ち，よって同型性は同値関係となります．

グロモフ・ワッサースタイン距離はこの同型性を除けば分布間の距離になっていることが示せます．

定理 9.2（グロモフ・ワッサースタイン距離の距離性）

$p \geq 1$ のとき，GW_p は同型性を除いて距離の公理を満たす．すなわち，

1. $\mathrm{GW}_p(\alpha, \beta) = 0$ のときかつそのときのみ α と β は同型
2. $\mathrm{GW}_p(\alpha, \beta) = \mathrm{GW}_p(\beta, \alpha) \quad \forall \alpha, \beta$
3. $\mathrm{GW}_p(\alpha, \beta) + \mathrm{GW}_p(\beta, \gamma) \geq \mathrm{GW}_p(\alpha, \gamma) \quad \forall \alpha, \beta, \gamma$

証明

1. α と β が同型であるとし，f をその間の同型写像とし，

$$\boldsymbol{P}_{ij} = \begin{cases} \boldsymbol{a}_i & (f(x_i) = y_j) \\ 0 & (\text{それ以外}) \end{cases} \tag{9.11}$$

と定めると，$\boldsymbol{P} \in \mathcal{U}(\boldsymbol{a}, \boldsymbol{b})$ であり，目的関数値は 0 となる．
逆に，$\mathrm{GW}_p(\alpha, \beta) = 0$ であると仮定し，グロモフ・ワッサースタイン距離についての最適輸送行列を $\boldsymbol{P}^*$ とする．$\boldsymbol{P}^*_{ij} > 0$ であれば，

$$\boldsymbol{P}^*_{ij}\boldsymbol{P}^*_{ik}|d_{\mathcal{X}}(x_i, x_i) - d_{\mathcal{Y}}(y_j, y_k)|^p = \boldsymbol{P}^*_{ij}\boldsymbol{P}^*_{ik}|d_{\mathcal{Y}}(y_j, y_k)|^p \tag{9.12}$$

の項より $j \neq k$ のとき $\boldsymbol{P}^*_{ik} = 0$ でなければならない．よって各 i について $\boldsymbol{P}^*_{ij} > 0$ となる j はただ一つであり，$f(x_i) = y_j$ と定めればこれは同型写像の定義を満たす．よって α と β は同型である．

2. グロモフ・ワッサースタイン距離の定義式 (9.7) の括弧の内側の最適化において，$\mathrm{GW}_p(\alpha, \beta)$ についての $\boldsymbol{P}$ の目的関数値は $\mathrm{GW}_p(\beta, \alpha)$ についての $\boldsymbol{P}^\top$ の目的関数値と等しいため，最適値は等しくなる．ゆえに $\mathrm{GW}_p(\alpha, \beta) = \mathrm{GW}_p(\beta, \alpha)$ となる．

3. 入力分布を

$$\alpha = \sum_{i=1}^{n} \boldsymbol{a}_i \delta_{x_i} \in \mathcal{P}(\mathcal{X}) \tag{9.13}$$

$$\beta = \sum_{i=1}^{m} \boldsymbol{b}_i \delta_{y_i} \in \mathcal{P}(\mathcal{Y}) \tag{9.14}$$

$$\gamma = \sum_{i=1}^{w} \boldsymbol{c}_i \delta_{z_i} \in \mathcal{P}(\mathcal{Z}) \tag{9.15}$$

とし，$\boldsymbol{P}^*, \boldsymbol{Q}^*$ をそれぞれ (α, β) と (β, γ) についての最適解とする．$\boldsymbol{R} = \boldsymbol{P}^*\mathrm{Diag}(1/\boldsymbol{b})\boldsymbol{Q}^*$ とする．ただし $1/\boldsymbol{b}$ は成分ごとに逆数をとり，0 の逆数は 0 であると定義する．このとき，定理 2.5 の証明より，$\boldsymbol{R} \in \mathcal{U}(\boldsymbol{a}, \boldsymbol{c})$ である．また，

$$
\begin{aligned}
&\mathrm{GW}_p(\alpha, \gamma) \\
&= \min_{\boldsymbol{P} \in \mathcal{U}(\boldsymbol{a}, \boldsymbol{c})} \left(\sum_{\substack{x_1, x_2 \in \mathcal{X} \\ z_1, z_2 \in \mathcal{Z}}} \boldsymbol{P}_{x_1 z_1} \boldsymbol{P}_{x_2 z_2} |d_{\mathcal{X}}(x_1, x_2) - d_{\mathcal{Z}}(z_1, z_2)|^p \right)^{1/p} \\
&\overset{\text{(a)}}{\leq} \left(\sum_{\substack{x_1, x_2 \in \mathcal{X} \\ z_1, z_2 \in \mathcal{Z}}} \boldsymbol{R}_{x_1 z_1} \boldsymbol{R}_{x_2 z_2} |d_{\mathcal{X}}(x_1, x_2) - d_{\mathcal{Z}}(z_1, z_2)|^p \right)^{1/p} \\
&= \left(\sum_{\substack{x_1, x_2 \in \mathcal{X} \\ y_1, y_2 \in \mathcal{Y} \\ z_1, z_2 \in \mathcal{Z}}} \boldsymbol{P}^*_{x_1 y_1} \frac{1}{\boldsymbol{b}_{y_1}} \boldsymbol{Q}^*_{y_1 z_1} \boldsymbol{P}^*_{x_2 y_2} \frac{1}{\boldsymbol{b}_{y_2}} \boldsymbol{Q}^*_{y_2 z_2} |d_{\mathcal{X}}(x_1, x_2) - d_{\mathcal{Z}}(z_1, z_2)|^p \right)^{1/p} \\
&\overset{\text{(b)}}{\leq} \left(\sum_{\substack{x_1, x_2 \in \mathcal{X} \\ y_1, y_2 \in \mathcal{Y} \\ z_1, z_2 \in \mathcal{Z}}} \boldsymbol{P}^*_{x_1 y_1} \frac{1}{\boldsymbol{b}_{y_1}} \boldsymbol{Q}^*_{y_1 z_1} \boldsymbol{P}^*_{x_2 y_2} \frac{1}{\boldsymbol{b}_{y_2}} \boldsymbol{Q}^*_{y_2 z_2} |d_{\mathcal{X}}(x_1, x_2) - d_{\mathcal{Y}}(y_1, y_2)|^p \right)^{1/p} \\
&\quad + \left(\sum_{\substack{x_1, x_2 \in \mathcal{X} \\ y_1, y_2 \in \mathcal{Y} \\ z_1, z_2 \in \mathcal{Z}}} \boldsymbol{P}^*_{x_1 y_1} \frac{1}{\boldsymbol{b}_{y_1}} \boldsymbol{Q}^*_{y_1 z_1} \boldsymbol{P}^*_{x_2 y_2} \frac{1}{\boldsymbol{b}_{y_2}} \boldsymbol{Q}^*_{y_2 z_2} |d_{\mathcal{Y}}(y_1, y_2) - d_{\mathcal{Z}}(z_1, z_2)|^p \right)^{1/p} \\
&= \left(\sum_{\substack{x_1, x_2 \in \mathcal{X} \\ y_1, y_2 \in \mathcal{Y}}} \boldsymbol{P}^*_{x_1 y_1} \boldsymbol{P}^*_{x_2 y_2} |d_{\mathcal{X}}(x_1, x_2) - d_{\mathcal{Y}}(y_1, y_2)|^p \right)^{1/p} \\
&\quad + \left(\sum_{\substack{y_1, y_2 \in \mathcal{Y} \\ z_1, z_2 \in \mathcal{Z}}} \boldsymbol{Q}^*_{y_1 z_1} \boldsymbol{Q}^*_{y_2 z_2} |d_{\mathcal{Y}}(y_1, y_2) - d_{\mathcal{Z}}(z_1, z_2)|^p \right)^{1/p} \\
&= \mathrm{GW}_p(\alpha, \beta) + \mathrm{GW}_p(\beta, \gamma) \qquad (9.16)
\end{aligned}
$$

ただし，(a) は $\boldsymbol{R}$ が実行可能であるため，目的関数値が最適値以上であることから，(b) はミンコフスキーの不等式と三角不等式より従う． □

9.2 最適化

9.2.1 目的関数の非凸性

式 (9.7) の最小化の目的関数は $\boldsymbol{P}$ についての二次関数です．このような最適化問題を二次計画問題といいます．これは線形計画であった通常の最適輸送問題に比べると明らかに難しい最適化問題となっています．また，式 (9.7) は残念ながら非凸となっています．まず，実際に非凸となる例を見てみましょう．

例 9.1 （グロモフ・ワッサースタイン距離の非凸な問題例）

図 9.3 は一直線上に等間隔に並んだ 3 点からなる単純な点群を表しています．これは上から下に順にマッチするか，下から上に順にマッチするか，二通りの同型写像があり，そのときの目的関数は 0 となります．一方，これら二つの解の凸結合は両端点から両端点に輸送が発生するような状態を表し，目的関数は 0 とはなりません．よって，この例については目的関数は非凸となります．

一般に，この例のように入力に対して対称性や，対称性に近い構造が存在すると，対称変換したマッチングもまた最適解となるため，複数の局所最適解が存在することとなります．

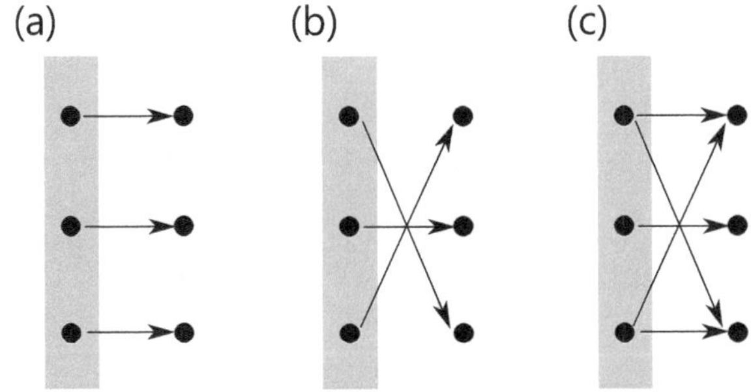

図 9.3 グロモフ・ワッサースタイン距離が非凸最適化であることを示す例．(a)：最適解の一つ．これは同型写像なので目的関数は 0 となる．(b)：最適解の一つ．これは同型写像なので目的関数は 0 となる．(c)：(a) と (b) の凸結合の解．これは最適解でない．

二次計画問題は目的関数が凸であれば多項式時間で解くことができますが，不定値の場合は一般に NP 困難であることが知られています [61, Theorem 2.5.4]．よって，グロモフ・ワッサースタイン距離の大域最適解を効率よく得ることができません．

これは計算効率の観点からは残念ではあります．しかし，無理やり問題を凸最適化でモデリングしたとすると，目的関数の凸性より図 9.3 左と中央の解よりも右の解の方が目的関数値が低いということになってしまい，不合理です．一般に，凸な目的関数を用いると，対称で等価なマッチングの平均をとったような，一様に近い無情報な解が得られてしまいます．したがって，目的関数が非凸であることはグロモフ・ワッサースタイン距離の問題の性質上仕方ありません．次節では，グロモフ・ワッサースタイン距離の非凸最適化の局所最適解を効率よく得る方法を紹介します．

9.2.2 エントロピー正則化と近接勾配法を用いた解法

$p = 2$ の場合にエントロピー正則化を用いてグロモフ・ワッサースタイン距離を効率よく計算するアルゴリズムを紹介します．

まず，$p = 2$ の場合，目的関数 (9.7) は以下のように分解できます．

$$
\begin{aligned}
&\sum_{\substack{x_1,x_2\in\mathcal{X}\\ y_1,y_2\in\mathcal{Y}}} \boldsymbol{P}_{x_1y_1}\boldsymbol{P}_{x_2y_2}|d_{\mathcal{X}}(x_1,x_2)-d_{\mathcal{Y}}(y_1,y_2)|^2\\
&-\sum_{\substack{x_1,x_2\in\mathcal{X}\\ y_1,y_2\in\mathcal{Y}}} \boldsymbol{P}_{x_1y_1}\boldsymbol{P}_{x_2y_2}(d_{\mathcal{X}}(x_1,x_2)^2-2d_{\mathcal{X}}(x_1,x_2)d_{\mathcal{Y}}(y_1,y_2)+d_{\mathcal{Y}}(y_1,y_2)^2)\\
&=\sum_{x_1,x_2\in\mathcal{X}} \boldsymbol{a}_{x_1}\boldsymbol{a}_{x_2}d_{\mathcal{X}}(x_1,x_2)^2+\sum_{y_1,y_2\in\mathcal{Y}} \boldsymbol{b}_{y_1}\boldsymbol{b}_{y_2}d_{\mathcal{Y}}(y_1,y_2)^2\\
&\quad -2\sum_{\substack{x_1,x_2\in\mathcal{X}\\ y_1,y_2\in\mathcal{Y}}} \boldsymbol{P}_{x_1y_1}\boldsymbol{P}_{x_2y_2}d_{\mathcal{X}}(x_1,x_2)d_{\mathcal{Y}}(y_1,y_2)
\end{aligned}
\tag{9.17}
$$

よって，この $\boldsymbol{P}$ についての最小化は

$$
-2\sum_{\substack{x_1,x_2\in\mathcal{X}\\ y_1,y_2\in\mathcal{Y}}} \boldsymbol{P}_{x_1y_1}\boldsymbol{P}_{x_2y_2}d_{\mathcal{X}}(x_1,x_2)d_{\mathcal{Y}}(y_1,y_2) \tag{9.18}
$$

の最小化と等価となります．目的関数にエントロピー正則化項 $\varepsilon H(\boldsymbol{P})$ を加えた

$$
L(\boldsymbol{P}) \stackrel{\text{def}}{=} -2\sum_{\substack{x_1,x_2\in\mathcal{X}\\ y_1,y_2\in\mathcal{Y}}} \boldsymbol{P}_{x_1y_1}\boldsymbol{P}_{x_2y_2}d_{\mathcal{X}}(x_1,x_2)d_{\mathcal{Y}}(y_1,y_2) - \varepsilon H(\boldsymbol{P}) \tag{9.19}
$$

という新たな目的関数を考えます．L の $\boldsymbol{P}$ についての勾配をとると，

$$
\nabla_{\boldsymbol{P}} L(\boldsymbol{P}) = -4\boldsymbol{D}_{\mathcal{X}}\boldsymbol{P}\boldsymbol{D}_{\mathcal{Y}} + \varepsilon \log \boldsymbol{P} \tag{9.20}
$$

$$
\boldsymbol{D}_{\mathcal{X},x_1x_2} \stackrel{\text{def}}{=} d_{\mathcal{X}}(x_1,x_2) \tag{9.21}
$$

$$
\boldsymbol{D}_{\mathcal{Y},y_1y_2} \stackrel{\text{def}}{=} d_{\mathcal{Y}}(y_1,y_2) \tag{9.22}
$$

となります．ただし，対数は成分ごとにとるものとします．近接作用素のペナルティ関数として KL ダイバージェンスを用いた近接勾配法を考えます．すなわち，現在の反復での解 $\boldsymbol{P}^{(\ell)}$ 周辺で目的関数を

$$
\tilde{L}(\boldsymbol{P}) = L(\boldsymbol{P}^{(\ell)}) + \langle \nabla_{\boldsymbol{P}} L(\boldsymbol{P}^{(\ell)}), \boldsymbol{P} - \boldsymbol{P}^{(\ell)} \rangle \tag{9.23}
$$

と線形近似して，一度の反復で大きく変化しすぎないように

$$
\lambda \mathrm{KL}(\boldsymbol{P} \parallel \boldsymbol{P}^{(\ell)}) \tag{9.24}
$$

という正則化項を加え，$\boldsymbol{P}$ について最小化を行います．このとき，反復は

$$\boldsymbol{P}^{(\ell+1)} = \underset{\boldsymbol{P}\in\mathcal{U}(\boldsymbol{a},\boldsymbol{b})}{\operatorname{argmin}} \langle \nabla_{\boldsymbol{P}} L(\boldsymbol{P}^{(\ell)}), \boldsymbol{P}\rangle + \lambda \mathrm{KL}(\boldsymbol{P} \parallel \boldsymbol{P}^{(\ell)}) \tag{9.25}$$

と表されます．この更新式の右辺は

$$\begin{aligned}
&\underset{\boldsymbol{P}\in\mathcal{U}(\boldsymbol{a},\boldsymbol{b})}{\operatorname{argmin}} \langle \nabla_{\boldsymbol{P}} L(\boldsymbol{P}^{(\ell)}), \boldsymbol{P}\rangle + \lambda \mathrm{KL}(\boldsymbol{P} \parallel \boldsymbol{P}^{(\ell)}) \\
&= \underset{\boldsymbol{P}\in\mathcal{U}(\boldsymbol{a},\boldsymbol{b})}{\operatorname{argmin}} \sum_{xy} (-4\boldsymbol{D}_{\mathcal{X}}\boldsymbol{P}^{(\ell)}\boldsymbol{D}_{\mathcal{Y}})_{xy}\boldsymbol{P}_{xy} + \varepsilon \sum_{xy} \boldsymbol{P}_{xy} \log \boldsymbol{P}^{(\ell)}_{xy} \\
&\qquad + \lambda \sum_{xy} \boldsymbol{P}_{xy}(\log \boldsymbol{P}_{xy} - 1) - \lambda \sum_{xy} \boldsymbol{P}_{xy} \log \boldsymbol{P}^{(\ell)}_{xy} \\
&= \underset{\boldsymbol{P}\in\mathcal{U}(\boldsymbol{a},\boldsymbol{b})}{\operatorname{argmin}} \sum_{xy} (-4\boldsymbol{D}_{\mathcal{X}}\boldsymbol{P}^{(\ell)}\boldsymbol{D}_{\mathcal{Y}} + (\varepsilon - \lambda)\log \boldsymbol{P}^{(\ell)})_{xy}\boldsymbol{P}_{xy} - \lambda H(\boldsymbol{P})
\end{aligned} \tag{9.26}$$

であり，この値は，まさしく

$$-4\boldsymbol{D}_{\mathcal{X}}\boldsymbol{P}^{(\ell)}\boldsymbol{D}_{\mathcal{Y}} + (\varepsilon - \lambda)\log \boldsymbol{P}^{(\ell)} \tag{9.27}$$

をコスト行列とするエントロピー正則化つきの最適輸送行列にほかなりません．よって，シンクホーンアルゴリズムを用いて，この更新式を計算できます．アルゴリズム 9.1 に疑似コードを示します．

アルゴリズム 9.1 エントロピー正則化つきグロモフ・ワッサースタイン距離に対する近接勾配法

入力：入力分布 $\boldsymbol{a} \in \Sigma_n, \boldsymbol{b} \in \Sigma_m$,
距離行列 $\boldsymbol{D}_{\mathcal{X}} \in \mathbb{R}^{n \times n}, \boldsymbol{D}_{\mathcal{Y}} \in \mathbb{R}^{m \times m}$,
正則化係数 $\varepsilon, \lambda \in \mathbb{R}_+$

出力：エントロピー正則化つきグロモフ・ワッサースタイン距離の輸送行列 $\boldsymbol{P}$

$\boldsymbol{P}^{(0)}$ を初期化する.
for $t = 1, 2, \ldots$ **do**
  $\boldsymbol{C}^{(t)} = -4\boldsymbol{D}_{\mathcal{X}}\boldsymbol{P}^{(t-1)}\boldsymbol{D}_{\mathcal{Y}} + (\varepsilon - \lambda)\log \boldsymbol{P}^{(t-1)}$ を計算する.
  シンクホーンアルゴリズムで $(\boldsymbol{a}, \boldsymbol{b}, \boldsymbol{C}^{(t)}, \lambda)$ についてのエントロピー正則化つきの最適輸送行列を計算し，$\boldsymbol{P}^{(t)}$ とする.
end
Return $\boldsymbol{P}^{(t)}$

非線形最適化についての近接勾配法の理論を用いて，正則化係数 λ が十分に大きければ，この反復により $\{\boldsymbol{P}^{(t)}\}$ が目的関数の停留点に収束することが Solomon ら [67] によって示されています．ただし，目的関数が非凸であるので，得られる解は局所最適解であり，大域最適解は一般に得られないことに注意してください．

9.3 応用例：グリッドへの割り当て

n 個の画像の集合 $\mathcal{X}$ があるとします．グリッドから適当に選んだ n 点からなる集合を $\mathcal{Y}$ とし，画像集合 $\mathcal{X}$ 内の各画像を $\mathcal{Y}$ の各点に滑らかに割り当てる問題を考えます．この問題は，各集合を点群

$$\alpha = \frac{1}{n} \sum_{x \in \mathcal{X}} \delta_x \tag{9.28}$$

$$\beta = \frac{1}{n} \sum_{y \in \mathcal{Y}} \delta_y \tag{9.29}$$

とみなすと，α, β 間の輸送行列を見つける問題とみなせます．$d_{\mathcal{X}}(x_1, x_2)$ は，画像 x_1 と x_2 の平均色の距離とし，$d_{\mathcal{Y}}(y_1, y_2)$ は測地線距離，つまり $\mathcal{Y}$ 内で隣接している点をたどったときの y_1 から y_2 への最短距離とします．この設定でグロモフ・ワッサースタイン距離問題を解き，最適輸送を得れば，割り当て先が近い画像ほど色が似ていて，割り当て先が遠い画像ほど色が似ていないことになります．問題点は，アルゴリズム 9.1 による最適化では，一対一対応となる輸送行列が得られるとは限らず，割り当てが陽に得られないことです．そのような場合には，グロモフ・ワッサースタイン距離問題により得られた輸送行列を $\boldsymbol{P}$ とし，入力 $(\frac{\mathbb{1}_n}{n}, \frac{\mathbb{1}_n}{n}, -\boldsymbol{P})$ についての通常の最適輸送問題を解き，得られた最適輸送行列 $\boldsymbol{P}'$ を用いて割り当てを構築する方法が Solomon ら[67] によって提案されています．コスト行列が $-\boldsymbol{P}$ であるので，$\boldsymbol{P}$ において輸送が発生している組 (i, j) ほど $\boldsymbol{P}'$ でも輸送が発生しやすくなります．また，系 2.20 より，通常の最適輸送問題には順列行列が最適解に含まれるので，陽に割り当てを得ることができます．通常の最適輸送問題はグロモフ・ワッサースタイン距離問題よりも計算量が小さいので，追加の計算コストも軽微です．

実際にこの方法を用いて 112 枚の画像を「OT」の形に選んだグリッド上の点に割り当てた結果が図 9.4 です．割り当て結果の色が滑らかに変化していることが見てとれます．

ここでは，$d_{\mathcal{X}}$ を平均色の距離と定義しましたが，画像認識用の画像特徴抽出器による特徴の差とすると，意味的に連続に変化した割り当てなども可能となります．

また，$\mathcal{X}$ としては商品の集合をとり，商品の距離を商品画像やカテゴリなどの特徴量を用いて定義し，$\mathcal{Y}$ を実店舗やオンラインストアの商品スロットとすれば，似た商品が似た位置に配置されるような商品売り場の割り当て方法を計算するといった応用も可能です．これは図 9.4 における「OT」という形が店舗の見取り図であると解釈すると想像しやすいかと思います．

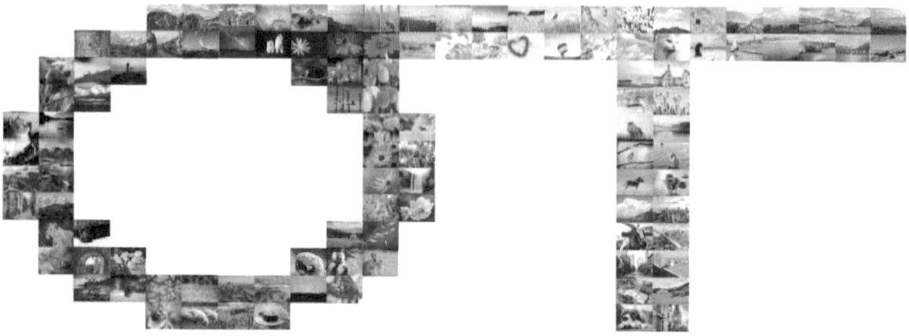

図 9.4 グロモフ・ワッサースタイン距離による輸送行列を用いてグリッドの点に画像集合を割り当てた結果．色が似ている画像ほど近く，色が似ていない画像ほど遠くに割り当てられている．[67, Figure 9] を参考に作成.

Chapter 10

おわりに

最後に，ソフトフェアの紹介と読書案内を行い，本書の締めくくりとします．

10.1 ソフトウェア

最適輸送全般のライブラリとしては，Python のライブラリである

- POT: Python Optimal Transport https://pythonot.github.io/

が最も有名です．

微分可能プログラミングフレームワーク JAX に基づいた実装である

- Optimal Transport Tools (OTT) https://github.com/ott-jax/ott

というライブラリもあります．これらは通常の最適輸送をはじめ，シンクホーンアルゴリズムや不均衡最適輸送，ワッサースタイン重心，グロモフ・ワッサースタイン距離などもサポートしています．特に，POT のギャラリー https://pythonot.github.io/auto_examples/index.html ではさまざまな例がコードとともに載っており，イメージを膨らませることができるので，一度目を通してみることをおすすめします．

2.5 節で扱った最小費用流問題は古典的な問題であり，さまざまなソルバーが公開されています．代表的なものでは，C++ のライブラリである

- Lemon https://lemon.cs.elte.hu/trac/lemon

や Python のライブラリである

- NetworkX `https://networkx.org/`

に実装があります．これらも最適輸送のソルバーとして用いることができます．

また，本書で紹介したアルゴリズムの実装や正誤表はサポートページ `https://github.com/joisino/otbook` にて公開しています．こちらもあわせて参照してください．

10.2 読書案内

最適輸送の機械学習応用についての最も有名な書籍は Peyré らの *Computational Optimal Transport: With Applications to Data Science*[58] でしょう．本書の構成にあたってこちらを大いに参考にさせていただきました．また，こちらは本書で扱いきれなかった半離散の定式化，動的な定式化なども扱っており，本書と共通のトピックにおいても異なる解釈や視点を提供しています．ぜひご一読ください．

最適輸送一般についての最も有名な書籍は Villani の *Optimal Transport: Old and New*[71] です．こちらは数学者が書いただけあり，最適輸送の数学的な側面にフォーカスし，非常に厳密な記述となっていることが特徴的です．機械学習の応用のためには必要以上に数学的ではありますが，内容は非常に網羅的であり，最適輸送の研究をはじめるのであれば手元にあると心強いでしょう．

B i b l i o g r a p h y

参考文献

[1] M. Agueh and G. Carlier. Barycenters in the Wasserstein space. *SIAM Journal on Mathematical Analysis*, 43(2):904–924, 2011.

[2] R. K. Ahuja, T. L. Magnanti, and J. B. Orlin. *Network Flows: Theory, Algorithms, and Applications.* Prentice Hall, 1993.

[3] J. Altschuler, J. Weed, and P. Rigollet. Near-linear time approximation algorithms for optimal transport via Sinkhorn iteration. In *Advances in Neural Information Processing Systems (NeurIPS)*, 1964–1974, 2017.

[4] D. Alvarez-Melis and T. S. Jaakkola. Gromov-Wasserstein alignment of word embedding spaces. In *Proceedings of the 2018 Conference on Empirical Methods in Natural Language Processing (EMNLP)*, 1881–1890, 2018.

[5] D. Alvarez-Melis, T. S. Jaakkola, and S. Jegelka. Structured optimal transport. In *the 21st International Conference on Artificial Intelligence and Statistics (AISTATS)*, 84:1771–1780, 2018.

[6] M. Arjovsky and L. Bottou. Towards principled methods for training generative adversarial networks. In *5th International Conference on Learning Representations (ICLR)*, 2017.

[7] M. Arjovsky, S. Chintala, and L. Bottou. Wasserstein generative adversarial networks. In *Proceedings of the 34th International Conference on Machine Learning (ICML)*, 70:214–223, 2017.

[8] K. B. Athreya and S. N. Lahiri. *Measure Theory and Probability Theory.* Springer, 2006.

[9] A. Beck and M. Teboulle. Mirror descent and nonlinear projected subgradient methods for convex optimization. *Oper. Res. Lett.*, 31(3):167–175, 2003.

[10] M. I. Belghazi, A. Baratin, S. Rajeswar, S. Ozair, Y. Bengio, R. D. Hjelm, and A. C. Courville. Mutual information neural estimation. In *Proceedings of the 35th International Conference on Machine Learning (ICML)*, 80:530–539, 2018.

[11] JD. Benamou, G. Carlier, M. Cuturi, L. Nenna, and G. Peyré. Iterative bregman projections for regularized transportation problems. *SIAM Journal on Scientific Computing*, 37(2):A1111–A1138, 2015.

[12] G. Birkhoff. Extensions of Jentzsch's theorem. *Transactions of the American Mathematical Society*, 85(1):219–227, 1957.

[13] N. Bonnotte. *Unidimensional and Evolution Methods for Optimal Transportation*. PhD thesis, Université Paris-Sud, Scuola Normale Superiore, 2013.

[14] J. Borwein and A. Lewis. *Convex Analysis and Nonlinear Optimization Second Edition*. Springer, 2006.

[15] S. Boyd and L. Vandenberghe. *Convex Optimization*. Cambridge University Press, 2004.

[16] L. Caffarelli and R. J. McCann. Free boundaries in optimal transport and Monge-Ampere obstacle problems. *Annals of Mathematics*, 171(2):673–730, 2010.

[17] M. Caron, I. Misra, J. Mairal, P. Goyal, P. Bojanowski, and A. Joulin. Unsupervised learning of visual features by contrasting cluster assignments. In *Advances in Neural Information Processing Systems (NeurIPS)*, 2020.

[18] M. Carrière, M. Cuturi, and S. Oudot. Sliced Wasserstein kernel for persistence diagrams. In *Proceedings of the 34th International Conference on Machine Learning (ICML)*, 70:664–673, 2017.

[19] L. Chizat, G. Peyré, B. Schmitzer, and FX. Vialard. Scaling algorithms for unbalanced optimal transport problems. *Math. Comp.*, 87(314):2563–2609, 2018.

[20] M. Cuturi. Sinkhorn distances: Lightspeed computation of optimal

transport. In *Advances in Neural Information Processing Systems (NeurIPS)*, 2292–2300, 2013.

[21] M. Cuturi and A. Doucet. Fast computation of Wasserstein barycenters. In *Proceedings of the 31th International Conference on Machine Learning (ICML)*, 685–693, 2014.

[22] I. Deshpande, YT. Hu, R. Sun, A. Pyrros, N. Siddiqui, S. Koyejo, Z. Zhao, D. Forsyth, and A. Schwing. Max-sliced Wasserstein distance and its use for GANs. In *IEEE Conference on Computer Vision and Pattern Recognition (CVPR)*, 10648–10656, 2019.

[23] I. Deshpande, Z. Zhang, and A. Schwing. Generative modeling using the sliced Wasserstein distance. In *IEEE Conference on Computer Vision and Pattern Recognition (CVPR)*, 3483–3491, 2018.

[24] P. Dognin, I. Melnyk, Y. Mroueh, J. Ross, CN. Santos, and T. Sercu. Wasserstein barycenter model ensembling. In *7th International Conference on Learning Representations (ICLR)*, 2019.

[25] M. D. Donsker and S. R. S. Varadhan. Asymptotic evaluation of certain Markov process expectations for large time. iv. *Communications on Pure and Applied Mathematics*, 36(2):183–212, 1983.

[26] R. M. Dudley. The speed of mean Glivenko-Cantelli convergence. *The Annals of Mathematical Statistics*, 40(1):40–50, 1969.

[27] P. Dvurechensky, A. Gasnikov, and A. Kroshnin. Computational optimal transport: Complexity by accelerated gradient descent is better than by Sinkhorn's algorithm. In *Proceedings of the 35th International Conference on Machine Learning (ICML)*, 1366–1375, 2018.

[28] S. Ferradans, N. Papadakis, G. Peyré, and JF. Aujol. Regularized discrete optimal transport. *SIAM Journal on Imaging Sciences*, 7(3):1853–1882, 2014.

[29] J. Feydy, T. Séjourné, FX. Vialard, S. Amari, A. Trouvé, and G. Peyré. Interpolating between optimal transport and MMD using

Sinkhorn divergences. In *the 22nd International Conference on Artificial Intelligence and Statistics (AISTATS)*, 2681–2690, 2019.

[30] A. Figalli. The optimal partial transport problem. *Archive for Rational Mechanics and Analysis*, 195(2):533–560, 2010.

[31] C. Frogner, C. Zhang, H. Mobahi, M. Araya-Polo, and T. Poggio. Learning with a Wasserstein loss. In *Advances in Neural Information Processing Systems (NeurIPS)*, 2053–2061, 2015.

[32] Y. Ganin, E. Ustinova, H. Ajakan, P. Germain, H. Larochelle, F. Laviolette, M. March, and V. Lempitsky. Domain-adversarial training of neural networks. *J. Mach. Learn. Res.*, 17(59):1–35, 2016.

[33] A. Genevay, L. Chizat, F. Bach, M. Cuturi, and G. Peyré. Sample complexity of Sinkhorn divergences. In *the 22nd International Conference on Artificial Intelligence and Statistics (AISTATS)*, 89:1574–1583, 2019.

[34] A. Genevay, M. Cuturi, G. Peyré, and F. Bach. Stochastic optimization for large-scale optimal transport. In *Advances in Neural Information Processing Systems (NeurIPS)*, 3440–3448, 2016.

[35] A. Genevay, G. Peyré, and M. Cuturi. Learning generative models with Sinkhorn divergences. In *the 21st International Conference on Artificial Intelligence and Statistics (AISTATS)*, 84:1608–1617. PMLR, 2018.

[36] I. Goodfellow, J. Pouget-Abadie, M. Mirza, B. Xu, D. Warde-Farley, S. Ozair, A. Courville, and Y. Bengio. Generative adversarial nets. In *Advances in Neural Information Processing Systems (NeurIPS)*, 2672–2680, 2014.

[37] E. Grave, A. Joulin, and Q. Berthet. Unsupervised alignment of embeddings with Wasserstein procrustes. In *the 22nd International Conference on Artificial Intelligence and Statistics (AISTATS)*, 89:1880–1890, 2019.

[38] I. Gulrajani, F. Ahmed, M. Arjovsky, V. Dumoulin, and A.

Courville. Improved training of Wasserstein GANs. In *Advances in Neural Information Processing Systems (NeurIPS)*, 5767–5777, 2017.

[39] L. G. Hanin. Kantorovich-Rubinstein norm and its application in the theory of Lipschitz spaces. *Proceedings of the American Mathematical Society*, 115(2):345–352, 1992.

[40] P. Indyk and N. Thaper. Fast image retrieval via embeddings. In *International Workshop on Statistical and Computational Theories of Vision*, 2003.

[41] D. P. Kingma and M. Welling. Auto-encoding variational Bayes. In *2nd International Conference on Learning Representations (ICLR)*, 2014.

[42] J. Kleinberg and E. Tardos. *Algorithm Design*. Pearson Education, 2006.

[43] S. Kolouri, K. Nadjahi, U. Simsekli, R. Badeau, and G. Rohde. Generalized sliced Wasserstein distances. In *Advances in Neural Information Processing Systems (NeurIPS)*, 261–272, 2019.

[44] S. Kolouri, P. E. Pope, C. E. Martin, and G. K. Rohde. Sliced Wasserstein auto-encoders. In *7th International Conference on Learning Representations (ICLR)*, 2019.

[45] M. J. Kusner, Y. Sun, N. I. Kolkin, and K. Q. Weinberger. From word embeddings to document distances. In *Proceedings of the 32nd International Conference on Machine Learning (ICML)*, 957–966, 2015.

[46] N. Lahn, D. Mulchandani, and S. Raghvendra. A graph theoretic additive approximation of optimal transport. In *Advances in Neural Information Processing Systems (NeurIPS)*, 13813–13823, 2019.

[47] T. Le, M. Yamada, K. Fukumizu, and M. Cuturi. Tree-sliced variants of Wasserstein distances. In *Advances in Neural Information Processing Systems (NeurIPS)*, 12283–12294, 2019.

[48] CY. Lee, T. Batra, M. H. Baig, and D. Ulbricht. Sliced Wasserstein discrepancy for unsupervised domain adaptation. In *IEEE Conference on Computer Vision and Pattern Recognition (CVPR)*, 10285–10295, 2019.

[49] J. Lellmann, D. A. Lorenz, C. Schönlieb, and T. Valkonen. Imaging with Kantorovich-Rubinstein discrepancy. *SIAM Journal on Imaging Sciences*, 7(4):2833–2859, 2014.

[50] B. Liu, T. Zhang, F. X. Han, D. Niu, K. Lai, and Y. Xu. Matching natural language sentences with hierarchical sentence factorization. In *Proceedings of the 2018 World Wide Web Conference (WWW)*, 1237–1246, 2018.

[51] A. Makhzani, J. Shlens, N. Jaitly, and I. J. Goodfellow. Adversarial autoencoders. *arXiv:1511.05644*, 2015.

[52] R. J. McCann. A convexity principle for interacting gases. *Advances in Mathematics*, 128(1):153–179, 1997.

[53] T. Mikolov, I. Sutskever, K. Chen, G. S. Corrado, and J. Dean. Distributed representations of words and phrases and their compositionality. In *Advances in Neural Information Processing Systems (NeurIPS)*, 3111–3119, 2013.

[54] X. Nguyen, M. J. Wainwright, and M. I. Jordan. Estimating divergence functionals and the likelihood ratio by convex risk minimization. *IEEE Trans. Inf. Theory*, 56(11):5847–5861, 2010.

[55] J. Nocedal and S. J. Wright. *Numerical Optimization Second Edition*. Springer, 2006.

[56] J. B. Orlin. A faster strongly polynomial minimum cost flow algorithm. *Oper. Res.*, 41(2):338–350, 1993.

[57] J. Pennington, R. Socher, and C. Manning. GloVe: Global vectors for word representation. In *Proceedings of the 2014 Conference on Empirical Methods in Natural Language Processing (EMNLP)*, 1532–1543, 2014.

[58] G. Peyré and M. Cuturi. *Computational Optimal Transport: With Applications to Data Science.* Now Publishers, 2019.

[59] J. Rabin, G. Peyré, J. Delon, and M. Bernot. Wasserstein barycenter and its application to texture mixing. In *Scale Space and Variational Methods in Computer Vision (SSVM)*, 6667:435–446, 2011.

[60] A. Ruderman, M. D. Reid, D. García-García, and J. Petterson. Tighter variational representations of f-divergences via restriction to probability measures. In *Proceedings of the 29th International Conference on Machine Learning (ICML)*, 2012.

[61] S. Sahni. Computationally related problems. *SIAM J. Comput.*, 3(4):262–279, 1974.

[62] F. Santambrogio. *Optimal Transport for Applied Mathematicians.* Springer, 2015.

[63] B. Schölkopf, A. J. Smola, *Learning with kernels: support vector machines, regularization, optimization, and beyond.* MIT Press, 2001.

[64] J. Shawe-Taylor, N. Cristianini, *Kernel methods for pattern analysis.* Cambridge University Press, 2004.

[65] A. Slivkins. *Introduction to Multi-Armed Bandits.* Now Publishers, 2019.

[66] J. Solomon, F. de Goes, G. Peyré, M. Cuturi, A. Butscher, A. Nguyen, T. Du, and L. Guibas. Convolutional Wasserstein distances: Efficient optimal transportation on geometric domains. *ACM Trans. Graph.*, 34(4):66:1–66:11, 2015.

[67] J. Solomon, G. Peyré, V. G. Kim, and S. Sra. Entropic metric alignment for correspondence problems. *ACM Trans. Graph.*, 35(4):72:1–72:13, 2016.

[68] B. K. Sriperumbudur, K. Fukumizu, A. Gretton, B. Schölkopf, and G. R. G. Lanckriet. On the empirical estimation of integral probability metrics. *Electronic Journal of Statistics*, 6:1550–1599, 2012.

[69] E. Tzeng, J. Hoffman, K. Saenko, and T. Darrell. Adversarial discriminative domain adaptation. In *IEEE Conference on Computer Vision and Pattern Recognition (CVPR)*, 2962–2971, 2017.

[70] R. Vershynin. *High-Dimensional Probability: An Introduction with Applications in Data Science, volume 47.* Cambridge University Press, 2018.

[71] C. Villani. *Optimal Transport: Old and New.* Springer, 2009.

[72] J. Wu, Z. Huang, D. Acharya, W. Li, J. Thoma, D. P. Paudel, and L. V. Gool. Sliced Wasserstein generative models. In *IEEE Conference on Computer Vision and Pattern Recognition (CVPR)*, 3713–3722, 2019.

[73] Y. Xie, X. Wang, R. Wang, and H. Zha. A fast proximal point method for computing exact Wasserstein distance. In *Proceedings of the Thirty-Fifth Conference on Uncertainty in Artificial Intelligence (UAI)*, 433–453, 2019.

[74] W. Zhao, M. Peyrard, F. Liu, Y. Gao, C. M. Meyer, and S. Eger. Moverscore: Text generation evaluating with contextualized embeddings and earth mover distance. In *Proceedings of the 2019 Conference on Empirical Methods in Natural Language Processing (EMNLP)*, 563–578, 2019.

[75] 赤穂昭太郎. **カーネル多変量解析**. 岩波書店, 2008.

[76] 金森敬文, 鈴木大慈, 竹内一郎, 佐藤一誠. **機械学習のための連続最適化**. 講談社, 2016.

[77] 河野敬雄. **確率概論**. 京都大学学術出版会, 1999.

[78] B. コルテ, J. フィーゲン（著）, 浅野孝夫, 浅野泰仁, 小野孝男, 平田富夫（訳）. **組合せ最適化 第 2 版**. 丸善出版, 2012.

[79] 瀬戸道生, 伊吹竜也, 畑中健志. **機械学習のための関数解析入門**. 内田老鶴圃, 2021.

[80] 福水健次. **カーネル法入門**. 朝倉書店, 2010.

[81] 藤重悟. **グラフ・ネットワーク・組合せ論**. 共立出版, 2002.

索　引

著者紹介

佐藤竜馬（さとうりょうま）

1996年生まれ．2024年京都大学大学院情報学研究科博士課程修了，博士（情報学）．現在，国立情報学研究所 助教．専門分野は最適輸送，グラフニューラルネットワーク，および情報検索・推薦システム．NeurIPS や ICML などの国際会議に主著論文が採択．競技プログラミングでは国際情報オリンピック日本代表，ACM-ICPC 世界大会出場，AtCoder レッドコーダーなどの戦績をもつ．PDF 翻訳サービス Readable の開発など研究の効率化についても従事している．

NDC007　318p　21cm

機械学習（きかいがくしゅう）プロフェッショナルシリーズ

最適輸送（さいてきゆそう）の理論（りろん）とアルゴリズム

2023年 1月13日　第1刷発行
2024年 4月18日　第5刷発行

著　者　佐藤竜馬（さとうりょうま）
発行者　森田浩章
発行所　株式会社　講談社
〒112-8001　東京都文京区音羽 2-12-21
販売　(03)5395-4415
業務　(03)5395-3615

KODANSHA

編　集　株式会社　講談社サイエンティフィク
代表　堀越俊一
〒162-0825　東京都新宿区神楽坂 2-14　ノービィビル
編集　(03)3235-3701

本文データ制作　藤原印刷株式会社
印刷・製本　株式会社ＫＰＳプロダクツ

ISBN 978-4-06-530514-0